安全管理实用丛书

电力系统安全管理必读

杨 剑　胡俊睿　等编著

化学工业出版社

·北京·

本书是介绍电力安全管理的专著，内容包括安全管理目标与管理制度、电力企业安全教育培训、电力企业现场作业安全技术、电力安全生产标准工作程序、电力生产事故分析与防范、安全生产监督检查、安全措施与劳动保护等7章，系统地介绍了电力系统有关安全管理的职责、方法和技巧。

本书主要特色是内容系统、全面、实用，实操性强。书中各章节还配备了大量的图片和管理表格，其流程图和管理表格可以直接运用于具体实际工作中。

本书是电力企业进行内部安全培训和电力系统从业人员自我提升能力的常备读物，也可作为大专院校安全相关专业的教材。

图书在版编目（CIP）数据

电力系统安全管理必读/杨剑等编著．—北京：
化学工业出版社，2017.11
（安全管理实用丛书）
ISBN 978-7-122-30658-6

Ⅰ.①电…　Ⅱ.①杨…　Ⅲ.①电力系统-安全管理
Ⅳ.①TM7

中国版本图书馆CIP数据核字（2017）第232059号

责任编辑：王听讲　　装帧设计：王晓宇
责任校对：王　静

出版发行：化学工业出版社（北京市东城区青年湖南街13号　邮政编码100011）
印　　刷：北京云浩印刷有限责任公司
装　　订：三河市瞰发装订厂
710mm×1000mm　1/16　印张18　字数370千字　2017年11月北京第1版第1次印刷

购书咨询：010-64518888(传真：010-64519686)　售后服务：010-64518899
网　　址：http://www.cip.com.cn
凡购买本书，如有缺损质量问题，本社销售中心负责调换。

定　　价：55.00元

前言
FOREWORD

2009年6月27日，上海市闵行区一幢13层在建商品楼倒塌；2013年11月22日，山东青岛市发生震惊全国的“11·22”中石化东黄输油管道泄漏爆炸特别重大事故；2015年天津市滨海新区8·12爆炸事故；2017年6月5日山东临沂液化气罐车爆炸事故……这些事故触目惊心，历历在目！像上述这样的安全事故，全国每年都会发生很多起，这些事故造成了大量的经济损失和人员伤亡。

由于当前我国安全生产的形势十分严峻，党中央把安全生产摆在与资源、环境同等重要的地位，提出了安全发展、节约发展、清洁发展，实现可持续发展的战略目标，把安全发展作为一个重要理念，纳入到社会主义现代化建设的总体战略中。当前，我国安监工作面临着压力大、难度高、责任重的挑战，已经成为各级政府、安监部门、企业亟待解决的重要问题。

安全生产是一个系统工程，是一项需要长期坚持解决的课题，涉及的范围非常广，涉及的领域也比较多，跨度比较大。为了提升广大职工的安全意识，提高企业安全管理的水平，为了减少安全事故的发生，更为了减少人民生命的伤亡和企业财产的损失，我们结合中国的实际情况，策划编写了“安全管理实用丛书”。

任何行业、任何领域都需要进行安全管理，当前安全问题比较突出的是，建筑业、物业、酒店、商场超市、制造业、采矿业、石油化工业、电力系统、物流运输业等行业、领域。为此，本丛书将首先出版《建筑业安全管理必读》《物业安全管理必读》《酒店安全管理必读》《商场超市经营与安全管理必读》《制造业安全管理必读》《矿山安全管理必读》《石油与化工业安全管理必读》《电力系统安全管理必读》《交通运输业安全管理必读》《电气设备安全管理必读》《企业安全管理体系的建立（标准·方法·流程·案例）》11种图书，以后还将根据情况陆续推出其他图书。

本丛书的主要特色是内容系统、全面、实用，实操性强，不讲大道理，少讲理论，多讲实操性的内容。同时，书中将配备大量的图片和管理表格，许多流程图和管理表格都可以直接运用于实际工作中。

《电力系统安全管理必读》将从实际操作与管理的角度出发，对电力系统安全管理目标与管理制度、电力企业安全教育培训、电力企业现场作业安全技术、电力安全生产标准工作程序、电力生产事故分析与防范、安全生产监督检查、安全措施与劳动保护进行了详细的论述。

如果想提升企业安全管理水平，就需要在预防上下工夫，强化电力安全管理的教育培训，提高个人和公司整体的安全专业素质。本书是电力系统进行内部安全培训和从业人员自我提升能力的常备读物，也可作为大专院校安全相关专业的教材。

本书主要由杨剑、胡俊睿等编著，在编写过程中，水藏玺、吴平新、刘志坚、王波、赵晓东、蒋春艳、黄英、邱昌辉、贺小电、张艳旗、金晓岚、戴美亚、杨丽梅、许艳红、布阿吉尔尼沙·艾山等同志也参与了部分编写工作，在此表示衷心的感谢！

衷心希望本书的出版，能真正提升电力系统管理人员和从业人员的安全意识和工作水平，促进电力系统安全运行和良好发展。如果您在阅读中有什么问题或心得体会，欢迎与我们联系，以便本书得以进一步修改、完善，联系邮箱是：hhhyyy2004888@163.com。

编著者

2017年9月

于深圳

目录
CONTENTS

第一章　安全管理目标与管理制度

第二章　电力企业安全教育培训

第三章　电力企业现场作业安全技术

第四章　电力安全生产标准工作程序

第五章　电力生产事故分析与防范

第一章
安全管理目标与管理制度

Chapter 01

第一节 安全管理职责与目标

安全是指抵御风险的能力。安全管理是指运用现代科学技术和科学管理，为保护劳动者在生产经营过程中的安全与健康，在改善劳动条件、预防工伤事故等方面所进行的一切活动。

一、安全管理职责

电力企业是为广大用电客户服务的经济实体。按照企业生产经营特点，供电企业的安全工作包括电力安全生产和安全用电两部分，其安全管理的主要任务是：保障电力职工人身安全和设备安全，保证电网安全可靠运行，提高客户的安全用电水平。因此，供电企业安全工作要实行科学管理，实行以各级行政正职为安全第一责任人的各级安全生产责任制，建立健全有系统、分层次的安全生产保证体系和安全生产监督体系，开展“安全性评价”和“危险点控制”工作，不断完善安全设施，强化安全教育，提高职工安全技术素质和防范事故能力，使电力安全管理工作逐步做到科学化、制度化和规范化。

二、安全管理原则

电力企业主要依据《中华人民共和国安全生产法》《电业安全工作规程》等法律、规程、规定，组织实施安全管理工作。

供电企业安全管理以“安全第一、预防为主”为方针，并贯彻执行以下原则。

1. 生产与安全统一的原则

以人为本，管生产必须管安全和“谁主管、谁负责”。

2. “三同时”的原则

新建、改建、扩建的项目，安全卫生设施和措施与生产设施同时设计、同时施工、同时投产。

3. “五同时”原则

企业领导在计划、布置、检查、总结、考核生产的同时，计划、布置、检查、总结、考核安全工作。

4. “三同步”原则

企业在考虑电网发展、进行企业改革、技术改造时，安全生产方面同步规划、同步实施、同步投产。

5. “四不放过”原则

发生事故后，事故原因不清楚不放过，事故责任者和应受教育者没有受到教育不放过，没有采取防范措施不放过，事故责任者没有受到处罚不放过。

6. 三级控制原则

企业安全生产目标实行公司、部门、班组三级控制的原则。

三、供电企业的安全目标

实行目标管理，是企业现代化管理的一个重要组成部分。目标管理要遵循有系统、分层次、下级目标保证实现上级目标的管理原则。为实现电力安全工作的总目标，供电企业安全目标实行三级控制。

供电企业的安全目标如下。

(1) 杜绝发生生产人身死亡事故，控制重伤事故。

(2) 杜绝发生有本企业人员责任的重大电网事故、重大设备事故，以及重大火灾和交通事故。

(3) 变、配电事故率目标。

① 输电事故率≤0.5次/(百公里·年)；

② 变电事故率≤0.1次/(台·年)；

③ 配电事故率≤0.5次/(百公里·年)。

(4) 不发生恶性误操作事故。

(5) 不发生本企业负同等及以上责任的触电死亡事故。

(6) 每年实现三个百日安全无事故记录。

第二节　岗位安全生产责任制

为了实现安全生产目标，对各岗位人员在安全生产方面的职责、权限、义务和要求的制度化规定，称为安全生产责任制。

一、各级部门的安全职权

电力安全工作实行归口管理、分级负责。

(1) 国家电网公司负责对公司系统电力安全工作的指导、检查和事故统计与分析工作。

(2) 省公司负责本省电力安全管理，主要职责是指导、检查和考核本省电力安全工作，负责事故调查，并将每年全省电力事故情况进行统计汇总，上报国家电网公司。

（3）市（盟）公司具体指导和管理所属公司的安全工作，并负责事故调查、分析和上报工作。

（4）县公司具体负责供电范围电网的安全生产管理工作和事故上报工作，并协助政府做好农村安全用电管理工作。

二、层层签订安全目标责任书

各级企业行政正职是电力安全第一责任人，对本企业的安全工作负全面责任。分管电力工作的行政副职是电力安全工作的主要负责人。

省公司（或委托市公司）与县公司安全第一责任人应签订安全目标责任书，县公司与主管部室、班组、供电所要签订安全责任书，供电所与电力客户之间要以资产分界点为责任分界点，签订安全供用电协议。

供电所应建立安全责任制。所长为安全第一责任人，对本所安全工作负全面责任。供电所要设一名专职或兼职安全员，负责本所安全管理工作计划的具体实施，指导电力职工做好安全用电管理工作。供电所所长要与电力职工签订安全协议，电力职工的安全责任要与其工资奖金挂钩。

三、各级岗位的安全管理职责

（一）供电企业行政正职安全管理的主要职责

（1）认真贯彻执行国家、电力行业和上级有关电力安全管理方面的政策、法规、规程和制度，组织制定本企业的各种安全制度和管理办法。

（2）掌握本企业电网情况及主要设备运行情况，了解用电安全状况，组织建立本企业内安全保证和安全监督管理体系，配足人员力量。

（3）学习和处理上级有关安全工作方面的文件及通报，及时协调和解决各部门在贯彻落实中出现的问题。

（4）组织企业安全分析会，分析安全形势，制定安全措施，督促检查安全措施落实情况和安全情况上报工作。

（5）组织制定安全工作目标、年度安全工作计划、防事故措施计划、安全技术劳动保护措施计划，并保证安全管理所需费用的提取和使用。

（6）加强对供电所的安全工作的管理和考核。

（二）供电所所长安全管理主要职责

（1）严格执行“安全第一，预防为主”的方针，认真贯彻上级有关安全生产的指示，以身作则，模范遵守并指导监督工作人员认真执行安全工作规程。

（2）组织制定供电所年度安全目标和实施计划、措施，抓好安全教育，做好安全培训及安全考核工作，提高电力职工的综合技术素质。

（3）认真贯彻电力安全工作与生产工作的“五同时”的要求，组织好例行的安全活动，开好班前会和班后会，做到各项活动有内容、有记录、有实效。

(4) 负责组织辖区内电力设施的巡视检查、维护、检修、安装验收，保证设备安全运行。

(5) 组织管理好安全工、器具，做好定期试验和检查，培训职工正确使用劳动保护用品。

(6) 组织供电所职工加强对配电变压器漏电保护器的定期检查，以及对家用漏电保护器投运情况的监督检查，保证漏电保护器的安装率、投运率和动作率达到有关规定要求。

(7) 认真分析发生的各类不安全事件，制定防范措施，及时向上级汇报，并严格考核。

(8) 依据《电力法》《电力设施保护条例》等有关法律、法规，组织供电所职工加强对电力设施的保护。

(9) 根据季节特点提出防止人身触电事故的措施，组织进行安全用电知识的宣传和普及工作，不断提高客户的安全用电意识。

四、制定岗位安全职责的原则和要求

各部门、各岗位应有明确的安全职责，并实行安全工作逐级负责制。

(一) 结合本职业务，定好安全职责

按照“三级控制”的原则，结合本岗位的业务工作内容，在安全生产责任制中，明确岗位工作中应履行的职责、权限和义务。

(二) 严格依照规程规定，定好安全职责

在安全生产责任制中，明确规定必须遵守的行为准则，明确允许做什么，不许做什么。保证做到遵章指挥、遵章作业，做到“三不伤害”(不伤害自己、不伤害别人、不被别人所伤害)。

(三) 依照规律，定好预防事故的安全职责

要结合岗位的安全职责，从专业、管理、监督等各自的专业特点，去观察、分析和总结本职工作的经验，去掌握生产系统、设备、设施和安全工、器具，从正常到发生异常、障碍、事故的规律及其主要影响因素。要依据规律和可靠经验，提前做好预防事故的控制工作，并纳入安全职责，以此来保持安全生产的可控局面。

(四) 吸取事故教训，完善安全职责

要认真总结本单位和兄弟单位的事故教训，明确预防同类事故重复发生的责任，完善本岗位安全职责。还要结合每项工作的实际情况，把相关的、具体的措施及时补充到本单位或本岗位的防事故措施中。

凡是不符合上述原则要求的，都要认真修订、补充，这是执行“安全第一、预防为主”方针、实行制度化管理的基础工作，是对每位员工进行安全业绩考核的重要依据。

五、加强对安全管理工作的考核与奖惩

企业应按照“以责论处”的原则，制定《安全生产考核细则》，明确规定检查考核的办法和奖励、处罚标准，做到人人皆知、严格执行。

在执行中注意做好以下事宜。

（1）安全工作的奖罚实行精神鼓励和物质奖励相结合、批评教育与经济处罚相结合的原则，以奖励为手段，以教育为目的。

（2）对安全工作作出突出贡献的集体和个人，应予以奖励；对安全工作严重失职、违章作业、违章指挥、违章调度的单位和个人，应予以处罚；对造成后果的单位和个人，应从严处罚。

（3）奖罚工作要严格执行《安全生产考核细则》的规定，做到事实清楚、依据准确，公开、公正、公平，真正起到奖罚的作用。

（4）奖励时，要注意宣传典型的先进性，以激励员工更努力地做好安全生产工作；批评处罚时，要注意教育和引导，使其真正吸取教训，改正缺点，认真履行安全职责，后来居上。

企业通过一段时间的实践，能逐步形成一个安全生产的激励机制。

第三节　安全例会制度

安全例会是企业为了更好地学习、贯彻国家有关安全生产的方针政策和上级主管部门有关安全生产工作的文件、会议精神，及时总结安全生产情况并组织落实各项安全措施，确保企业、车间、班组安全生产工作顺利进行，而组织召开的各种安全例行会议。

一、安全例会的种类

（一）班前、班后会

班前、班后会是生产班组实施工作任务前后进行的生产组织活动形式。班前会是指工作班在工作开工前，由工作负责人讲解停电范围及所做的安全措施，讲解安全注意事项，进行危险点分析；对工作任务进行分配并将安全责任落实到每个工作人员，对不同工作分别进行技术交底，并确认每一个工作班成员都已知晓。班后会是在工作结束后，由工作负责人总结本次工作的安全措施落实和施工质量情况，特别要查找不安全因素，并举一反三，制定相应的防范措施，避免同类错误在今后的工作中发生。

开好班前、班后会，是生产班组保证安全生产的有效措施之一；是规范作业人员行为，推进电力生产精细化管理，实现安全可控、在控、能控的有效举措之一；也是从源头上杜绝习惯性违章，从思想上提高安全意识的重要保证；同时也是落实国家电网公司“三防十要”的具体体现，所以要正确对待和认真落实。

（二）安全日活动

安全日活动是电力企业保证安全生产行之有效的方法之一，是夯实安全基础的有力保障。班组每周或每个轮值要进行一次安全日活动，活动内容应围绕安全工作，联系实际，有针对性，并做好记录。车间领导应参加并检查活动情况。

为保证班组安全日活动的有效性，首先需要做会前的充分准备，提前准备好上一周的安全工作总结，活动中明确指出上一周安全工作中存在的问题及应吸取的教训和整改措施，注意搜集事故案例，准备好有关的学习资料；活动中要结合本岗位、本专业的实际情况，运用“举一反三”的办法，引导教育员工积极参与，表扬安全生产中出现的好人好事，同时要注意联系实际，避免安全活动与安全生产脱节的不正常现象，防止因活动形式单调而诱发员工的逆反心理，提高安全活动的效果。

（三）安全分析会

月度安全分析会作为安全管理的一种例行工作，是企业强化安全管理，促进安全生产的重要载体，也是管理层、执行层进行相互沟通、交流的有效渠道。供电企业每月针对安全管理工作组织召开的分析会，其目的是综合分析安全生产趋势，及时总结事故教训及安全生产管理上存在的薄弱环节，研究采取预防事故的对策。

会议由公司主要负责人组织并主持召开。公司的有关领导、生产（基建、农村电力、多种经营）管理部门，以及生产车间的负责人应参加会议。主要应包括以下内容：

① 单位当前安全生产情况综合分析；

② 发现生产管理、劳动组织活动中存在的问题及薄弱环节；

③ 研究并部署有关安全工作及事故预防措施；

④ 分析、总结有关事故教训及传达有关安全管理信息等。

会议的基本形式为各生产单位汇报制。主要汇报内容由以下四部分组成：

① 汇报当月的安全生产情况，存在的主要问题；

② 汇报上月存在问题的跟踪情况；

③ 汇报各类缺陷及消除情况；

④ 汇报需要公司协调解决的问题。

安全分析会是对本单位当前和以后一个时间段安全形势的分析，是领导层、管理层、执行层之间，以及其他与会人员互动交流，对当前和以后影响安全生产的不利因素采取一定的预警或预防措施，对安全生产起到积极的指导作用的重要会议形式。为此，要开好月度安全分析会，各单位领导必须要有一个正确的态度，不要怕暴露问题，要积极主动地挖掘存在于安全生产中的问题，本着“四不放过”（事故原因未查清不放过；事故责任人未受到处理不放过；事故责任人和周围群众没有受到教育不放过；事故指定的切实可行的整改措施未落实不放过）的原则，认真对待，及时分析研究，真正找出问题的存在根源，采取措施，制定对策，从制度、安全技术措施、管理机制等方面予以保证，实现工作的闭环管理，促进和保持正常的生产秩序，确保会议的时效性。

车间安全分析会的召开内容、模式可参考公司安全分析会。

（四）安全网例会

公司安全网例会，由安监部负责人组织召开，每月一次，各级专、兼职安全员全部参加。会议的基本内容是：总结、分析上个月安全生产监督工作的基本情况，提出安全监督工作中发现的问题及拟采取的措施，互相交流经验，传达上级有关安全生产工作的有关文件精神等。

二、安全例会工作实务

（一）公司月度安全分析会

1. 总经理工作实务

总经理月度安全分析会工作实务见表1-1。

表1-1 总经理月度安全分析会工作实务

工作程序	工作内容	标准格式	备注
会前准备	(1)根据安监部提出的会议召开申请，初步确定会议召开时间		
	(2)正式确定会议召开时间后答复安监部		
	(3)收到安监部下发的正式会议通知和会议议程表，了解会议时间、地点与要求		
	(4)根据安监部上级的当月安全工作要点及存在的主要问题，提前了解公司当月安全生产形势，编写会议发言提纲	附件1	
会议召开	(1)按照预定的时间、地点召开会议		
	(2)听取各单位汇报，记录提出的问题和建议		
	(3)做会议总结		
会后工作	审查安监部上报的会议纪要，并签发		

附件1：公司总经理发言提纲

① 简单总结分析本月安全生产情况；

② 做特色点评；

③ 提出几项要求；

④ 布置下一步工作。

2. 各分管副总经理工作实务

各分管副总经理月度安全分析会工作实务见表1-2。

表 1-2 各分管副总经理月度安全分析会工作实务

工作程序	工作内容	备注
会前准备	(1)收到安监部下发的会议通知，了解会议时间、地点和要求	
	(2)根据分管部室上报材料，提前了解公司当月整体安全生产形势和分管范围内的安全形势、存在的问题，编写会议发言提纲	
参加会议	(1)听取各单位汇报，记录提出的问题和建议	
	(2)按照会议议程，对分管范围内的工作进行分析	
会后工作	督办分管范围内的会议议定事项的落实	

3. 安监部主任工作实务

安监部主任月度安全分析会工作实务见表 1-3。

表 1-3 安监部主任月度安全分析会工作实务

工作程序	工作内容	备注
会前准备	(1)请示公司总经理，初步确定会议召开日期，通知安全专员，要求下达会议预备通知	
	(2)审查安全专员拟定的会议通知	
	(3)审查安全专员汇总的各车间、部月度安全分析材料和存在问题，提出公司月度安全分析材料的编写要点	
	(4)审查安全专员编写的月度安全分析材料，提出修改意见	
	(5)再次请示公司总经理，确定会议召开时间及地点，通知安全专员，要求下达正式会议通知	
	(6)审核正式会议通知及会议议程	
	(7)整理当月安全工作要点及存在的问题，报公司总经理	
参加会议	(1)汇报全公司月度安全生产情况	
	(2)记录公司领导的讲话要点	
会后工作	(1)审核安全专员整理的会议纪要，报公司总经理签发	
	(2)审核安全专员汇总的《安全分析会议定事项落实表》	
	(3)督办会议议定事项的执行和落实	

4. 安监部安全专员工作实务

安监部安全专员月度安全分析会工作实务见表 1-4。

表 1-4 安监部安全专员月度安全分析会工作实务

工作程序	工作内容	标准格式	备注
会前准备	(1)拟定会议预备通知，报主任审查并下发	附件 2	
	(2)汇总各车间、部室上报的月度安全分析材料、存在问题和上次会议《议定事项完成情况表》，报主任审查	附件 3	

续表

工作程序	工作内容	标准格式	备注
会前准备	(3)根据主任提出的要点,结合公司安全生产形势和各单位安全分析,写出公司分析材料,报主任审核	附件 4	
	(4)拟定正式会议通知,报主任审核并下发	附件 5	
	(5)整理、汇编各单位发言材料	附件 6	
	(6)拟定会议议程	附件 7	
	(7)准备会议签到表	附件 8	
	(8)向会议准备部门提出会议准备要求	附件 9	
	(9)按附件 8 检查会场准备情况		
参加会议	(1)负责会前各单位签到		
	(2)负责录音、必要时拍照		
	(3)负责会议中的记录	附件 10	
会后工作	(1)起草会议纪要,两日内报主任审核,等待总经理签发后下发各单位	附件 11	
	(2)编制下发《安全简报》	附件 12	
	(3)汇总会议形成的问题及建议,编制《安全分析议定事项落实表》,报主任审核后,下发各部室、车间	附件 13	
	(4)督办会议议定事项的执行和落实		

附件 2：安全分析会预备通知

××年×月份公司安全分析会预备通知

公司有关部室、车间：

拟定于×月×日召开公司×月份月度安全分析会，请按要求准备好会议发言材料（内容要求见附录），于×日×时前将材料以电子邮件报安监部××。

安监部

××年×月×日

附录：部室、车间安全分析材料主要内容

1. 本月安全情况。

(1) 基本情况。

① 事故、障碍、异常情况统计分析；

②“两票”统计分析，各类违章查处和考核情况；

③ 上月议定事项和安全监督备忘录落实情况；

④ 本月安全管理工作。

(2) 安全管理存在问题。

2. 建议。

(1) 需要协调的问题。

(2) 建议。

3. 下月安全重点工作。

附件3：议定事项完成情况（表1-5）

表1-5 议定事项完成情况表

序号	责任单位	内容	措施	是否完成	未完成原因

附件4：安监部月度安全分析材料主要内容

1. 安全分析会议定事项完成情况通报，公司安全监督备忘录落实情况通报。

2. 当月安全生产情况分析。

(1) 电网运行情况（事故、障碍、异常等情况分析；"两票"统计分析；各类违章查处和考核情况）。

(2) 本月主要的安全管理工作。

(3) 综合分析安全生产趋势，总结存在的问题和不安全因素，安全生产管理上存在的薄弱环节；预防事故、障碍的对策。

3. 需要协调配合的问题及建议。

4. 下月安全重点工作和要求。

附件5：会议通知模板

××年×月份公司安全分析会通知

公司各部室、车间：

兹定于×月×日召开公司××年×月份安全分析会，现将有关事项通知如下。

1. 会议时间：×月×日×时×分。

2. 会议地点：××会议室。

3. 参加人员：公司领导、助理、副总师、全体中层干部，生技部、安监部安全专员。

4. 具体要求。

(1) 请各单位合理安排工作，如有请假人员请履行公司请假制度。

(2) 请与会人员提前10分钟到会，按座次入座。

(3) 与会人员要遵守会场纪律，不得随意走动，关闭通信工具。

安监部

××年×月×日

附件 6：发言材料汇编模板

封面：

××供电公司×月份安全分析会汇报材料

××年×月×日

目录：

目　录

××年×月安全分析会汇报
××年×月×日
变电工区

正文
（规定格式、字体、字号）

附件7：会议议程模板（表1-6）

表1-6　会议议程

<table>
<tr><th colspan="2">时间</th><th>会议内容</th><th>主持人</th></tr>
<tr><td>×月×日</td><td>9:00～11:30</td><td>(1)基层单位安全第一责任人分别汇报
顺序：地调所、变电工区、修验场、线路工区
(2)职能部室主任汇报
顺序：生产技术部、基建部、农村电力部、多种经营办
(3)安监汇报
(4)助理、总师发言
(5)各分管副总讲话
(6)总经理讲话，作会议总结</td><td>总经理</td></tr>
</table>

附件8：安全分析例会签到表模板（表1-7）

表1-7　××年×月×日公司安全分析例会签到表

参加单位	姓名	签字
生产技术部		
基建部		
农村电力部		
……		

附件9：会议准备要求模板（表1-8）

表1-8　会议准备要求

序号	会议准备的内容要求	落实单位	检查确认
1	对席签制作、会标、会场布置、会议服务等，提出具体要求		
2	对会场扩音设备、投影仪器、计算机准备等，提出具体要求		
3	对电视电话、会议室进行检查，落实音频、视频准备情况		

附件10：会议记录模板（表1-9）

表1-9　安全分析会会议记录

<table>
<tr><td>主持人</td><td></td><td>时间</td><td></td><td>地点</td><td></td></tr>
<tr><td colspan="6">参加人员：
公司领导：
其他人员：</td></tr>
</table>

续表

应到人数		实到人数		记录人	
会议内容：					

附件11：会议纪要模板

××年×月份安全分析例会纪要

会议纪要文号：　　　　　　　　签发人：公司安全第一责任人

时间：地点：

主持人：

参加人员：

分发范围：

---

① 全月安全分析；

② 各分管副总经理讲话；

③ 总经理会议总结讲话。

附件12：《公司安全简报》模板

《××公司安全简报》

××年第××（总××期）　　　　　　　　发布时间：

一、××月电网安全情况

二、本月安全工作完成情况

三、下月安全工作重点

附件：事故、障碍、异常、未遂、两票等情况统计表。

附件13：议定事项落实表（表1-10）

表1-10　议定事项落实表

序号	提出单位	内　容	措　施	责任单位	完成时间	协办部门督办部室

5. 部室主任工作实务

部室主任月度安全分析会工作实务见表1-11。

表1-11　部室主任月度安全分析会工作实务

<table>
<tr><th>工作程序</th><th>工作内容</th><th>标准格式</th><th>备注</th></tr>
<tr><td rowspan="3">会前准备</td><td>(1)接到安监部会议预备通知后，安排安全专员着手编写月度安全分析材料，并提出编写重点和要求</td><td></td><td></td></tr>
<tr><td>(2)审核安全专员编写的月度安全分析材料和涉及本部室的《议定事项落实表》</td><td></td><td></td></tr>
<tr><td>(3)审阅车间材料，提前了解分管车间的安全生产形势</td><td></td><td></td></tr>
<tr><td rowspan="2">参加会议</td><td>(1)汇报本部室月度安全生产情况</td><td></td><td></td></tr>
<tr><td>(2)记录公司领导的讲话要点</td><td></td><td></td></tr>
<tr><td rowspan="3">会后落实</td><td>(1)组织部室人员学习安全分析会纪要</td><td></td><td></td></tr>
<tr><td>(2)收到安监部下发的《议定事项落实表》后，安排有关安全专员落实</td><td></td><td></td></tr>
<tr><td>(3)督办议定事项的执行和落实</td><td></td><td></td></tr>
</table>

6. 部室安全专员工作实务

部室安全专员月度安全分析会工作实务见表1-12。

表1-12　部室安全专员月度安全分析会工作实务

<table>
<tr><th>工作程序</th><th>工作内容</th><th>标准格式</th><th>备注</th></tr>
<tr><td rowspan="2">会前准备</td><td>(1)根据主任要求，编写本部室月度安全分析材料，并汇总《议定事项落实表》，呈主任审核</td><td>附件14</td><td></td></tr>
<tr><td>(2)将月度安全分析会材料和《议定事项落实表》报安监部和公司分管领导</td><td></td><td></td></tr>
<tr><td>参加会议</td><td>按时参加会议，并做好记录</td><td></td><td></td></tr>
<tr><td rowspan="2">会后落实</td><td>(1)学习会议纪要</td><td></td><td></td></tr>
<tr><td>(2)按分工，督促车间完成《议定事项落实表》中有关内容</td><td></td><td></td></tr>
</table>

附件14：变电工区×月份公司月度安全分析会材料（范本）

一、3月份安全情况

1. 安全基本情况

变电障碍、异常情况分析：3月份变电工区发现并消除发热缺陷5处，处理各类故障跳闸、接地异常67次。

(1)“两票”执行统计分析：3月份共办理一种工作票78份，两种工作票361份，执行操作票547份，安全操作9217次，变电站设备巡视1971站次，实现安全行车32437公里。抽查了5座变电站，7月份87份操作票、32份工作票，其中两份操作票存在修改不清晰，6份工作票存在修改超过两处的问题，操作票合格率为98%，工作票合格率为81.25%，未达到合格率百分之百的要求。两票存在的问题虽然不是影响安全的大问题，但仍暴露出运行人员在执行规章制度中不能“横到边、纵到底”的问题，需要对运行人员加强基本业务技能培训。

（2）各类违章查处和考核情况：3月份变电工区共完成各项生产任务92项，根据公司到岗到位标准要求，对东门、朱庄、仲宫、靳家、彩石等5座变电站6台变压器停电倒闸操作现场进行安全监督12人次，现场监督检查操作票合格、正确，倒闸操作安全措施票危险点分析到位，现场安全设施规范，满足检修安全需求，倒闸操作工序标准，无违章现象发生。

（3）《安全监督备忘录》落实情况：对公司下发的《安全监督备忘录》2017-03-01期中4项问题，制定了整改落实措施。

（4）安全重点工作完成情况如下。

① 开展了对下发的《国网公司安全技术劳动保护七项安全重点措施（试行）》的学习培训考试。

② 制定完成了《电力集团公司防事故斗争二十五条重点措施实施细则》12项措施。

③ 针对××电网××电厂因滑坡测量使用的铁丝触及运行设备发生的电网事故，结合变电运行实际，制定5项安全措施，防止变电站生产现场使用长尺寸、工器具发生事故。

④ 为防止雷击所产生的高电压对人身及公共财物造成伤害、损坏，下发《关于雷雨季节期间，安全使用生活用低压电器的通知》，提出5项要求，保证对变电站运行人员，在雷雨季节期间使用生活用低压电器时的安全。

⑤ 完成了《变电站设备事故应急处理预案》《变电站防汛抢险应急处理预案》《变电站迎峰度夏应急预案》的编写、修订、审核工作。

2. 安全管理存在问题

车辆异常情况问题突出：3月份共有7辆生产用车由于各种原因进行11次维修、维护，其中操作一队A-P9052维修3次，东区集控中心5910维修3次，车辆安全问题影响了正常生产工作的进行。

二、需要公司协调的问题及建议

（1）生产计划不可控：3月份共完成各项生产工作92项，其中计划内工作43项，计划外工作49项，计划外工作占总工作量的53.26%。

（2）每个操作队的日工作站点需要公司控制在3处以内：3月份3个操作队累计45天日工作站点超过3处，其中操作一队14天，操作二队16天，东区集控中心15天，严重的超负荷工作量，无法保证运行人员有百分之百的精力完成巡视、异常处理等运行管理工作。

三、4月份安全工作重点

（1） 完成绝缘靴、绝缘手套、绝缘胶垫的试验发放工作。

（2） 做好停送电现场安全监督检查工作。

变电工区

2017 年 4 月 25 日

7. 车间主任工作实务

车间主任月度安全分析会工作实务见表 1-13。

表 1-13 车间主任月度安全分析会工作实务

工作程序	工作内容	备注
会前准备	(1)接到安监部会议预备通知后，安排安全专员编写月度安全分析材料，并提出编写重点和要求	
	(2)审核安全专员编写的月度安全分析材料和涉及本车间的《议定事项落实表》	
参加会议	(1)会议中发言，汇报本车间月度安全生产情况	
	(2)记录公司领导的讲话要点	
会后落实	(1)组织车间人员学习安全分析会纪要	
	(2)收到安监部下发的《议定事项落实表》后，安排有关安全专员和班组长落实	
	(3)根据质量期的要求，督促整改措施的完成	

8. 车间专员工作实务

车间专员月度安全分析会工作实务见表 1-14。

表 1-14 车间专员月度安全分析会工作实务

工作程序	工作内容	标准格式	备注
会前准备	(1)根据主任要求编写本车间月度安全分析材料，并汇总《议定事项落实表》，呈主任审核	参考附件 14	
	(2)将月度安全分析会材料和《议定事项落实表》上报安监部和分管部室		
参加会议	按时参加会议，并做好记录		
会后落实	(1)学习会议纪要		
	(2)根据主任安排，组织班组完成《议定事项落实表》中的整改措施		
	(3)根据会议要求，督促整改项目的完成		

（二）车间月度安全分析会

1. 车间主任月度安全分析会工作实务（表1-15）

表1-15 车间主任月度安全分析会工作实务

工作程序	工作内容	标准格式	备注
会前	(1)确定会议召开时间及地点，通知专员下达会议通知		
	(2)审核专员编写的车间月度安全分析材料		
	(3)写出会中发言提纲	附件15	
召开会议	(1)听取专员、各班组月度安全生产情况分析，并做记录		
	(2)分析总结，布置工作		
会后	督办落实会议提出的问题		

附件15：车间主任发言提纲

① 对上月公司及车间安全分析会议问题完成情况进行分析；

② 将公司及车间当前的安全形势向与会人员进行交待、分析，并有针对性地提出预防措施；

③ 答复各班组提出的建议和问题；

④ 布置下月安全工作重点。

2. 车间专员月度安全分析会工作实务（表1-16）

表1-16 车间专员月度安全分析会工作实务

工作程序	工作内容	标准格式	备注
会前	(1)根据主任要求下达会议通知	参考附件5	
	(2)整理、汇总各班组发言材料，呈主任审阅		
	(3)写出车间月度安全分析材料，呈主任审核	附件16	
	(4)拟定会议议程	参考附件7	
	(5)落实会场，检查会场准备情况		
召开会议	(1)听取各班组月度安全生产情况分析，并做记录		
	(2)汇报本车间月度安全生产情况		
	(3)记录车间主任讲话内容		
会后	(1)整理出会议记录，并留存	参考附件10	
	(2)组织班组落实会议提出的问题		

附件16：车间月度安全分析会材料主要内容

1. 当月输（变、配）电障碍、异常情况分析。

2. 当月安全管理总结。

(1) 现场监督、违章查处情况；

(2)“两票”执行情况、统计、分析；

(3) 上月会议议定事项整改落实情况；

(4) 本月安全重点工作（安全大检查、安全活动、上级文件执行等）。

3. 存在的问题。

4. 下月安全重点工作和要求

3. 班组长月度安全分析会工作实务（表1-17）

表1-17　班组长月度安全分析会工作实务

工作程序	工作内容	标准格式	备注
会前	接到会议召开通知后，写出月度安全分析材料，报车间安全专员	附件17	
召开会议	(1)汇报月度安全生产情况分析		
	(2)记录主任讲话要点		
会后	落实会议安排的工作		

附件17：各班组安全分析内容提纲

(1) 上月车间分析会议定事项完成情况汇报；

(2) 管辖设备存在隐患汇报；

(3) 本月安全生产基本情况（“两票”、违章、异常、安全活动情况等）；

(4) 问题和建议；

(5) 下月安全工作重点、需防范的重点。

(三)安全日活动

1. 安监部主任安全日活动工作实务（表1-18）

表1-18　安监部主任安全日活动工作实务

工作程序	工作内容	备注
参加活动	(1)有重点地参加班组安全日活动，检查开展情况	
	(2)对活动开展情况进行自评	
活动后	每日抽查主要生产班组安全日活动记录，并作出评价，提出意见和要求	

2. 安监部专员安全日活动工作实务（表1-19）

表1-19　安监部专员安全日活动工作实务

工作程序	工作内容	备注
活动前	安全日活动前一天，以书面材料形式给车间、班组下发安全日活动应学习的内容(上级文件、事故通报、安全周报、安全简报)	
参加活动	(1)有重点地参加班组安全日活动，检查开展情况	
	(2)对活动开展情况进行点评	
活动后	会议召开后一周内，抽查各班组安全日活动记录，做出评价，提出要求	

3. 车间主任（安全专员）安全日活动工作实务（表1-20）

表1-20 车间主任（安全专员）安全日活动工作实务

工作程序	工作内容	备注
参加活动	(1)有重点地参加班组安全日活动，检查开展情况	
	(2)对活动开展情况进行自评	
活动后	会议召开后一周内，抽查各班组安全日活动记录，做出评价，提出要求	

4. 班组长安全日活动工作实务（表1-21）

表1-21 班组长安全日活动工作实务

工作程序	工作内容	备注
活动前	督促班组安全员做好活动准备	
组织活动	(1)带领班组人员按照安全日活动内容，展开讨论	
	(2)对本周安全工作进行点评，对违章行为制定防范措施	
	(3)安排班组安全员做好会议记录	
活动后	(1)督促安全员及时填写安全日活动记录	
	(2)对缺席的人员安排其他时间补课	

5. 班组安全员安全日活动工作实务（表1-22）

表1-22 班组安全员安全日活动工作实务

工作程序	工作内容	标准格式	备注
活动前	根据班组实际、本周工作内容，整理安全日学习材料	附件18	
组织活动	(1)按时参加会议，带领班组人员学习有关材料		
	(2)负责会议中的记录		
活动后	根据会议记录，填写安全日活动记录(活动日记录本和网上填写)	附件19	

附件18：安全日活动内容

(1) 班组及个人一周来的安全情况小结和分析；

(2) 对发生的异常和险情，做到“三不放过”，制定防范措施；

(3) 表彰严格执行规章制度的好人好事；

(4) 学习安全规程、事故通报、上级文件，结合班组实际，制定落实贯彻措施；

(5) 对所管辖的设备进行运行情况和缺陷分析；

(6) 安排下周安全事项，讨论制定安全措施和注意事项。

附件19：安全日活动记录（表1-23）

表 1-23 安全日活动记录

主持人： 活动日期及时间： 年 月 日 时
应到人数： 实到人数： 缺席人姓名及原因：
活动内容：
分场领导或安全专员审阅签字： 月 日
安监办领导或专员审阅签字： 月 日

（四）安全网例会

1. 安监部主任安全网例会工作实务（表 1-24）

表 1-24 安监部主任安全网例会工作实务

工作程序	工作内容	备注
会前准备	(1)确定会议召开时间及地点，会议需讨论的重点，通知专员，要求下达会议通知	
	(2)提出安全网例会分析材料的编写要点	
	(3)审核专员编写的安全网例会分析材料	
	(4)审阅专员汇总的各车间材料，了解各单位工作的开展情况	
召开会议	(1)主持召开会议	
	(2)听取各单位安全员的汇报	
	(3)讨论和解决安全员提出的问题	
	(4)进行总结发言	
会后总结	审核专员整理的会议纪要	

2. 安监部专员安全网例会工作实务（表 1-25）

表 1-25 安监部专员安全网例会工作实务

工作程序	工作内容	标准格式	备注
会前准备	(1)拟定会议预备通知，报主任审查并下发	参考附件 5	
	(2)根据主任提出的要点，写出安全网例会分析材料，报主任审核	附件 20	
	(3)整理、汇编各单位发言材料	参考附件 6	
	(4)拟定会议议程	参考附件 7	
	(5)准备会议签到表	参考附件 8	
	(6)向会议准备部门提出会议准备要求	参考附件 9	
	(7)检查会场准备情况		
召开会议	(1)负责会前各单位签到		
	(2)负责录音，必要时拍照		
	(3)负责会议中的记录		
	(4)汇报安监部分析材料		
会后总结	起草会议纪要，报主任审核后下发	参考附件 11	

附件 20：安全网例会分析材料内容基本格式

1. 当月安全生产情况分析。

（1）事故、障碍、异常情况分析；

（2）安全生产监督工作基本情况（提出安全监督工作中发现的问题及拟采取的措施）；

（3）安全管理好的经验、做法。

2. 传达上级文件和精神。

3. 下月安全重点工作和要求。

3. 各车间安全员安全网例会工作实务（表 1-26）

表 1-26 各车间安全员安全网例会工作实务

工作程序	工作内容	标准格式	备注
会前准备	编写本车间分析材料，报安监部	附件 21	
参加会议	(1)准时参加会议并发言		
	(2)做好记录		
会后落实	落实会议纪要		

附件21：安全网例会车间分析材料内容基本格式

（1）本月安全生产具体情况（着重分析设备安全、劳动安全、施工安全等各项安全工作，找出存在的问题）；

（2）总结汇报上月安监部布置工作完成情况；

（3）需要安监部协调解决的问题及建议；

（4）下月安全重点工作和要求。

（五）班前、班后会工作实务

1. 班组长班前会工作实务（表1-27）

表1-27　班组长班前会工作实务

工作程序	工作内容	备注
会前	(1)班组长应在前一天做好班前会的准备工作	
	(2)写好工作日记	
	(3)了解、掌握、熟悉工作现场条件	
	(4)查看有关图纸资料、安全规定	
	(5)提出具体工作要求、安全措施、分工搭配、工器具,材料领用等	
会议内容	(1)交代当天的工作任务、工作内容、重点安全事项	
	(2)明确分工,指派工作负责人	

2. 班组长班后会工作实务（表1-28）

表1-28　班组长班后会工作实务

工作程序	工作内容	备注
会前	组织工作人员,召开班后会	
会议内容	(1)听取班组成员详细讲述当天工作的完成情况	
	(2)总结讲评当班工作和安全情况	
	(3)表扬好人好事;批评忽视安全、违章作业等不良现象	
	(4)对第二天工作进行安排	
会后	填写当日工作记录	

三、安全例会的召开现状

安全例会的重要性和必要性众所周知，但目前较多企业、车间、班组对此项工作的重视程度不够，仅将其作为例行工作，不得不开，开起来形式简单，内容空洞，甚至没有规范的程序；对会议的内容也没有一定的要求，甚至可以说它是“安全总结会”，即在会上重点总结一下本月本单位的安全情况，布置下月的安全工作重点。会议虽然按时召开了，但远远没有达到预期的效果。

在本节中，对公司安全分析会、车间安全分析会、安全日活动、班前班后会、安全网例会五种例会的召开程序，各部室、车间、班组安全管理人员，在安全例会中应做的工作均进行了规定，对会前组织准备、参加会议、会后落实等各项工作做了详细的要求，使过去有较大随意性、不规范的安全例会有了清晰、明确的召开步骤和程序，从程序上保证了会议的实效性和可操作性，为保证会议质量提供了保障。

第四节　安全管理工作规程

一、安全规程、制度的分类

（1）国家和上级颁发的有关安全生产的法律、法规、国标、行标、规定、规程、制度、防事故措施等。

（2）本企业制定的保证安全工作的各项规章制度、办法和现场运行规程、检修工艺规程、质量标准等。

供电企业要严格执行上级部门下发的电力安全工作制度和办法，结合本企业的具体情况，制定实施细则或补充规定；建立健全保障安全工作的各项规章制度，及时修订现场安全规程、制度。

二、现场安全规程、制度的控制管理

（1）企业应制定相应的管理制度，明确安全规程、制度的管理部门、管理办法，使安全规程、制度的采购、编写、审核、批准、发放、修改、保管、作废、销毁等得到有效控制，保证生产现场安全规程、制度版本的有效性和适用性。

（2）安全监督部门应建立安全规程、制度分布清册，明了规程、制度分布情况和保管人。

（3）各部门和班组应建立规程、制度分布清单，明了规程、制度的分布情况。

（4）每年对规程、制度版本进行一次复查，发布规程、制度有效文件清单，及时清理作废版本。

（5）当上级颁发新的规程、规定、防事故技术措施等，以及发生设备系统变动等情况时，应及时修订现场运行规程。每3～5年对现场规程进行一次全面修订、审定并印发。现场规程的补充或修订，应严格履行审批程序。

第五节 电力安全的“两票”“三制”

一、“两票”管理

运用于电气设备工作的“工作票”和“操作票”合称为“两票”，实施“两票”工作的全过程称为“两票”管理。

“工作票”是依据工作计划，执行电气设备设施的安装、检修、试验、运行、维护等工作的作业文件。根据工作条件分别填用变电站（发电厂）第一种工作票、变电站（发电厂）第二种工作票、电力电缆第一种工作票、电力电缆第二种工作票、变电站（发电厂）带电作业工作票、变电站（发电厂）事故应急抢修单、二次工作安全措施票、电力线路第一种工作票、电力线路第二种工作票、低压第一种工作票（停电作业）、低压第二种工作票（不停电作业）。

防火重点部位或场所以及禁止明火区，如需动火工作时，必须按DL5027—2015《电力设备典型消防规程》的规定，落实动火工作票等安全组织措施。

“操作票”是运行人员依据运行负责人的命令，执行设备倒闸操作的作业文件。

（一）“两票”管理应遵守的规程

（1）电力线路及设备的操作或工作应遵守《安规》——国家电网公司《电业安全工作规程（线路部分）》的规定。

（2）变电站（含配电室）及设备的操作或工作，应遵守《安规》——国家电网公司《电业安全工作规程（变电部分）》的规定。

（3）农村低压线路和电气设备的操作或工作，应遵守DL477—2010《农村低压电气安全工作规程》的规定。

（4）明火工作应遵守DL5027—2015《电力设备典型消防规程》的规定。

（二）“两票”的统计和上报

（1）企业应制定“两票”管理及“两票”评价、考核的管理制度，安监部门负责“两票”的审核、保存、评价和统计上报工作。

（2）企业安监部门每月进行“两票”的汇总和评价，分析“两票”管理执行中存在的问题，制定改进的措施。

（3）统计计算“两票”合格率。

“工作票”合格率(%)=合格“工作票”份数/应执行“工作票”总数×100%

“操作票”合格率(%)=合格“操作票”份数/应执行“操作票”总数×100%

（三）“两票”的评价

1. “操作票”评价

企业应按照《安规》和省（自治区）电力公司的规定制定本企业“操作票”评价细则，不符合下述原则之一者，则为不合格“操作票”：

（1）“操作票”书面格式符合《安规》规定；

（2）单位名称、部门及班组名称、“操作票”编号应符合本企业规定；

（3）操作命令使用正规操作术语（调度规程规定的术语），准确清晰；

（4）操作任务与操作命令应一致；

（5）“操作票”应用钢笔或圆珠笔填写（按照惯例使用蓝色或黑色，不得使用红色），票面清楚整洁，不得任意涂改；

（6）填写设备名称及编号；

（7）操作项目和操作顺序应符合《安规》规定和设备实际状态；

（8）操作应符合“操作复诵制”，每完成一项应用“√”标记；

（9）操作人员资质符合《安规》规定，“操作票”应由本人亲自签名，不得代签；

（10）操作中出现异常或其他事宜应在“操作票”“备注”栏中详细记录；

（11）应在现场执行“操作票”制度，并符合《安规》规定。

2.“工作票”评价

企业应按照《安规》和省（自治区）电力公司的规定，制定本企业“工作票”评价细则，不符合下述原则之一者，则为不合格“工作票”：

（1）“工作票”书面格式符合《安规》规定；

（2）单位名称、部门及班组名称、“工作票”编号应符合本企业规定；

（3）使用正规操作术语，准确清晰；

（4）工作任务与工作指令（计划）应一致；

（5）“工作票”应用钢笔或圆珠笔填写（按照惯例使用蓝色或黑色，不得使用红色），票面清楚整洁，不得任意涂改；

（6）填写设备名称及编号；

（7）安全措施应符合《安规》规定和设备实际状态；

（8）工作地段和带电线路（设备）部位明确具体；

（9）工作人员资质符合《安规》规定，“工作票”应由本人亲自签名，不得代签；

（10）其他事宜应在“工作票”“注意事项”栏中详细记录；

（11）应在现场执行“操作票”制度，并符合《安规》规定。

二、“三制”监督

电力系统为了保证设备的安全运行，执行交接班制、巡回检查制、设备定期试验轮换制，上述三个制度简称为“三制”。

企业安全监督部门负责对“三制”执行情况进行监督和检查，并向上级报告检查结果，提出改进建议。监督检查的主要内容如下。

（1）是否认真执行设备巡视维护制度、设备缺陷管理制度、设备运行管理制度等有关安全生产管理制度。

（2）是否按规定进行设备巡视检查，巡视路段、内容是否存在漏项，巡视记录是否齐全完整。

（3）是否按期完成设备预试计划，检验试验的周期、项目是否符合规程规定，记录是否齐全完整。

（4）是否按期完成设备检修（大修、小修）计划，检修的项目、质量是否符合规程的规定，记录是否齐全完整。

各级领导和安全员在进行“三制”检查和其他安全检查后，要及时填写《安全检查记录》，发现问题应及时纠正并报告。

第二章 电力企业安全教育培训

Chapter 02

第一节　安全意识培训

一、建立“四不伤害”安全理念

（一）“四不伤害”的含义

1. 我不伤害自己

“我不伤害自己”，就是要提高自我保护意识，不能由于自己的疏忽、失误而使自己受到伤害。它取决于自己的安全意识、安全知识、对工作任务的熟悉程度、岗位技能、工作态度、工作方法、精神状态、作业行为等多方面因素。

2. 我不伤害他人

“我不伤害他人”，就是我的行为或行为后果不能给他人造成伤害。在多人同时作业时，由于自己不遵守操作规程、对作业现场周围观察不够，以及自己操作失误等原因，自己的行为可能对现场周围的人员造成伤害。

3. 我不被他人伤害

“我不被他人伤害”，即每个人都要加强自我防范意识，工作中要避免他人的错误操作或其他隐患对自己造成伤害。

4. 我保护他人不受伤害

任何组织中的每个成员都是团队中的一分子，要担负起关心爱护他人的责任和义务，不仅自己要注意安全，还要保护团队的其他人员不受伤害，这是每个成员对集体中其他成员的承诺。

（二）“四不伤害”的延展

对于立体交叉作业，涉及的人员较多、单位较多、工种较多、危险作业较多，各施工单位之间的“四不伤害”，由个体行为扩展到组织行为尤其重要。在这种情况下，要想杜绝事故，保证现场所有作业人员的健康安全，必须做到各个作业单位之间的“四不伤害”：

① 每个作业单位人员自己要保证不受伤害；

② 每个作业单位要保证不伤害其他施工作业单位的人员；

③ 每个作业单位人员不被其他作业单位伤害；

④ 每个作业单位都有责任保护其他作业单位人员不受到伤害。

为了有效落实“四不伤害”原则，强化安全管理，有效避免人身伤害，各施工单位应做到：

① 签订安全协议；

② 进行安全交底（先知），辨识危险、危害因素；

③ 各自落实安全措施和安全责任，现场施工经常进行沟通、协调，进行统一指挥；

④ 规范岗位作业行为从我做起。

由“要我安全”到“我要安全”，直至“我会安全”。这个过程需要牢固树立安全意识，广泛学习安全知识，熟练掌握安全技能，把正确的安全操作行为变成一种安全行为习惯，真正形成了一种安全文化，达到“四不伤害”。

（三）“四不伤害”的重要性

“四不伤害”的安全理念是在“三不伤害”的基础上的提升，是人性化管理和安全情感理念的升华，即在“不伤害自己、不伤害他人、不被他人伤害”的“三不伤害”的安全理念基础上，增加“保护他人不受伤害”这一关心他人，也是关心自己的观点，进一步丰富和发展了安全管理的内涵，拓宽了安全管理的渠道，突出了“以人为本”的安全管理理念，强化了安全生产意识。

随着安全管理的不断精细化，安全生产标准化及作业环境本质安全的迫切需要，把“三不伤害”提升到“四不伤害”显得极为重要。在安全管理工作中，“四不伤害”充分体现了每一个作业人员的自保、互保、联保意识。

自保就是在工作中，必须清楚地知道自己该做什么，不该做什么，应该做什么，怎么去做，并对作业现场的危险因素、安全隐患和事故处理及防范措施都要做到心中有数，从而确保自己的安全。互保就是在作业过程中，要看一看有没有危及他人的安全，详细了解清楚周边的安全状况，关键时刻要多提醒身边的同事，一个善意的提醒，就可能防止一次事故，就可能挽救一个生命；关心关注周围同事的行为，对现场出现“三违”现象要及时制止，绝不视而不见，更不能盲目从事。关注他人安全的意识就是保护他人的安全，是每一个作业人员的安全责任和义务，也是保护自己的有效措施。联保就是在作业过程中，不单单是关心自己，同时还要关心他人，相互提醒、相互监督、相互促进，形成人人抓安全，人人保安全的责任意识，增强员工的凝聚力，提高全员的安全意识。

（四）“四不伤害”安全理念的建立

员工的安全是公司正常运行的基础，也是家庭幸福的源泉。有安全，美好生活才有可能。

1. 我不伤害自己

要想做到“我不伤害自己”，应做到以下几个方面。

（1）在工作前应思考下列问题：我是否了解这项工作任务？责任是什么？我具

备完成这项工作的技能吗？这项工作有什么不安全因素？有可能出现什么差错？出现故障我该怎么办？应该如何防止失误？

（2）保持正确的工作态度及良好的身体心理状态，懂得保护自己的责任主要靠自己。

（3）掌握自己操作的设备或活动中的危险因素及控制方法，遵守安全规则，使用必要的防护用品，不违章作业。

（4）弄懂工作程序，严格按程序办事。

（5）出现问题时停下来思考，必要时请求帮助。

（6）谨慎小心工作，切忌贪图省事，不要干起活来毛毛躁躁。

（7）不做与工作无关的事。

（8）劳动着装齐全，劳动防护用品符合岗位要求。

（9）注意现场的安全标志，对作业现场危险有害因素进行充分辨识。

（10）积极参加一切安全培训，提高识别和处理危险的能力。

（11）虚心接受他人对自己不安全行为的提醒和纠正。

2. 我不伤害他人

要想做到“我不伤害他人”，应做到以下几个方面。

（1）自己遵章守规，正确操作，是“我不伤害他人”的基础保证。

（2）多人作业时要相互配合，要顾及他人的安全；对不熟悉的活动、设备、环境多听、多看、多问，必要的沟通协商后再行动。

（3）工作后不要留下隐患；检修完机器时，将拆除或移开的盖板、防护罩等设施恢复正常，避免他人受到伤害。

（4）操作设备尤其是启动、维修、清洁、保养时，要确保他人在安全的区域。

（5）你所知道的危险及时告知受影响人员，加以消除或予以标识。

（6）对所接受到的安全规定/标识/指令，请认真理解后执行。

（7）高处作业时，工具或材料等物品放置稳妥，以防坠落砸伤他人；动火作业完毕后及时清理现场，防止残留火种引发火情。

（8）机械设备运行过程中，操作人员未经允许不得擅自离开工作岗位，谨防其他人误触开关造成伤害等。

（9）拆装电气设备时，将线路接头按规定包扎好，防止他人触电。

（10）起重作业要遵守“十不吊”，电气焊作业要遵守“十不焊”，电工作业要遵守电气安全规程等。每个人在工作后作业现场周围都要仔细观察，做到工完场清，不给他人留下隐患。

3. 我不被他人伤害

要想做到“我不被他人伤害”，应做到以下几个方面。

（1）提高自我防护意识，保持警惕，及时发现并报告危险。

（2）拒绝他人违章指挥，提高防范意识，保护自己。

（3）对作业场地周围不安全因素要加强警觉，一旦发现险情，要及时制止和纠正他人的不安全行为，并及时消除险情。

（4）不忽视已标识的潜在危险并远离之，除非得到充足防护及安全许可。

（5）要避免由于其他人员工作失误、设备状态不良或管理缺陷遗留的隐患给自己带来的伤害。如发生危险性较大的中毒事故等，没有可靠的安全措施不能进入危险场所，以免盲目施救，自己被伤害。

（6）交叉作业时，要预见别人对自己可能造成的伤害，并做好防范措施。检修电气设备时必须进行验电，要防范别人误送电等。

（7）设备缺乏安全保护设备或设施时，例如旋转的零部件没有防护罩，员工应及时向上级主管报告，接到报告的人员应当及时予以处理。

（8）在危险性大的岗位（例如高空作业、交叉作业等），必须设有专人监护。

（9）纠正他人可能危害自己的不安全行为，不伤害生命比不伤害情面更重要。

4. 我保护他人不受伤害

要想做到“我保护他人不受伤害”，应做到以下几个方面。

（1）任何人在任何地方发现任何事故隐患，都要主动告知或提示给他人。

（2）提示他人遵守各项规章制度和安全操作规程。

（3）提出安全建议，互相交流，向他人传递有用的信息。

（4）视安全为集体荣誉，为团队贡献安全知识，与其他人分享经验。

（5）关注他人身体、精神状态等异常变化。

（6）一旦发生事故，在保护自己的同时，要主动帮助身边的人摆脱困境。

二、安全为主，预防为先

（一）安全生产最重要的就是要预防

安全生产方针是“安全第一、预防为主、综合治理”。“预防为先，安全为首”，才能有效降低企业安全事故发生的频率。

安全生产最重要的就是要预防，像治疗疾病一样，预防是前沿阵地，是防止疾病产生的最佳选择。当今大企业，工矿设备需要我们去维护，需要我们去操作，每个岗位都有它的技术标准、安全规则，以及前辈师傅们的工作经验，所以我们要学会学习，虚心听取同行的经验和教训，而且要掌握要领，这是防止安全事故发生的最佳选择。

正如疾病预防的成本远远比治疗疾病要便宜得多一样，安全事故的预防是更经济、更划算的行为。有安全隐患就要动脑筋去发现、去处理。如果发现了不安全因素却不理不睬、不重视，就埋下了事故的导火索，随时可能引爆，造成他人以及财产的损失。

人的生命只有一次，所以，安全生产开不得半点玩笑。其中很多特殊工种对安全的要求性更高，也就更容易造成安全事故，所以，特殊岗位的人更应学习好岗位安全知识，必须经过安全培训，持证上岗。各方面严格要求了自己，防范到位，生命也就多了几分安全保障。

一些人不爱穿戴好劳保用品，虽然看起来并不影响生产，却是造成不安全的一个重要因素。像焊工不戴口罩是非常有害的，长期吸入各种有毒烟气会造成机体中毒，危及生命，所以，安全生产重在预防，来不得一点侥幸。

虽然有了安全防范也会存在安全事故威胁，但有防范总比不防范要好得多，像对付疾病的产生一样，预防总比治疗好。现在的某些疾病还是不能根治，所以，预防应该永远是第一位的。

俗话说："安全是天，生死攸关。"安全是人类生存和发展的基本条件，安全生产关系职工生命和财产安全、家庭幸福和谐，是关系到企业兴衰的头等大事。对于企业来说，安全就是生命，安全就是效益，唯有安全生产这个环节不出差错，企业才能更好地发展壮大，否则，一切皆是空谈。

安全生产，得之于严，失之于宽。在安全生产和安全管理的过程中，时常会看到因为一些小节的疏忽而酿成大的事故，一切美好的向往、对未来美好憧憬，也将随着那一刹那的疏忽而付之东流。

安全生产只有起点没有终点。安全生产是永不停息、永无止境的工作，必须常抓不懈，警钟长鸣，不能时紧时松、忽冷忽热，不能存有丝毫的侥幸心理和麻痹思想，更不能"说起来重要、做起来次要、干起来不要"。

安全意识也必须渗透到我们的灵魂深处，朝朝夕夕，相伴你我。我们要树立居安思危的忧患意识，把安全提到前所未有的高度来认识。安全生产虽然慢慢步入良性循环轨道，但我们并不能高枕无忧。随着科技的发展与进步，安全生产也不断遇到新变化、新问题，我们必须善于从新的实践中发现新情况、提出新问题、找到新办法、走出新路子。面对全新而紧迫的任务，更要树立"只有起点，没有终点"的安全观，真正做到"未雨绸缪"。

（二）不安全心理的预防

很多企业和员工均存在侥幸心理，企业在管理中安全责任意识淡薄，没有从责任感、意识层次上进行预防。"安全第一、预防为主"更应该体现在从心理上真正地做好思想准备工作，从意识上、从责任感上、从思想上做好准备。我国大多数企业在安全管理工作中，知道安全管理可以给企业带来无形的经济效益，但是，也有不少企业没有从思想上重视安全管理，给企业带来了破灭性的灾难。

（三）控制预防物的不安全状态

物的不安全状态主要表现在以下几点。

（1）设备、装置有缺陷。例如设备陈旧、安全装置不全或失灵、技术性能降低、刚度不够、结构不良、磨损、老化、失灵、腐蚀、物理和化学性能均达不到规定等。

（2）施工场所的缺陷。例如工作面狭窄、施工组织不当、多工种立体交叉、交通道路不畅、机械车辆拥挤等。

（3）物质及环境具有危险源。例如，物质方面有：物品易燃、毒性、机械振动、冲击、旋转、抛飞、剪切、电器漏电、电线短路、火花、电弧、超负荷、过热、爆炸、绝缘不良、电器无漏电保护、高压带电作业等；环境方面有：台风、雷电、高温、桩井有害气体、焊接烟雾、噪声、粉尘、高压气体、火源等。这些有害因素都会导致施工人员在不符合安全操作规程要求时发生工伤事故。

（四）预防人的不安全行为

1. 操作失误

主要原因如下：

(1) 机械产生的噪声使操作者的知觉和听觉麻痹，导致不易判断或判断错误；

(2) 依据错误或不完整的信息操纵或控制机械造成失误；

(3) 机械的显示器、指示信号等显示失误使操作者误操作；

(4) 控制与操纵系统的识别性、标准化不良，而使操作者产生操作失误；

(5) 时间紧迫致使没有充分考虑而处理问题；

(6) 缺乏对机械危险性的认识而产生操作失误；

(7) 技术不熟练，操作方法不当；

(8) 准备不充分，安排不周密，因仓促而导致操作失误；

(9) 作业程序不当，监督检查不够，违章作业；

(10) 人为地使机器处于不安全状态，如取下安全罩、切除联锁装置等，走捷径、图方便、忽略安全程序。

2. 误入危险区

主要原因如下：

(1) 操作机器的变化，如改变操作条件或改进安全装置时；如电气倒闸操作误入带电间隔；

(2) 图省事、走捷径的心理；

(3) 条件反射下忘记危险区；

(4) 单调的操作使操作者疲劳而误入危险区；

(5) 由于身体或环境影响，造成视觉或听觉失误而误入危险区；

(6) 错误的思维和记忆，尤其是对机器及操作不熟悉的新员工容易误入危险区；

(7) 指挥者错误指挥，操作者未提出异议而误入危险区；

(8) 信息沟通不良而误入危险区；

(9) 异常状态及其他条件下的失误。

三、从“要安全”到“会安全”

（一）如何从“要我安全”转变为“我要安全”

安全是指不受威胁及没有危险、危害、损失。人类的整体与生存环境资源的和谐相处，互相不伤害。不存在危险的危害隐患，是免除了不可接受的损害风险的状态。

“要我安全”是一种被动的安全观，而“我要安全”是一种主动的安全观。

从“要我安全”转变为“我要安全”就是从被动转变为主动，把指标变成大众的意识，把被动防护变成基本意识的防护。

“安全生产没有终点只有起点!”各班组必须把安全生产放在第一位，使安全生产全员参与、齐抓共管。“安全”是企业管理过程中的永恒的主题，而我们要做好安全生产，就必须从“要我安全”的思想中转变为“我要安全”。

1. “我要安全”不在于知道，关键在于行动

无论什么时候，我们都不能丢掉“安全”两个字，在一线工作的员工，都知道公路上的车辆川流不息地穿梭奔驰着，非常不安全，所以我们在施工作业时要认真、规范摆放好施工牌等安全防护措施，这是保护自己，并不是做给领导看的，更不是来应付上级检查的。我们要知道，上级领导要求我们做好安全防护措施，是关心我们员工，对我们员工负责的一种体现。单位要保证安全生产，就需要我们全体员工发扬主人翁精神，真正树立起“安全生产，人人有责”的安全理念，从被动接受的“要我安全”，转变为积极主动的“我要安全”。

2. 要养成安全意识和良好的习惯，从我做起，从小事做起

上班前按规定穿戴防护用品；使用机械、机具要按操作规程进行操作，发现异常应及时整改；下班后要注意休息，养足精神，劳逸结合。电力行业的特点决定了工作中存在各种不安全因素，因此，在工作中头脑要保持高度警惕，时刻把安全放在心理，在思想上不要存在麻痹和侥幸心理，不要认为这些事故不可能发生在自己身上，一次两次可能避免，时间长了，谁都不敢保证事故不会发生在自己身上，所以在生产工作过程中，我们要严格遵守安全生产规章制度，把安全生产落实到行动中去。

所以说，企业制定措施，提升职工安全意识，实现“要我安全”向“我要安全”的转变，是安全生产执行力由强制性到自觉性的一次质的飞跃。

（二）如何从“我要安全”转变到到“我会安全”

我们不但要有“我要安全”的意识，还要学会我会安全，我能安全。在员工意识到“我要安全”的同时，还必须实现“我会安全”，才能从事故源头控制不安全行为，减少或避免事故的发生。

如何从根本上提高员工的安全保护意识，实现从“我要安全”到“我会安全”的根本转变?

1. 完善安全管理规章制度

(1) 企业每年都要对管理规章进行一次修订、完善，并建立补充各类记录台账。

(2) 企业要全面开展安全运行内审工作，有计划、有频次、有步骤地逐条进行审计。对安全运行中发现的问题不隐瞒、不回避，及时提出限期整改意见，对整改的问题做好跟踪落实，才能大大提高安全运行质量。

(3) 企业还要做到“八字方针”，把“安全第一，预防为主”列入管理的重要工作日程，每次开会首先就要研究安全工作，当安全与效益、安全与其他工作发生矛盾时，首先解决安全问题。

（4）坚持安全教育制度，每周确定一天为安全活动日。通过对安全规章的学习，安全事例的点评，逐步增强员工的安全意识。

（5）坚持每月安全员例会制度，定期分析安全形势，查找安全隐患，有针对性地提出安全措施和要求，防患于未然。

（6）坚持安全责任落实制度，每年首先落实企业安全管理精神，签订安全合同、安全责任书，把安全指标层层分解、量化，把安全责任落实到基层，落实到岗位，落实到人头，形成良好的安全工作氛围。

（7）对发生问题的单位和个人，严格按照“四不放过”的原则，给予严肃处理。

通过建立健全各项安全管理制度，在安全工作中逐步形成用制度约束人、程序规范人的安全管理新格局，使企业的安全管理更加科学化、规范化。

2. 加强安全知识培训

为强化全体员工的安全意识，不断提高员工的安全保障能力，企业应逐步建立完备的教育培训管理体系，做到安全教育年有计划、月有安排、覆盖全员、不留死角，努力使教育培训工作常态化。

在安全教育上注重：一是结合企业运营的特点；二是结合年度安全教育计划；三是结合企业分部在各个主体厂的特殊情况；四是结合企业各类从业人员的工作特性，特别是特种作业人员按专业不同进行教育培训，严把安全关，为确保安全提供技术保障。

每周都要进行安全学习，充分利用好学习机会，使每个班组成员的安全知识达到一定的水平，成为班组安全工作的主心骨，利用班组安全活动对员工进行安全知识培训并常抓不懈。

3. 建立企业安全文化

安全工作是一项系统工程，它涉及企业的方方面面，涉及参与生产活动的每一个人。为使安全第一、全员参与的文化理念深植员工的大脑意识当中，让“我要安全”，变为“我会安全”，企业在安全文化建设方面，要大胆进行大量的有益尝试。如以落实安全规章、防止人为差错、提高安全质量为中心，开展安全知识竞赛、安全演讲比赛、安全橱窗比赛、安全标兵评选、安全技术研讨、安全文化词条征集等形式多样、内容丰富的安全文化活动。通过这些活动传播安全知识、强化安全理念。

为进一步将安全文化具体化、形象化、人格化，企业还可借助电子网络和通过在企业内部开展每月评选出安全型先进个人，每季度评选出安全型先进班组的活动这两个文化平台，总结他们的安全经验和心得，在全体员工中发挥较好的示范引导作用。为进一步加强各基层部门安全工作，为确保安全创造一个良好工作环境，企业还可积极开展“班前作业提醒、班后事件分”、“每周安全活动”、“安全经验共享”等活动，通过各部门、各层次间开展、体验各车间安全经验，达成“安全工作环环相扣，安全责任大家共担”的共识。

企业通过把安全文化理念装饰在环境中，渗透在制度里，体现在行动中，聚焦在安全文化楷模的形象上，逐步在企业内形成“人人事事想安全、时时处处保安全”的良好氛围。

第二节　安全管理日常培训

一、做好交接班工作

做好交接班工作具体就是做好以下工作。

1. 交工艺

当班人员应对管理范围内的工艺现状负责，交班时应保持正确的工艺指标，并向接班人员交待清楚。

2. 交设备

当班人员应严格按工艺操作规程和设备操作规程认真操作，对管辖范围内的设备状况负责，交班时应向接班人员移交完好的设备。

3. 交卫生

当班人员应做好设备工作场所的清洁卫生，交班时交接清楚。

4. 交工具

交接班时，工具应摆放整齐，无油污、无损坏、无遗失。

5. 交记录

交接班时，设备运行记录、工艺操作记录、维修记录等应真实、准确、整洁。

凡上述交接事项不合格时，接班人有权拒绝接班，并应向管理层反映。

由车间主任（班组长）或岗位负责人填写交接班日记，其内容为：生产任务完成情况，质量情况，安全生产情况，工具、设备情况（包括故障及排除情况）；安全隐患及可能造成的后果、注意事项、遗留问题及处理意见，车间或上级的指示；交接班记录定期存档备查。

二、认真实施安全检查

班组长、岗位操作人员要根据工作现场、岗位，编制符合规定的安全检查表，明确检查项目、存在问题及处理措施。

（1）检查设备的安全防护装置是否良好。防护罩、防护栏（网）、保险装置、联锁装置、指示报警装置等是否齐全、灵敏有效，接地（接零）是否完好。

（2）检查设备、设施、工具、附件是否有缺陷和损坏；制动装置是否有效，安全间距是否合乎要求，机械强度、电气线路是否老化、破损，超重吊具与绳索是否符合安全规范要求，设备是否带“病”运转和超负荷运转。

（3）检查易燃、易爆物品和剧毒物品的储存、运输、发放和使用情况，是否严格执行了易燃、易爆物品和剧毒物品的安全管理制度，通风、照明、防火等是否符合安全要求。

（4）检查生产作业场所和施工现场有哪些不安全因素。安全出口是否通畅，登高扶梯、平台是否符合安全标准，产品的堆放、工具的摆放、设备的安全距离、操作者安全活动范围、电气线路的走向和距离是否符合安全要求，危险区域是否有护栏和明显标志等。

（5）检查有无忽视安全技术操作规程的现象。比如：操作无依据、没有安全指令、人为损坏安全装置或弃之不用，冒险进入危险场所，对运转中的机械装置进行注油、检查、修理、焊接和清扫等。

（6）检查有无违反劳动纪律的现象。比如：在作业场所工作时间开玩笑、打闹、精神不集中、酒后上岗、脱岗、睡岗、串岗；滥用机械设备或车辆等。

（7）检查日常生产中有无误操作、误处理的现象。比如：在运输、起重、修理等作业时信号不清、警报不鸣；对重物、高温、高压、易燃、易爆物品等做了错误处理；使用了有缺陷的工具、器具、起重设备、车辆等。

（8）检查个人劳动防护用品的穿戴和使用情况。比如：进入工作现场是否正确穿戴防护服、帽、鞋、面具、眼镜、手套、口罩、安全带等；电工、电焊工等电气操作者是否穿戴超期绝缘防护用品、使用超期防毒面具等。

（9）其他需要检查的内容。

三、注重安全隐患整改

班组针对日常检查中发现的安全隐患及不安全因素，在上级领导下建立并落实班组事故隐患整改制度。

（1）班组长对本班组安全隐患整改工作全面负责，副班组长、安全员协助班组长做好管理、监督和统计上报工作，班组成员全力配合，确保安全隐患按期整改到位。

（2）班组根据安全检查表中发现的潜在危险，不能处理的，填写“隐患整改追踪记录卡”，按照安全隐患的严重程度、解决难易程度逐级上报，在上级领导下积极整改。

（3）安全隐患整改要坚持及时有效、先急后缓、先重点后一般、先安全后生产的原则。

（4）对存在安全隐患的作业场所，要坚持不安全不生产的原则，制定切实可行的防范措施，无措施不准生产。

（5）安全隐患整改要实行逐级销号，对按期整改的安全隐患，班组要逐级进行销号；对未按期整改的安全隐患，要重点监控，确保彻底整改。

（6）因安全隐患整改治理不及时、导致事故发生，在安全隐患责任区内确认事故责任，严肃处理。

“隐患整改追踪记录卡”的内容和使用注意事项如下。

班组根据安全检查表中发现的安全隐患或不安全因素，不能处理的，在采取防范措施的同时，认真填写“隐患整改追踪记录卡”（表 2-1），一式三份或三联：一份交包修组负责人签字后退回备查；一份安排检修；一份交车间领导签字后退包修组备查。包修组无法处理的，将余下的两份“隐患整改追踪记录卡”报车间领导；另一份车间安全员备案后，安排检修或上报厂部（车间无法处理的）。“隐患整改追踪记录卡”在哪个环节受阻，就由哪个环节承担其事故责任。

表 2-1 隐患整改追踪记录卡

填报单位		填报时间	年 月 日
填报人姓名			
存在的隐患		确认依据	
收卡领导签字	维修班组长	（签字） 年 月 日	
	车间领导	（签字） 年 月 日	
	其他领导	（签字） 年 月 日	
整改要求			
整改负责人	（签字） 年 月 日		
完成情况（完成时间、工时、材料费；或上报车间、厂）			
销卡	（岗位验收或列入安全措施、技改、大修等项目）		

四、及时进行设备、保养及维修管理

（一）设备保养实行三级保养制和重点检查相结合的制度

① 一级保养：日常维护保养。主要包括定期检查、清洁和润滑，发现小故障及时排除，及时做好巡检工作以及必要记录。

② 二级保养：设备维修人员按计划进行的设备保养工作。主要包括对设备进行局部解体，进行清洗、调整，按照设备磨损规律进行定期保养。

③ 三级保养：设备维修人员按计划对设备进行全面清洗、部分解体检查和局部修理，更换或修复局部磨损件，使设备能达到完好状态。

④ 设备重点检查：根据要求用检测仪表或人的感觉器官，对设备的某些关键部位进行的有异状的检查。通过日常重点检查和定期重点检查，及时发现设备的隐患，避免和减少突发故障，提高设备的完好率。

（二）设备维修进行分级管理

① 零星维修工程：对设备进行日常的检修及为排除故障而进行的局部修理。通常需要修复、更换少量易损零部件，调整较少部分机构和精度。

② 中修工程：对设备进行正常的、定期的全面检修，对设备部分解体修理和更换少量磨损零部件，保证设备恢复和达到应有的标准和技术要求。更换率一般在10%～30%。

③ 大修工程：对设备进行定期的全面检修，对设备要全部解体，更换主要部件和修理不合格零部件，使设备基本恢复原有性能。更换率一般超过30%。

④ 设备更新和技术改造：当设备使用一定年限后，技术性能落后、效率低、耗能大、污染问题多，需进行更新，提高和改善技术性能。

（三）设备保养和维修的原则

① 以预防为主，坚持日常保养与计划维修并重，使设备经常处于良好状态。

② 对所有设备做到“三好”、“四会”和“五定”。“三好”是指用好、修好和管理好重要的设备；“四会”是指维修人员对设备要会使用、会保养、会检查、会排除故障；“五定”是指对主要生产设备的清洁、润滑、检修要做到定量、定人、定点、定时和定质。

③ 实行专业人员修理和使用操作人员修理相结合，以专业修理为主，提倡使用人员参加日常的保养和维修。

④ 完善设备管理和定期维修制度，制定科学的保养规程，完善设备资料和维修登记卡片制度，制定合理的定期维修计划。

⑤ 修旧利废，合理更新，降低设备维修费用，提高经济效益。

五、加强班组日常安全管理工作

（一）关注现场作业环境

环境是在意外事故的发生中不可忽视的因素，通常工作环境脏乱、工厂布置不合理、搬运工具不合理、采光与照明差、工作场所危险，就容易发生事故，所以，班组长在安全防范中应提高对作业环境的注意度，整理整顿生产现场，平时需关心以下一些事项。

① 作业现场的采光与照明情况是否符合标准？

② 通气状况怎样？

③ 作业现场是否有许多碎铁屑与木块？会不会影响作业？

④ 作业现场的通道情况是不是足够宽敞、畅通？

⑤ 作业现场的地板上是否有油或水？会不会影响员工进行作业？

⑥ 作业现场的窗户是否擦拭干净？

⑦ 防火设备的功能是否可以正常发挥？有没有进行定期检查？

⑧ 载货的手推车在不使用的情况时是不是放在指定点？

⑨ 作业安全宣传与指导的标语是否贴在最引人注目的地方？
⑩ 经常使用的楼梯、货品放置台是否摆放有不良品？
⑪ 设备装置是否符合安全手册要求置于最正确的地点？
⑫ 机械的运转状况是否正常？润滑油注油口有没有油漏到作业现场的地板上？
⑬ 下雨天，雨伞与雨具是否放置在规定的地方？
⑭ 作业现场是否置有危险品？其管理是否妥善？是否做了定期检查？
⑮ 作业现场入口的门是否处于最容易开启的状态？
⑯ 放置废物与垃圾的地方通风系统是否良好？
⑰ 日光灯的台座是否牢固？是否清理得很干净？
⑱ 电气装置的开关或插座是否有脱落的地方？
⑲ 机械设备的附属工具是否零乱地放置在各处？
⑳ 班组长的指示与注意点，员工是否都能深入地了解？并依序执行？
㉑ 共同作业的同事是否能完全与自己配合？
㉒ 其他问题。

（二）关注员工工作状态

关注员工的工作状态，是指班组长在工作过程中需关注员工存不存在身心疲劳现象。因为员工身体状况不好，或因超时作业而引起身心疲劳，会导致员工在工作上无法集中注意力。

员工在追求高效率作业时，也要适时地根据自己的身体状况作出相应调整，不能在企业安排休养时间内，做过于令人刺激兴奋的娱乐活动，这样不但浪费了休息时间，还会降低工作效率。一般来说，班组长要留意以下事项。

① 员工对作业是否持有轻视的态度？
② 员工对作业是否持有开玩笑的态度？
③ 员工对班组长的命令与指导是否持有反抗的态度？
④ 员工是否有与同事发生不和的现象？
⑤ 员工是否在作业时有睡眠不足的情形？
⑥ 员工身心是否有疲劳的现象？
⑦ 员工手、足的动作是否经常维持正常状况？
⑧ 员工是否经常有轻微感冒或身体不适的情形？
⑨ 员工对作业与作业报告是否有怠慢的情形发生？
⑩ 员工是否有心理不平衡或担心的地方？
⑪ 员工是否有穿着不整洁的工作服与违反公司规定的事项？
⑫ 其他问题。

（三）督导员工严格执行安全操作规程

安全操作规程是前人在生产实践中摸索，甚至是用鲜血换来的经验教训，集中反映了生产的客观规律。

1. 精力高度集中

人的操作动作不仅要通过大脑的思考，还要受心理状态的支配。如果心理状态不正常，注意力就不能高度集中，在操作过程中易发生因操作方法不当，从而引发事故的情况。

2. 文明操作

要确保安全操作就必须做到文明操作，做到清楚任务要求，对所需原料性质十分熟悉，及时检查设备及其防护装置是否存在异常，排除设备周围的阻碍物品，力求做到准备充分，以防注意力在中途分散。

操作中出现异常情况也属正常现象，切记不可过分紧张和急躁，一定要保持冷静并善于及时处理，以免酿成操作差错而产生事故；杜绝麻痹、侥幸、对不安全因素视若无物；从小事做起，从自身做起，把安全放在首位，真正做到开心上班来，快乐回家去。

（四）监督员工严格遵守作业标准

经验证明，违章操作是绝大多数安全事故发生的祸首。因此，为了避免发生安全事故，就要求员工必须严格遵守标准。在操作标准的制定过程中，充分考虑影响安全方面的因素，杜绝违章操作，避免安全事故的发生。

对于班组长而言，要现场指导、跟踪确认。该做什么？怎样去做？重点在哪？班组长应该对员工传授到位。不仅要教会，还要跟进确认一段时间，检测员工是否已经真正掌握操作标准，成绩稳定与否。倘若只是口头交代，甚至没有去跟踪，那么这种操作标准也不过是一纸空文，执行的效果也不会理想。

（五）监督员工穿戴劳保用品

作为班组长，一定要熟悉本公司、本车间在何种条件下使用何种劳保用品，同时也要了解掌握各种劳保用品的用途。倘若员工不遵守规定穿戴劳保用品，可以向其讲解公司的规定、章程，也可向他们解释穿戴劳保用品的好处和不穿戴劳保用品的危害。在佩戴和使用劳保用品时，谨防发生以下情况。

（1）从事高空作业的人员，因没系好安全带而发生坠落情况。

（2）从事电工作业（或手持电动工具）的人员，因不穿绝缘鞋而发生触电。

（3）在车间或工地，工作服不按要求着装，或虽穿工作服，但穿着邋遢、敞开前襟、不系袖口等，造成机械缠绕。

（4）长发不盘入工作帽中，发生长发被卷入机械里的情况。

（5）不正确戴手套。有的该戴手套的不戴，造成手的烫伤、刺破等伤害；有的不该戴手套的却戴了，造成机械卷住手套连同手也一齐带进去，甚至连胳膊也带进去的伤害事故。

（6）护目镜和面罩佩戴不适当、不及时，面部和眼睛遭受飞溅物伤害或灼伤，或受强光刺激，导致视力受伤。

（7）安全帽佩戴不正确。当发生物体坠落或头部受撞击时，造成伤害事故。

（8）不按规定在工作场所不穿用劳保皮鞋，致使脚部受伤。

(9) 各类口罩、面具选择使用不正确，或者因防毒护品使用不熟练造成中毒伤害。

(六) 检查生产现场是否存在物的不安全状态

班组长在现场巡查时，要检查生产现场是否存在物的不安全状态，主要包括以下几个方面。

(1) 检查设备的安全防护装置是否良好。防护罩、防护栏（网）、保险装置、联锁装置、指示报警装置等是否齐全、灵敏有效，接地（接零）是否完好。

(2) 检查设备、设施、工具、附件是否有缺陷。制动装置是否有效，安全间距是否符合要求，机械强度、电气线路是否老化、破损，超重吊具与绳索是否符合安全规范要求，设备是否带“病”运转和超负荷运转。

(3) 检查易燃、易爆物品和剧毒物品的储存、运输、发放和使用情况，是否严格执行了制度，通风、照明、防火等是否符合安全要求。

(4) 检查生产作业场所和施工现场有哪些不安全因素。有无安全出口，登高扶梯、平台是否符合安全标准，产品的堆放、工具的摆放、设备的安全距离、操作者的安全活动范围、电气线路的走向和距离是否符合安全要求，危险区域是否有护栏和明显标志等。

(七) 检查员工是否存在不安全操作

班组长在现场巡查时，要检查在生产过程中员工是否存在不安全行为和不安全的操作，主要包括以下几个方面。

(1) 检查有无忽视安全技术操作规程的现象。比如，操作无依据、没有安全指令、人为地损坏安全装置或弃之不用，冒险进入危险场所，对运转中的机械装置进行注油、检查、修理、焊接和清扫等。

(2) 检查有无违反劳动纪律的现象。比如，在工作时间开玩笑、打闹、精神不集中、脱岗、睡岗、串岗；滥用机械设备或车辆等。

(3) 检查日常生产中有无误操作、误处理的现象。比如，在运输、起重、修理等作业时信号不清、警报不鸣；对重物、高温、高压、易燃、易爆物品等做了错误处理；使用了有缺陷的工具、器具、起重设备、车辆等。

企业安全员应认真填写企业安全生产日常管理检查表（表 2-2）。

表 2-2　企业安全生产日常管理检查表

企业名称：×××××有限公司

序号	检查内容	落实情况	
一、企业安全生产保障情况			
1	建立、健全安全生产责任制		
	是否建立、健全以下安全生产责任制	是/否	备注
(1)	主要负责人安全生产责任制		

续表

序号	检查内容	落实情况	
(2)	分管负责人安全生产责任制		
(3)	安全管理人员安全责任制		
(4)	岗位安全生产责任制		
(5)	职能部门安全生产责任制		
(6)	安全作业管理制度		
(7)	仓库、储罐安全管理制度		
2	组织制定安全生产规章制度和操作规程		
	是否制定以下安全生产规章制度,并正式发布		
(1)	安全教育培训制度		
(2)	安全生产奖惩制度		
(3)	安全生产事故隐患排查、整改制度		
(4)	安全设施、设备管理制度		
(5)	办公场所防火、防爆管理制度 安全警示标志设立情况 有否疏散出口、有否标志、是否畅通;消防器材数量、放置地点、有效期		
(6)	办公场所职业卫生管理制度		
(7)	劳动防护用品(具)管理制度		
3	监督、检查安全生产工作		
(1)	主要负责人是否定期组织召开安全会议和参加安全检查活动		
(2)	是否正常开展定期安全检查活动		
(3)	是否及时整改检查中发现的生产安全事故隐患		
4	组织制定并实施生产安全事故应急救援预案		
(1)	是否制定应急救援预案并定期开展演练		
(2)	是否建立应急救援组织或指定专(兼)职应急救援人员		
5	生产安全事故		
(1)	是否发生因工伤亡事故		

续表

序号	检查内容	落实情况	
(2)	是否如实、及时报告生产安全事故		
二、企业安全管理机构或人员履行管理职责情况			
1	设置安全管理机构及配备人员		
(1)	是否设置了安全生产管理专门机构		
(2)	是否按基本从业条件要求培训和配备相关从业人员		
2	落实企业安全生产规章制度		
(1)	安全教育培训记录		
(2)	安全检查及隐患整改记录		
(3)	安全设施登记、维护保养及检测记录		
(4)	特种设备登记及检测、检验台账记录		
(5)	职业卫生检测台账记录		
3	重大危险源管理		
(1)	是否确定企业的重大危险源,并建立重大危险源登记档案		
(2)	是否落实重大危险源的安全监控措施、应急措施		

督查意见:

检查人(签字): 企业负责人(签字):

日期: 年 月 日

第三节　电力安全专项培训

一、公司防事故演习

（一）安监部主任防事故演习工作实务（表 2-3）

表 2-3　安监部主任防事故演习工作实务

工作程序	工作内容	备注
方案审核	(1)参加防事故演习执行方案讨论会议，指出防事故演习方案中的注意事项	
	(2)审核生产技术部安全专工提交的防事故演习执行方案	
督促总结	(1)参加防事故演习预备会，对监督小组在防事故演习执行工作提出要求	
	(2)监督演习方案的执行	
	(3)参加防事故演习总结会，指出安全方面存在的不足和需要改进的方面	

（二）安监部专员防事故演习工作实务（表 2-4）

表 2-4　安监部专员防事故演习工作实务

工作程序	工作内容	备注
方案审核	(1)按照防事故演习计划，配合生产技术部安全专员制定防事故演习执行方案	
	(2)参加防事故演习执行方案的讨论	
督促总结	(1)参加防事故演习预备会，明确演习中的责任和分工	
	(2)监督演习人员执行过程	
	(3)检查演习车间和部门按要求携带的物资材料，做好记录，各单位演习小组负责人签字后，交生产技术部安全专员	
	(4)参加防事故演习总结会，指出改进意见	

（三）生产技术部主任防事故演习工作实务（表 2-5）

表 2-5　生产技术部主任防事故演习工作实务

工作程序	工作内容	备注
方案审核	(1)审核专员提交的年度防事故演习计划，送公司分管副总审批	
	(2)参加防事故演习方案讨论会议，协调各车间和部门演习程序，并指出防事故演习方案中的注意事项	
	(3)审核专员提交的防事故演习执行方案，送公司分管副总审批	

续表

工作程序	工作内容	备注
方案审核	(4)审批生产技术部专员拟定的防事故演习指挥及小组成员、监督小组人员名单	
督促总结	(1)主持防事故演习预备会,协调各车间、部门间防事故演习执行	
	(2)监督演习方案执行	
	(3)审核专员提交的防事故演习总结评价报告	
	(4)主持防事故演习总结会,对演习提出改进意见	
	(5)审核专员提交的会议纪要,送分管副总签批	

(四)生产技术部专员防事故演习工作实务(表 2-6)

表 2-6　生产技术部专员防事故演习工作实务

工作程序	工作内容	标准格式	备注
方案制定	(1)每年 1 月,根据公司安全生产重点要求,拟定公司防事故演习计划,报主任审核	附件 1	
	(2)按照防事故演习计划要求,制定各单位演习方案编写内容及要求,下发各单位	附件 2	
	(3)汇总各车间防事故演习方案,形成防事故演习执行方案(初稿)	附件 3	
	(4)介绍防事故演习执行方案(初稿),记录讨论内容,晚上防事故演习执行方案,培训部门主任、安监部主任审核,分管副总经理审批后下发		
演习执行	(1)拟定防事故演习总指挥及小组成员、监督小组人员名单,报主任审批后下发各单位	附件 4	
	(2)组织召开防事故演习预备会,协调各单位演习配合		
	(3)制定演习检查记录表,发监督小组成员	附件 5	
	(4)对照演习方案,监督演习人员执行过程,并做好记录		
	(5)根据演习方案,检查演习车间和部门所按要求携带的物资材料等,做好记录,交各单位演习小组负责人确认并签字		
总结归档	(1)汇总分析防事故演习记录,制定评价总结报告,报主任审核	附件 6	
	(2)参加防事故演习总结会,宣读防事故演习总结评价报告		
	(3)记录公司领导总结发言、起草防事故演习会议纪要,报主任审核,经公司分管副总经理签批后下发	附件 7	
	(4)将防事故演习资料归档	附件 8	

附件 1：公司防事故演习计划标准格式

公司防事故演习计划

演习题目：

演习领导：

演习单位：

监督人员：

演习时间（计划时间）：

事故类型：

演习涉及专业：

附件 2：各单位编写防事故演习方案通知格式

关于认真做好各单位编写防事故演习方案的通知

公司所属有关单位：

根据公司防事故演习计划讨论会确定的防事故演习题目及专业分工，经研究讨论决定下发各单位做好本单位防事故演习方案的通知，望各单位遵照执行。

1. 防事故演习题目。

2. 防事故演习方案分工。

(1) 修验厂负责变电专业的防事故演习方案的编写；

(2) 线路工区负责输电线路防事故演习方案的编写；

(3) 配电工区负责配电专业防事故演习方案的编写。

3. 方案编写格式。方案按照以下方式编写：

(1) 事故前运行方式；

(2) 演习题目；

(3) 对照题目，制定事故处理过程和步骤。

4. 编写要求。

(1) 要求认真编写，本单位首先要进行讨论，然后上报。

(2) 各单位应在通知下发后 15 日内完成上报，未按时上报的单位将按照有关规定给予经济处罚。

生产技术部

年　月　日

附件 3：防事故演习执行方案标准格式

防事故演习执行方案

批准：分管副总经理

审订：安监部主任

审核：生产技术部主任

编制：生产技术部专员

1. 演习的目的。

2. 组织领导。

3. 演习时间和地点。

4. 演习题目及天气状况。

(1) 天气状况。

(2) 事故前的运行方式。

(3) 演习题目：

① 变电专业内容题目；

② 线路专业内容题目；

③ 配电专业内容题目。

5. 演习中的注意事项。

6. 防事故演习监督责任分工。

7. 根据各专业题目内容制定的事故处理过程和步骤：

① 变电专业处理过程和步骤；

② 输电运行处理过程和步骤；

③ 线路专业处理过程和步骤；

④ 配电专业处理过程和步骤。

附件 4：防事故演习指挥、工作、监督小组人员名单标准格式

防事故演习指挥、工作、监督小组人员名单

1. 防事故演习指挥小组

组长：公司总经理。

成员：各分管副总经理。

2. 防事故演习工作小组

总指挥：分管副总经理或总工。

成员：公司生产技术部、安监部、基建部、农村电力部、培训主管部门主任。

修验场、线路工区、调度所、变电运行工区、客户中心、各区供电部、配电工区、多种经营企业（主任、经理）。

3. 监督小组成员

生产技术部、安监部、基建部、农村电力部专员组成。

按照调度室、线路、配电、变电现场进行分工，各自明确监督责任。

附件5：防事故演习检查记录表标准格式（表2-7）

表2-7　防事故演习检查记录表

演习时间：　　　　　　　　　　　　　　　　被检查单位：

类别	序号	检查内容及要求	检查情况
执行程序	1	执行步骤是否按照要求方案顺序进行	
	2	报告内容是否正确、完备	
	3	人员分工是否合理	
	4	演习过程有无违章行为	
	5	人员、车辆到位是否及时	
	6	事故处理过程是否符合要求	
物资材料	1	检修电源线、盘是否足够	
	2	开关分、合闸线圈	
	3	绝缘梯等登高用品	
	4	保护微机试验仪完好、附件齐全	
	5	直流接地检测仪完好、附件齐全	
	6	保护插件齐全	
	7	其他	

附件6：防事故演习总结评价报告标准格式

防事故演习总结评价报告

防事故演习开始时间及执行过程情况总体评价。

1. 变电检修专业

(1) 优点，达到的标准。

(2) 存在的不足和需要改进的地方。

2. 变电运行专业

(1) 优点，达到的标准。

(2) 存在的不足和需要改进的地方。

最终达到了提高事故应急反应能力的目的，通过总结，找出不足，不断完善，在下次防事故演习中得到改正。

附件7：防事故演习总结会议纪要标准格式

××年度防事故演习总结会议纪要

签发人：（公司分管副总经理）

1. 会议召开时间及地点。

2. 主持人。

3. 防事故演习总结情况：经验和不足，改进措施。

4. 公司分管副总经理或总工总结讲话和重要指示。

年　月　日

附件8：生产技术部专员存档资料标准格式

生产技术部专员存档资料标准格式

1. 公司防事故演习计划。
2. 防事故演习执行方案。
3. 各专业制定防事故演习方案要求。
4. ××年度防事故演习总结会会议纪要。
5. 防事故演习总结评价报告。
6. 防事故演习指挥、工作、监督小组人员名单。
7. 防事故演习检查记录表。

(五)培训部主任防事故演习工作实务（表2-8）

表2-8　培训部主任防事故演习工作实务

工作程序	工作内容	备注
方案审核	(1)参加防事故演习计划、方案讨论会	
	(2)审核生技部专员提交的防事故演习执行方案	
督促总结	(1)参加防事故演习预备会	
	(2)监督演习方案执行	
	(3)参加防事故演习总结会，指出存在的不足和改进要求	

(六)车间主任防事故演习工作实务（表2-9）

表2-9　车间主任防事故演习工作实务

工作程序	工作内容	备注
方案讨论	(1)审核专员编写的本专业防事故演习方案	
	(2)参加防事故演习方案讨论会	
演习执行	(1)审查专员制定的物质材料配备计划表	
	(2)检查各班组车辆、物资材料准备，对存在的问题提出改正意见	
	(3)参加专员组织的防事故演习执行方案的学习	
	(4)参加防事故演习预备会议，明确时间、到达的预定地点	
	(5)监督车间人员执行方案程序、汇报内容的正确性，并向公司监督人员汇报车间到位情况	
	(6)对车间防事故演习所携带物资材料情况进行检查，确认检查记录并签字	

续表

工作程序	工作内容	备注
演习总结	(1)审核专员提交的防事故演习总结	
	(2)参加防事故演习总结会议，总结本车间防事故演习情况	

（七）车间专员防事故演习工作实务（表 2-10）

表 2-10　车间专员防事故演习工作实务

工作程序	工作内容	标准格式	备注
方案制定	(1)根据防事故演习计划及防事故演习方案专业编写分工要求，拟定本车间防事故演习方案，交主任(经理)审核后，报生产技术部		
	(2)参加演习方案讨论会，对本专业防事故演习方案进行解释说明		
演习执行	(1)制定本车间专业情况物资材料配备计划表，经车间主任审批后下发各班组		
	(2)检查各班组车辆、物资材料准备情况		
	(3)组织学习防事故演习执行方案		
	(4)参加防事故演习预备会，明确时间、到达的预订地点和执行程序		
	(5)监督车间人员执行方案，检查防事故演习所携带物资材料，做好记录	附件 9	
总结归档	(1)对防事故演习进行总结，交主任(经理)审核，下发各班组	附件 10	
	(2)参加防事故演习总结会议，将生产技术部下发的会议纪要转发各班组		
	(3)将防事故演习有关资料存档	附件 11	

附件 9：车间物资材料配备表标准格式（表 2-11）

表 2-11　××车间物资材料配备表

时间：　　年　月　日

班组名称	类别	名称	数量	备注
保护班	仪器仪表	微机保护试验仪	2	
		相位表	1	
		……		
	备品备件	保护插件	6	
		……		
	安全工器具	安全带	5	
		……		
开关班	开关	各种开关		

附件10：车间防事故演习总结标准格式

××车间防事故演习总结

防事故演习开始时间及执行过程情况总体评价。

1. 参加的人数，现场情况、人员纪律、及时到位、处理步骤和果断情况。好的经验及达到的标准。

2. 本单位在演习中存在的不足和需要改进的地方。

最终达到了提高事故应急反应能力的预期目的，通过总结，找出不足，不断完善，在下次防事故演习中得到改正。

附件11：车间专员存档资料标准格式

车间专员存档资料

1. 公司防事故演习计划。

2. 防事故演习执行方案。

3. 防事故演习总结评价报告。

4. 车间上报总结。

5. 防事故演习指挥、工作、监督小组人员名单。

6. 车间物资材料配备表。

（八）车间班组长防事故演习工作实务（表2-12）

表2-12　车间班组长防事故演习工作实务

工作程序	工作内容	标准格式	备注
演习执行	（1）根据下发的防事故演习物资材料表，组织本班成员进行准备		
	（2）组织、督促班组成员学习防事故演习方案中的相关专业内容		
	（3）演习中，监督班组成员执行情况		
总结归档	将防事故演习总结情况填入防事故演习记录表，并将防事故演习执行方案、班组物资配备表等资料归档	附件12	

附件12：班组防事故演习记录表标准格式（表2-13）

表2-13　班组防事故演习记录表

演习地点			
演习时间			
主持人		监护人	
参加演习人员：			
演习科目：			

续表

处理过程：			
结束时间：			
主持人签字		监护人签字	
车间检查意见			

二、冬季安全培训

（一）安监部主任冬季安全培训工作实务（表2-14）

表2-14　安监部主任冬季安全培训工作实务

工作程序	工作内容	备注
拟定计划	审核专员提交的冬季安全培训计划，报相关部门	
督促检查	(1)审核专员制定的安全培训辅导计划和监督计划	
	(2)参加冬季安全培训监督检查，提出改进意见	
组织考试	(1)审核专员拟定的《××年度冬季安全规程考试的通知》	
	(2)审查专员制定的考试监督计划和各专业试题，并监考	
	(3)审核专员提交的考试成绩汇总表和考核意见	
冬训总结	(1)审核专员起草的《关于公布“工作票签发人、工作负责人、工作许可人”的通知》、《关于公布允许单独巡视高压变电设备人员的通知》公司文件，报公司分管副总经理签批	
	(2)审核专员提交的冬季安全培训总结	

（二）安监部专员冬季安全培训工作实务（表2-15）

表2-15　安监部专员冬季安全培训工作实务

工作程序	工作内容	标准格式	备注
拟定计划	每年11月，结合省电力集团公司冬训计划中安全相关内容和本单位工作实际，拟定冬季安全培训计划，报主任审核	附件13	
辅导监督	(1)根据冬训计划，制定安全培训辅导和监督计划，报主任审核后，下发各单位	附件14	
	(2)组织授课辅导和监督检查，记录检查情况	附件15	
组织考试	(1)拟定《××年度冬季安全规程、制度考试通知》，报主任审核后，发各单位	附件16	
	(2)审查核实各单位上报的公司级应试人员名单		
	(3)制定车间级考试监督计划，报主任审核后发各单位	附件17	
	(4)拟定各专业考试试题，报主任审核	附件18	

续表

工作程序	工作内容	标准格式	备注
组织考试	(5)组织考试并监考,做好记录		
	(6)组织人员进行试卷批改,做好成绩统计和分析		
	(7)组织缺考和考试不及格人员进行补考		
	(8)将考试成绩汇总、对补考不及格人员的考核意见报主任审核		
冬训总结	(1)审查各单位上报的工作票签发人、工作负责人、工作许可人名单,起草《关于公布允许单独巡视高压变电设备人员的通知》报主任审核	附件19 附件20	
	(2)汇总各单位冬季安全培训总结,结合公司安全培训情况,写出冬季安全培训总结,经主任审核后,上报集团公司安监部	附件21	
资料存档	(1)将冬季安全培训资料存档	附件22	
	(2)将安全规程考试成绩汇总表发培训管理部门		

附件13:冬季安全培训计划标准格式

冬季安全培训计划

1. 时间安排

(1) ××年12月中旬至次年1月上旬为自学、各单位集中学习阶段。

(2) 次年2月中旬为考试、总结阶段。

2. 培训计划、内容

各单位培训结合本单位工作特点,按照公司培训计划、内容组织实施。培训计划、内容随后下发。

3. 培训范围

公司领导、公司所属生产系统部室和车间;相关企业的生产、基建、设计等单位。

4. 考试的范围和形式

(1) 公司级考试范围:公司级考试应包含以下人员。

① 公司所属各单位拟申报的“三种人”。

② 各生产单位的党政领导、安监部、生产技术部、基建部、农村电力部全体人员、培训管理部门主任及培训专员。

③ 代管公司变电所、线路的各县(市、区)供电公司的“三种人”。

(2) 车间级考试范围:除参加公司级考试人员外,公司所属各单位的其他生产人员。

(3) 考试形式和分类:考试采用闭卷笔试。考试分类:管理人员、变电专业、线路专业、综合类。

公司级考试由公司组织拟题。车间级由各单位、本部门负责组织考试,公司安监部派员监考，应在公司考试前进行。公司级考试公司将下发考试通知及具体安排。

5. 培训要求

(1) 各单位按照冬训通知要求，结合本单位安全生产管理实际情况，确定选学内容，做好冬季培训实施工作。

(2) 根据培训内容的特点，采用集中培训、专家授课、现场演练等多种方式进行。

(3) 组织学习各类预案，组织预案的演练。

(4) 做好考试的组织工作。

(5) 总结要求，冬季安全培训工作结束后，各单位要认真进行总结，书面材料（格式见附件21）于××年2月28日前报安监部。

附件14：安全规程、制度辅导计划标准格式（表2-16）

表2-16 安全规程、制度辅导计划

年 月 日

时间	辅导单位	辅导内容	课时安排	授课人
×月×日～×月×日	修验场	《电力安全工作规程》	16课时	×××

编制： 审定：

附件15：培训情况检查监督计划标准格式（表2-17）

表2-17 培训情况检查监督计划

时间	检查单位	检查内容	检查评价
×月×日×时～×月×日×时	变电队	(1)培训计划分解情况	
		(2)计划落实情况	
		(3)记录填写情况	
		(4)培训效果抽查	
		(5)培训方式调查	

附件16：冬季安全规程、制度考试通知标准格式

××年度冬季安全规程、制度考试的通知

公司所属各单位、各县级供电公司：

根据冬季安全培训文件要求，对冬季安全规程考试安排如下，望各单位遵照执行。

1. 考试时间：一般安排在次年2月下旬。

2. 考场安排：若人员较多，可安排两个以上考场同时进行。

3. 考试方式：闭卷笔试，按专业：变电专业、线路专业、综合类（党政领导），公司级考试和车间级考试分开进行。车间级考试由车间单位自行组织，但上报总结时应上报考试情况统计表和考试成绩登记表。

4. 考试人员范围如下。

（1）公司级考试人员：公司所属各单位拟申报的“三种人”，以及各生产单位的党政领导、生产技术部、基建部、农村电力部全体人员、教培中心主任及培训专员；代管公司变电所、线路的各县（市、区）供电公司的“三种人”。

（2）车间级考试人员：除参加公司级考试人员外，公司所属各单位的其他生产人员。

5. 监督考试人员分工：由安监部、培训管理部门领导、专工组成。

6. 规定填报的表格上报时间安排如下。

（1）公司级考试人员名单、“工作票签发人、工作负责人、工作许可人”的工作资格申报表，应在考试前10天上报。

（2）考试成绩表与冬季安全培训总结，在冬季安全培训结束后5日内，报安监部。

7. 考试违纪、无故缺考和补考不及格人员的考核另行安排。

附：① 安全规程考试成绩汇总表；

②“工作票签发人、工作负责人、工作许可人”工作资格申报表；

③ 公司级应试人员名单。

××年×月×日

附件17：车间级考试监督计划标准格式（表2-18）

表2-18　车间级考试监督计划

年　月　日

单位部门	考试时间	考试人员	考试专业	监督人员
修验场	×月×日×时			
线路工区	×月×日×时			

制定人：　　　　　　　　　　　　审核人：

附件18：公司级安全规程考试试题标准格式

公司级安全规程考试试题（××专业）

单位：　　姓名：　　得分：　　（注：单位、姓名应在试卷密封线外）

一、填空题

一般为20题40空，每空0.5分，共20分，其中：安全规程题占50%；制度题占20%；其他占30%。

二、选择题

一般为20题，每空0.5分，共10分，其中安全规程题占50%、制度题占20%、其他占30%。

三、判断题

一般为10题，每空0.5分，共5分，其中安全规程题占50%、制度题占20%、其他占30%。

四、简答题

一般为5题，每题3分，共15分，其中安全规程题占60%、制度题占20%、其他占20%。

五、问答题

一般为4题，每题5分，共20分。

六、论述题（或者填表题）

一般为1题，25分。

（1）论述题一般为综合论述，涉及参加考试人员专业等各方面安全管理内容。

（2）填表题一般分专业（变电、线路、配电专业）进行出题，给出接线图、设备名称编号，交代工作任务，然后要求填写变电或线路一种工作表。

附件19：《关于批准公布“工作票签发人、工作负责人、工作许可人”的通知》标准格式

关于批准公布“工作票签发人、工作负责人、工作许可人”的通知

主送单位：

1. 重新审查的全公司“三种人”的通知执行时间，废止原来文件的文号。

2. 经批准的“三种人”在安全生产活动中应遵守的规定及承担的责任。

附：工作票签发人、工作负责人、工作许可人名单

××年×月×日

附：工作票签发人、工作负责人、工作许可人名单。

1. 工作票签发人（变电专业）

（1）修验场：×××（人员姓名）、×××、×××。

（2）运行工区：×××（人员姓名）、×××、×××。

以下标题，起草方式同。

2. 工作票签发人（线路专业）

3. 工作负责人（变电专业）

4. 工作负责人（线路专业）

5. 工作许可人

附件20：《关于公布允许单独巡视高压变电设备人员的通知》标准格式

关于公布允许单独巡视高压变电设备人员的通知

主送单位：

重新公布名单的原因：

后附名单：

×××、×××、×××、×××……

(1) 对允许单独巡视高压变电设备人员，在单独巡视时应遵守的规定，领导人员在巡视时应做的记录。

(2) 本通知执行时间，废止原来文件的文号。

××年×月×日

附件21：公司冬季安全培训总结标准格式

××供电公司冬季安全培训总结

1. 本单位安全培训情况

(1) 发动、组织情况。

(2) 培训的具体内容。

(3) 培训的阶段及具体情况（培训的人数、学时数、培训采取的方式等）。

(4) 培训过程中好的做法。

2. 本单位组织考试情况、考试成绩

(1) 公司级应考人员、合格率；车间级应试人员、合格率。

(2) 考试成绩突出的人员。

(3) 考试违纪、无故缺考和补考不及格人员的考核。

① 考试违纪：违纪者考试成绩记作零分，离岗培训一个月，并给予纪律处分。

② 考试不合格：考试不合格者，给予100～500元的经济处罚；补考不合格者，离岗培训一个月，重新履行上岗手续。

3. 在本单位培训中存在的问题和改进措施

(1) 本单位人员在规程、制度学习和安全生产技术方面暴露出的薄弱环节，制定的应对措施。

(2) 在培训组织和方式、方法方面存在的不足及改进措施。

4. 对公司培训工作的改进建议

(1) 对冬季安全培训工作的安排，以及培训内容，重点提出哪几方面的建议。

(2) 下年度培训的重点内容。

填报单位：

××年×月×日

附件22：冬季安全培训存档内容

冬季安全培训存档内容

1. 总结类

(1) 各单位冬季安全培训总结、考试成绩汇总表；

(2) 冬季安全培训总结、考试成绩汇总表。

2. 试卷类

(1) 公司级冬季安全规程、制度考试原始试卷；

(2) 冬季安全培训班考试原始试卷。

3. 计划及通知类

(1) 冬季安全培训计划；

(2) 安全培训辅导计划；

(3) 安全培训监督计划；

(4)“工作票签发人、工作负责人、工作许可人”工作资格申报表；

(5) 冬季安全规程、制度考试通知及附件。

4. 文件类

(1)《关于批准公布“工作票签发人、工作负责人、工作许可人”的通知》；

(2)《关于公布允许单独巡视高压变电设备人员的通知》。

(三) 车间主任冬季安全培训工作实务（表2-19）

表2-19 车间主任冬季安全培训工作实务

工作程序	工作内容	备注
审核计划	(1)审核专员分解的本单位冬季安全培训计划	
督促检查	(2)检查班组冬训情况，在培训记录上填写意见	
组织考试	(1)审核专员提交的车间级安全规程考试试题	
	(2)监督车间级安全规程考试	
	(3)审核专员提交的车间级考试成绩汇总表	
冬训总结	(1)审核专员提交的对车间级考试不合格人员的考核意见	
	(2)审核专员提交的冬季安全培训总结	

(四) 车间专员冬季安全培训工作实务（表2-20）

表2-20 车间专员冬季安全培训工作实务

工作程序	工作内容	备注
计划实施	(1)根据冬季安全培训计划，有针对性地分解出本单位冬季安全培训计划，报主任(经理)审核后，下发各班组	
	(2)按照安监部辅导计划，编排车间辅导计划	
	(3)检查班组冬训情况，在培训记录上填写意见	

续表

工作程序	工作内容	备注
组织考试	(1)填报公司级考试人员名单,报主任审核后,报安监部	
	(2)将安监部下发的本单位公司级考试应试人员名单发各班组	
	(3)车间级考试拟题,报主任(经理)审核	
	(4)组织考试并监考,做好记录	
	(5)组织人员进行试卷批改,做好成绩统计和分析	
	(6)组织缺考和考试不及格人员进行补考	
	(7)将考试成绩汇总表、对补考不及格及作弊人员的考核意见报主任(经理)审核	
总结归档	(1)将下发的《关于批准公布"工作票签发人、工作负责人、工作许可人"的通知》、《关于公布允许单独巡视高压变电设备人员的通知》下发班组	
	(2)汇总班组冬季安全培训总结,结合车间冬训情况,写出冬季安全培训总结,经主任(经理)审核后,将考试成绩汇总表和总结报安监部	
	(3)将冬季安全培训资料存档	

(五)班组长冬季安全培训工作实务(表 2-21)

表 2-21　班组长冬季安全培训工作实务

工作程序	工作内容	标准格式	备注
冬训实施	(1)按照培训计划,组织开展培训活动		
	(2)监督班组人员的培训情况,做好培训记录	附件 23	
	(3)落实监督检查意见和改进措施		
总结存档	(1)根据培训情况,写出冬季安全培训总结,报专员	附件 24	
	(2)将班组安全培训资料(培训记录、总结)存档		

附件 23:班组冬季安全培训学习记录(表 2-22)

表 2-22　班组冬季安全培训学习记录

班组:　　　　　　　　　　　　　　　　时间:

培训人次			集中培训次数	
人均培训时数			班组人数	
培训内容	时间	培训的内容	参加人员	取得的成效

续表

分析讨论情况	规程条款内容	现状分析	改进(防范)措施

缺勤人员补课记录	缺勤时间	缺勤人员	缺勤事由	补课内容	签名确认

问题反馈	存在的问题	改进措施	责任人	计划完成时间	完成记录

监督检查情况	时间	反馈问题	改进意见	签名

班长：　　　　　　　　　　　　　　　　填报人员：

附件24：班组冬季安全培训情况汇总表（表2-23）

表2-23　班组冬季安全培训情况汇总表

填报班组：　　　　　　　　　　　　　　年　月　日

培训人次		集中培训的次数	
人均培训学时数		班组人数	
冬季安全培训工作总结 1. 本班组安全培训情况 (1)发动、组织情况； (2)培训的具体内容； (3)培训的阶段及具体情况(培训的人数、学时数、培训采取的方式等)； (4)培训过程中好的做法。 2. 本班组组织考试的情况、考试成绩 (1)公司级应考人员、合格率；车间级应试人员、合格率； (2)考试成绩突出的人员。 3. 在班组培训中存在的问题和改进措施 (1)本单位人员在规程、制度学习以及安全生产技术方面暴露出的薄弱环节，制定的应对措施； (2)在培训组织和方式方法方面存在的不足及改进措施。 4. 对车间培训工作的改进和建议 (1)对冬季安全培训工作的安排，以及培训内容等，重点提出哪几方面的建议； (2)下年度培训的重点内容。			

班组负责人：　　　　　　　　　　　　　填报人：

第四节　触电急救与预防培训

一、触电急救培训工作实务

（一）安监部主任触电急救培训工作实务（表 2-24）

表 2-24　安监部主任触电急救培训工作实务

工作程序	工作内容	备注
审核计划	(1)审核专员提交的年度触电培训计划	
	(2)审核专员提交的培训通知及培训人员名单	
	(3)审核专员提交的触电急救培训方案	
监督总结	(1)监督培训实施和考试	
	(2)审核专员提交的触电急救培训总结	

（二）安监部专员触电急救培训工作实务（表 2-25）

表 2-25　安监部专员触电急救培训工作实务

工作程序	工作内容	标准格式	备注
拟定计划	(1)拟定年度触电急救培训计划，交主任审核后，报培训部	附件 25	
	(2)汇总各车间上报的培训人员名单，年度培训通知，附培训人员名单，报主任审核后下发	附件 26	
	(3)拟定触电急救培训大纲，报主任审核后，报培训部	附件 27	
监督实施	(1)审查培训部门聘请的培训讲师资格		
	(2)监督培训情况及触电急救考试，填写触电急救考试监督记录	附件 28	
总结存档	(1)分析培训情况，写出触电急救培训总结	附件 29	
	(2)将触电急救培训资料存档	附件 30	

附件 25：触电急救培训计划标准格式

触电急救培训计划

1. 时间安排

××年×月中旬至×月举办触电急救培训，具体时间另下通知。

2. 培训计划、内容

培训计划、内容和安排附后。

3. 培训范围

各单位电气工作人员（含临时工、借用工及新入职工）、各单位安全生产管理人员等。

4. 考试的范围和形式

(1) 考试范围

触电急救考试应包含以下人员：

① 公司所属各生产车间生产人员；

② 各生产车间的党政领导及安全、技术管理人员、安监部、生产技术部、基建部、农村电力部全体人员；

③ 代管公司变电所、线路的各县（市、区）供电公司的生产作业人员；

④ 参与本单位生产作业的临时工、外包工、现场见习学员，以及生产单位新入员工等。

(2) 考试形式

① 触电急救考试采用实际模拟操作考核的方式进行，考试成绩的评判由触电急救模拟演练装置（“模拟人”）自动完成，每人有两次考试机会，在规定的时间内正确地完成触电急救操作任务，装置提出“操作正确”的提示后，判为“合格”，否则为“不合格”。

② 不合格的人员将参加公司组织的补考。

5. 培训要求

(1) 按照触电急救专项培训通知要求，各单位结合本单位安全生产管理实际情况，认真做好培训组织工作。

(2) 做好考试的组织工作。

附：触电急救培训计划、内容和安排

1. 培训内容

触电急救知识培训。

2. 参加人员

各单位电气工作人员（含临时工、借用工及新入职工）、各单位安全生产管理人员等。

3. 培训辅导及考试时间安排

另行通知。

4. 培训方式

根据培训内容的特点，采用集中培训、专家授课、现场模拟演示，以及实践操作相结合的方式进行。

××供电公司安监部

年　月　日

附件 26：触电急救培训通知标准格式

关于举办××年度触电急救第×期培训通知

1. 时间

××年×月×日～××年×月×日（一般安排在次年 1 月上旬）。

注：×日×时前报到。

2. 地点

地址：××××××

3. 参加人员

公司所属各单位安全员、工作票签发人及生产班组班组长。

4. 培训内容

主要是触电急救知识。涉及有关书籍：《××安全规程》（发电厂及变电所、电力线路）等。

5. 培训方式

根据培训内容的特点，采用集中培训、专家授课、现场模拟演示及实践操作相结合的方式进行。

6. 要求

（1）各单位专工请把参加人员名单于××年××月××日前报公司安监部（报名表见附表）；

（2）参加学习人员自带学习资料；

（3）参加学习人员妥善安排好自己的工作，学习期间不得请假；

（4）请做好学习笔记，学习结束后实行实际操作考试。

附：① 报名表。

② 触电急救培训参加培训人员名单。

××供电公司安监部
××年×月×日

附件27：触电急救培训大纲标准格式

触电急救培训大纲

[培训内容]

1. 触电急救的重要意义。

2.《电力安全工作规程》对触电急救的要求。

3.《电力安全工作规程》中对触电急救方法的阐述。

4. 触电事故发生的特点。

（1）人员因素；

（2）季节性特点；

（3）低压工频电源触电事故频发的原因；

（4）电流对人体伤害的特点；

（5）避免触电事故发生的措施。

5. 触电急救实施基本流程。

6. 触电急救中的注意事项。

7. 触电急救成功案例分析。

附件28：触电急救考试监督记录标准格式（表2-26）

表2-26 触电急救考试监督记录

<table>
<tr><td rowspan="6">考试
情况
统计</td><td>考试时间</td><td>月 日 时 时</td><td>考试地点</td><td></td></tr>
<tr><td>应考试人数</td><td></td><td>实考试人数</td><td></td></tr>
<tr><td>监考人员</td><td></td><td>参加单位</td><td></td></tr>
<tr><td rowspan="3">缺考
人员
记录</td><td>姓名</td><td>单位</td><td>缺考原因</td></tr>
<tr><td></td><td></td><td></td></tr>
<tr><td></td><td></td><td></td></tr>
<tr><td rowspan="4">考场
纪律
情况
记录</td><td>违纪人员</td><td>单位</td><td>违纪情况</td><td>违纪人员签名</td></tr>
<tr><td></td><td></td><td></td><td></td></tr>
<tr><td></td><td></td><td></td><td></td></tr>
<tr><td></td><td></td><td></td><td></td></tr>
</table>

监督人： 时间：

附件29：触电急救培训工作总结标准格式

触电急救培训工作总结

1. 安全培训情况

（1）安全生产教育情况；

（2）触电急救常识宣传教育情况。

2. 考试情况、考试成绩

（1）应考人员数量、合格率；

（2）考试成绩突出的人员。

3. 培训中存在的问题和改进措施

（1）学员在规程、制度学习、触电急救技能培训方面暴露出的薄弱环节，制定的应对措施；

（2）在培训组织和方式方法方面存在的不足及改进措施。

附件30：触电急救培训资料存档标准格式

触电急救培训存档资料

1. 关于举办××年度触电急救第×期培训通知；

2. 触电急救培训总结；

3. 触电急救考核监督记录；

4. 触电急救考试原始记录；

5. 触电急救考试人员成绩汇总表。

（三）培训部主任触电急救培训工作实务（表 2-27）

表 2-27　培训部主任触电急救培训工作实务

工作程序	工作内容	备注
审核计划	审核安监部专员提交的年度触电急救培训计划和触电急救培训方案	
监督培训	监督触电急救培训和考试	

（四）培训部专员触电急救培训工作实务（表 2-28）

表 2-28　培训部专员触电急救培训工作实务

工作程序	工作内容	标准格式	备注
培训实施	(1)聘请专业培训讲师，由安监部审查		
	(2)根据培训计划和方案，准备资料和器具，组织人员培训		
考试总结	(1)组织考试，做好考试原始记录	附件 31	
	(2)组织补考，汇总考试成绩，制定对补考不及格与缺考人员的考核意见，报主任审核后发安监部	附件 32	
	将触电急救有关资料进行存档，将培训人员情况记入个人培训档案		

附件 31：触电急救考试原始记录标准格式（表 2-29）

表 2-29　触电急救考试原始记录

单位	姓名	吹气次数		按压次数		结果评判	学员签名
		合格	不合格	合格	不合格		

附件 32：触电急救考试人员成绩汇总表标准格式（表 2-30）

表 2-30　触电急救考试人员成绩汇总表

单位	姓名	人员类别	吹气次数		按压次数		结果评判
			合格	不合格	合格	不合格	

（五）车间主任触电急救培训工作实务（表 2-31）

表 2-31　车间主任触电急救培训工作实务

工作程序	工作内容	备注
审核名单	审查专员填报的参加触电培训人员名单	

（六）车间专员触电急救培训工作实务（表 2-32）

表 2-32　车间专员触电急救培训工作实务

工作程序	工作内容	备注
组织培训	(1)填报本单位参加触电培训人员名单，经主任(经理)审核后，报安监部	
	(2)通知参加培训人员准备相关资料(触电急救的重要意义、技术说明、案例)	
资料归档	将触电急救培训资料(培训人员、考试成绩)存档	

二、触电急救常识

（一）人体触电事故的形式

人体触电事故的主要形式有单相触电、两相触电和跨步电压触电三种。其中，以单相触电为最常见。

（1）单相触电。在中性点接地的电网中，人体若触及电网某一单相的带电体，便发生单相触电事故。该单相电压经人体、大地和工作接地电阻形成回路。经过人体的电流将远远超过安全电流，是十分危险的。在中性不接地的电网中，当发生单相触电时，相电压经人体和电网分布电容形成回路，经过人体的电流仍可能会超过安全电流值，造成致命电击。

（2）两相触电。人体同时触及电网不同的两相带电导体便形成两相触电，此时电流直接通过人体形成回路，因为人体承受的电压是线电压，所以两相触电的危险性比较大。

（3）跨步电压触电。跨步电压产生的原因有以下两种。

① 触电线路发生断线故障后导线接地短路，在接地点周围的地面形成电位分布不均匀的弱电场。

② 雷击时，很大的电流伴随接地体流入大地，产生以接地体为中心的不均匀电位分布。当人体触及跨步电压时，电流沿下半身经过人体，使双脚抽筋而跌倒引起严重的触电事故。

（二）有人触电时的急救

首先要切断电源，使触电者脱离电源，因为电流对人作用时间越长，伤害会越严重，早断电一秒钟，就多一份抢救成功的希望。

有时触电者从外表上看，呼吸和心脏搏动发生中断，已经失去了知觉，但事实上很多人失去知觉是一种假死现象，是由于人体中的重要机能暂时发生故障，并不意味着真正死亡。因此，不管对触电人所接触的电压有多高，在触电过程中人体所承受的电击和电灼伤有多严重，都应该迅速采取一切可能的方法进行急救。

抢救触电人生命能否获得成功的关键：是在现场迅速而正确地进行紧急救护。放弃现场急救，认为送医院保险，就会延误宝贵的抢救时间，使更多触电人造成不必要的死亡。

触电人脱离电源后，救护人员应根据触电者不同生理反应进行现场急救，并应立即通知医生前来抢救，如果呼吸、心脏停搏时，应立即进行人工呼吸和胸外心脏按压术。

（三）低压、高压触电脱离电源时的注意事项

1. 低电压触电脱离电源时应注意事项

（1）如果开关距离触电地点很近，应迅速地拉开开关或刀闸切断电源。如果发生在夜间，应准备必要的照明，以便进行抢救。

（2）如果开关距离触电地点很远，可用绝缘手钳或用带有干燥木柄的斧、刀、铁锹等把电线切断，必须割断电源侧（即来电侧）的电线，而且还要注意切断的电线不可触及人体。

（3）当导线搭在人体上或压在人体下时，可用干燥的木棒、木板或其他带有绝缘柄的工具，迅速地将电线挑开，千万不能用金属或潮湿的东西去挑电线，以免救护人员触电。

（4）如果触电人的衣服是干燥的，而且并不紧缠在身上时，救护人员可站在干燥的木板上，或用干衣服、干围巾、帽子等把自己的一只手做严格绝缘包裹，然后用这只手（千万不能用两只手）拉住触电人的衣服，把触电者脱离带电体，但不要触及触电人的皮肤。

2. 高电压触电脱离电源时应注意事项

（1）当发生高电压触电，应迅速切断电源开关。如无法切断电源开关，应使用符合该电压等级的绝缘工具，使触电者脱离电源，急救者在抢救时，应该对该电压等级保持一定的安全距离，以保证急救者的人身安全。

（2）如果人在较高处触电，必须采取保护措施，防止切断电源后触电人从高处坠落。

（3）当有人在高压线路上触电时，应迅速拉开电源开关，或用电话通知当地供电调度部门停电。

（四）触电者脱离电源后现场急救

触电者脱离电源后，现场紧急救护人员应迅速对症抢救，并且设法联系医生到现场接替救治。

（1）触电者神志清醒，但感觉心慌，四肢发麻，全身乏力，面色苍白，或曾一度昏迷，但未失去知觉，此时应将触电者抬到空气新鲜、通风良好的舒适地方躺下，休息一到两小时，禁止走动，以减轻心脏负担，让他慢慢恢复正常。这时要注意保温，并进行严密观察，如发现呼吸或心脏跳动很不规则甚至停止时，应迅速设法抢救。

（2）触电者神志不清，有心跳，但呼吸停止或极微弱时，应立即用仰头抬额法，使气道开放，进行口对口人工呼吸。

（3）触电者神志丧失，心跳停止，但有极微弱呼吸时，应立即进行心脏复苏抢

救，因为这微弱的呼吸是起不到气体交换作用的。

（4）触电者心跳、呼吸均停止时，应立即进行心脏复苏抢救，不得延误或中断。

（五）触电急救的基本原则和注意事项

（1）触电急救的基本原则是动作迅速、方法正确。当通过人体电流较小时，仅产生麻感，对机体影响不大。当通过人体的电流增大，但小于摆脱电流时，虽可能受到强烈打击，尚能自己摆脱电源，伤害可能不是很严重。当通过人体电流进一步增大，至接近或达到致命电流时，触电人会出现神经麻痹、呼吸中断、心脏跳动停止等特征，外表上呈现昏迷不醒的状态。这时，不应该认为是死亡，而应该看作是假死，并且迅速而持久地进行抢救。有触电者经过4小时或更长时间人工呼吸而得救的事例。有资料指出，从触电后1分钟开始救治者，90%有良好效果；从触电后6分钟开始救治者，10%有良好效果；从触电后12分钟开始救治者，获救可能性很小。由此可知，动作迅速是非常重要的。

（2）必须采用正确的急救方法。施行人工呼吸和胸外心脏按压的抢救工作要坚持不断，切不可轻易停止，运送触电者去医院的途中也不能中止抢救。在抢救过程中，如发现触电者皮肤由紫变红，瞳孔由大变小，则说明抢救收到了效果；如发现触电者嘴唇稍有开、合或眼皮活动，或喉间有咽东西的动作，则应注意其是否有自主心跳跳动和自主呼吸。触电者能自主呼吸时，即可停止呼吸。如果人工呼吸停止后，触电者仍不能自主呼吸，则应立即再做人工呼吸。急救过程中，如果触电者身上出现尸斑或身体僵冷，经医生做出无法救活的诊断后方可停止抢救。

（3）特别应当注意，当触电者的心脏还在跳动时，不得注射肾上腺素。

第三章 电力企业现场作业安全技术

Chapter 03

第一节 电气作业一般安全措施

电气作业的一般安全措施，包括保证安全的组织措施和保证安全的技术措施。组织措施和技术措施是《电业安全工作规程》的核心内容。为保证电气作业人员的人身安全，防止触电伤害，本节主要介绍组织措施的工作票制度、工作许可制度、工作监护制度和工作间断、转移和终结制度；技术措施的停电及验电、装设接地线、选挂标示牌和装设遮栏。

一、保证安全的组织措施

保证安全的组织措施是指在进行电气作业时，将与检修、试验、运行有关的部门组织起来，加强联系，密切配合，在统一指挥下，共同保证电气作业的安全。

在电气设备上工作，保证人身安全的电气作业组织措施包含以下 4 个方面的内容：

① 工作票制度；

② 工作许可制度；

③ 工作监护制度；

④ 工作间断、转移和终结制度。

电气工作人员和电气运行人员都必须遵守以上制度，认真执行，以保证人身安全和电气系统及设备的安全运行。

（一）工作票制度

所谓工作票制度，是指在电气设备上进行任何电气作业，都必须填用工作票，并依据工作票布置安全措施和办理开工、终结手续。

关于工作票制度，在第一章有过简单介绍，这里再做比较详细的阐述。

1. 执行工作票制度的方式

根据《电业安全工作规程》规定，在电气设备上工作，应填用工作票或按命令执行，其方式有下列三种：

① 填用第一种工作票；

② 填用第二种工作票；

③ 口头或电话命令。

2. 工作票的作用

工作票是准许在电气设备或线路上工作的书面命令，也是明确安全职责、向工作人员进行安全交底、履行工作许可手续、工作间断、工作转移和终结手续、实施安全技术措施的书面依据。因此，在电气设备或线路上工作时，应根据工作性质和工作范围的不同，认真填用工作票。

3. 工作票的种类及适用范围

（1）工作票的种类。工作票有第一种工作票和第二种工作票两种。第一种工作票和第二种工作票的书面格式及书面内容如图 3-1 所示。

发电厂（变电所）第一种工作票 第____号

1. 工作负责（监护人）：____________________班组：____________________

2. 工作班人员：______________________________ 共___人

3. 工作内容和工作地点：____

4. 计划工作时间：自 年 月 日 时 分至 年 月 日 时 分

5. 安全措施：

下列由工作票签发人填写	下列由工作许可人（值班员）填写
应拉断路器（开关）和隔离开关（刀闸），包括填写前已拉断路器（开关）和隔离开关（刀闸）（注明编号）：	已拉断路器（开关）和隔离开关（刀闸）（注明编号）：
应装接的线（注明确实地点）：	已装接地线（注明接地线编号和装设地点）：
应设遮栏、应挂标示牌：	已设遮栏、已挂标示牌（注明地点）：
工作票签发人签名： 收到工作票时间： 年 月 日 时 分 值班负责人签名：	工作许可人签名： 值班负责人签名：
备注：	备注：

（发电厂值长签名： ）

6. 许可开始工作时间：________年________月________日________时________分

工作许可人签名：__________工作负责人签名：__________

7. 工作负责人变动：

原工作负责人________离去，变更________为工作负责人

变动时间：________年________月________日________时________分

工作票签发人签名：________

8. 工作票延期，有效期延长到：________年________月________日________时________分

工作负责人签名：__________值长或值班负责人签名：__________

9. 工作终结：工作班人员已全部撤离，现场已清理完毕。

全部工作于________年________月________日________时________分结束

工作负责人签名：__________工作许可人签名：__________

接地线共____________组已拆除

值班负责人签名：__________

10. 备注：

____

____

____

发电厂（变电所）第二种工作票　第____号

1. 工作负责人（监护人）：____________________班组____________

工作班人员：____

2. 工作任务：

____

____

3. 计划工作时间：自________年________月________日________时________分　至________年________月________日________时________分

4. 工作条件（停电或不停电）：

____

____

5. 注意事项（安全措施）：

____

____

____

____

____

工作票签发人签名：____________________

6. 许可开始工作时间：________年________月________日________时________分

工作许可人（值班员）签名：____________工作负责人签名：____________

7. 工作结束时间：________年________月________日________时________分

工作负责人签名：____________工作许可人（值班员）签名：____________

8. 备注：

____

____

____

____

图 3-1　工作票样式

（2）工作票的使用范围。

第一种工作票的使用范围为：

① 在高压电气设备（包括线路）上工作，需要全部停电或部分停电；

② 在高压室内的二次接线和照明回路上工作，需要将高压设备停电或做安全措施。

第二种工作票的使用范围为：

① 带电作业和在带电设备外壳上工作；

② 在控制盘、低压配电盘、低压配电箱、低压电源干线上工作；

③ 在二次接线回路上工作，无需将高压设备停电；

④ 在转动中的发电机、同期调相机的励磁回路或高压电动机转子电阻回路上工作；

⑤ 非当班值班人员用绝缘棒和电压互感器定相或用钳形电流表测量高压回路的电流。

对于无需填用工作票的工作，可以通过口头或电话命令的形式向有关人员进行布置和联系。如注油、取油样、测接地电阻、悬挂警告牌、电气值班员按现场规程规定所进行的工作、电气检修人员在低压电动机和照明回路上工作等，均可根据口头或电话命令执行。对于口头或电话命令的工作，在没得到有关人员的命令，也没有向当班值班人员联系，擅自进行工作，这是违反《电业安全工作规程》的。

口头或电话命令，必须清楚正确，值班人员应将发令人、负责人及工作任务详细记入操作记录表中，并向发令人复诵核对一遍。对重要的口头或电话命令，双方应进行录音。

4. 工作票的正确填写与签发

（1）工作票的正确填写

工作票由签发人填写，也可以由工作负责人填写。工作票要使用钢笔或圆珠笔填写，一式两份，填写应正确清楚，不得任意涂改，如有个别错、漏字需要修改时，允许在错、漏处将两份工作票作同样修改，字迹应清楚，否则，会使工作票内容混乱模糊，失去严肃性，并可能引起不应有的事故。填写工作票时，应查阅电气一次系统图，了解系统的运行方式，对照系统图，填写工作地点及工作内容，填写安全措施和注意事项。

下列情况可以只填写一张工作票。

① 工作票上所列的工作地点，以一个电气连接部分为限的可填写一张工作票。所谓一个电气连接部分，是指配电装置中的一个电气单元，它通过隔离开关与其他电气部分截然分开。该部分无论引申到发电厂、变电站的其他什么地方，均为一个电气连接部分。一个电气连接部分由连接在同一电气回路中的多个电气元件组成，它是连接在同一电气回路中所有设备的总称。如图 3-2 所示，变压器 T 回路、电动机 M 回路均为一个电气连接部分，T 回路由高压隔离开关（刀闸）QS11、高压断路器 QF1、变压器 T、低压断路器 Q 及低压闸刀 QK 组成一个电气连接部分，该

电气连接部分中任一电气元件检修时，均可填写一张工作票。这是因为在同一电气连接部分的两端（或各侧）施以适当的安全措施，可以防止其他电源的窜入，保证工作时的人身安全。

② 若一个电气连接部分或一个配电装置全部停电，则所有不同地点的工作，可以填写一张工作票，但要详细说明主要工作内容。几个班同时进行工作时，在工作票工作负责人栏内填写总负责人的名字，在工作班成员栏内只填写各班的负责人，不必填写全部工作人员的名单。

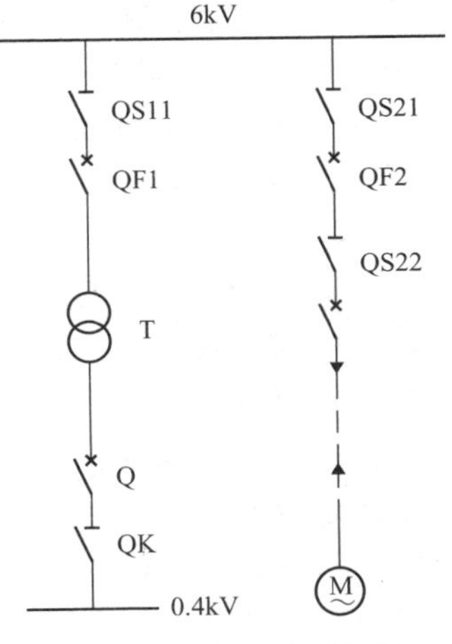

图 3-2 电气一次接线图

例如，在图 3-2 中，一个电气连接部分 M 回路中的 QF2、QS22、电缆、电动机 M 均检修，并同时工作，可填写一张工作票。QS22、QF2 由检修班组 1 检修，电缆由检修班组 2 检修，电动机 M 由检修班组 3 检修。电动机 M 的工作负责人可以作为总负责人，将其名字填写在工作负责人栏内，在工作班人员栏内只填写检修班 1、2 工作负责人的名字，其他工作人员名字不填写。在工作内容和工作地点栏内填写检修 QF2、QS22、电缆、电动机 M 等主要内容（每一个电气元件都为一个工作地点）。

配电装置按布置形式不同，可分为室内和室外配电装置；按电压等级不同分为 0.4、3、6、10、35、110、220、330、500、750kV 配电装置。上述每个形式和每个电压等级的配电装置均称为一个配电装置。当一个配电装置全部停电时，配电装置的各组成部分可同时检修，只是工作地点和电气连接部分的不同，此时，所有不同地点和不同电气连接部分的工作，可以填写一张工作票。

若配电装置非完全停电（仅个别引入线带电），但对带电的引入线间隔采取可靠的安全措施（如对可能合闸来电的隔离开关加锁，并对有电的引入线间隔装上牢固遮栏等），则对所有不同地点的工作也可填写一张工作票。

③ 若检修设备属于同一电压、位于同一楼层、同时停送电，且工作人员不会触及带电导体时，则允许在几个电气连接部分共用一张工作票。开工前应将工作票内的全部安全措施一次做完。

例如：发电厂 6kV 配电装置，6kV 母线上接有多个电气连接部分，当满足上述条件时，6kV 母线上的几个电气连接部分同时检修可以共用一张工作票。若 6kV 母线不停电，则几个电气连接部分上的检修工作应分别填写工作票。反之，若 6kV 停电，则 6kV 母线上几个电气连接部分及母线同时检修时，可共用一张工作票，但开工前，工作票内的全部安全措施应一次做完。

④ 如果一台主变压器停电检修，其各侧断路器也一起检修，能同时停送电，虽然其不属于同一电压，为简化安全措施，也可共用一张工作票。开工前应将工作票内的全部安全措施一次做完。

⑤ 在几个电气连接部分上依次进行不停电的同一类型工作（如对各设备依次进行仪表校验），可填写一张第二种工作票。

⑥ 对于电力线路上的工作，一条线路或同杆架设且同时停送电的几条线路填写一张第一种工作票；对同一电压等级、同类型工作，可在数条线路上共用一张第二种工作票。

当设备在运行中发生了故障或严重缺陷需要进行紧急事故抢修时，可不使用工作票，但应同样认真履行许可手续和做好安全措施。设备若转入正常事故检修，则仍应按要求填写工作票。

（2）工作票的签发

工作票应由工作票签发人签发。工作票签发人应由车间、工区（变电站）熟悉人员技术水平、熟悉设备情况、熟悉《电业安全工作规程》的生产领导人、技术人员或经主管生产领导批准的人员担任。工作票签发人员名单应书面公布。工作票负责人和工作许可人（值班员）应由车间或工区主管生产的领导书面批准。

工作票的签发应遵守下述规定：

① 工作票签发人不得兼任所签发工作票的工作负责人；

② 工作许可人不得签发工作票；

③ 整台机组检修，工作票必须由车间主任、检修副主任或专责工程师（技术员）签发；

④ 外单位在本单位生产设备系统上工作的，由管理该设备的生产部门签发。

5. 工作票的使用

经签发人签发的一式两份的工作票，一份必须经常保存在工作地点，由工作负责人收执，以作为进行工作的依据；另一份由运行值班人员收执，按值班时间移交。在无人值班的设备上工作时，第二份工作票由工作许可人收执。

第一种工作票应在工作的前一天交给值班员；若变电站距工区较远或因故更换新工作票，不能在工作前一天将工作票送到，工作票签发人可根据自己填写好的工作票用电话全文传达给变电站值班员，传达必须清楚，值班员应根据传达做好记录，并复诵核对。若电话联系有困难，也可在进行工作的当天预先将工作票交给值班员；临时工作可在工作开始以前直接交给值班员。

第二种工作票应在进行工作的当天预先交给值班员。

第一、二种工作票的有效时间，以批准的检修期为限。第一种工作票至预定时间，工作尚未完成，应由工作负责人办理延期手续（延期一次）。延期手续应由工作负责人向值班负责人申请办理，主要设备检修延期要通过值长办理。第二种工作票不办理延期手续，到期尚未完成工作应重新办理工作票。工作票有破损不能继续使用时，应按原票补填签发新的工作票。

需要变更工作班中的成员时，必须经工作负责人同意。需要变更工作负责人时，应由工作票签发人将变动情况记录在工作票上。若扩大工作任务，必须由工作负责人通过工作许可人，并在工作票上增添工作项目。若必须变更或增设安全措施者，应填用新的工作票，并重新履行工作许可手续。

工作班的工作负责人，在同一时间内，只能接受一项工作任务，接受一张工作票。其目的是工作负责人在同一时间内只接受一个工作任务，避免造成接受多个工作任务，使工作负责人将工作任务、地点、时间弄混乱而引起事故。

几个工作班同时工作时，且共用一张工作票，则工作票由总负责人收执。

6. 工作票中有关人员的安全责任

工作票中的有关人员有：工作票签发人、工作负责人、工作许可人、值长、工作班成员，他们在工作票中负有相应的安全责任。

(1) 工作票签发人。负责审查该项工作的必要性；工作是否安全；工作票上所填安全措施是否正确完备；所派工作负责人和工作班人员是否适当和足够；精神状态是否良好。

(2) 工作负责人（监护人）。根据工作任务正确安全地组织工作：结合实际进行安全思想教育；督促、监护工作人员遵守《电业安全工作规程》；负责检查工作票所列安全措施是否正确、完备；负责检查值班员所做的安全措施是否符合现场实际条件；工作前对工作人员交待安全注意事项；检查工作班人员有无变动和变动是否合适。

(3) 工作许可人。负责审查工作票所列安全措施是否正确、完备，是否符合现场条件；工作现场布置的安全措施是否完善；负责检查停电设备有无突然来电的危险；仔细检查工作票所列内容，如有疑问，必须向工作票签发人询问清楚，必要时应要求作详细补充。

(4) 值长。负责审查工作的必要性和检修工期是否与批准期限相符，工作票所列安全措施是否正确、完备。

(5) 工作班成员。认真执行《电业安全工作规程》和现场安全措施；互相关心施工安全；监督《电业安全工作规程》和现场安全措施的实施。

（二）工作许可制度

工作许可制度是指凡在电气设备上进行停电或不停电的工作，事先都必须得到工作许可人的许可，并履行许可手续后方可工作的制度。未经许可人许可，一律不准擅自进行工作。

1. 发电厂、变电站的工作许可制度

工作许可应完成下述工作。

(1) 审查工作票。工作许可人对工作负责人送来的工作票应进行认真、细致的全面审查，审查工作票所列安全措施是否正确、完备，是否符合现场条件。若对工作票中所列内容即使只有细小疑问，也必须向工作票签发人询问清楚，必要时应要求作详细补充或重新填写。

(2) 布置安全措施。工作许可人审查工作票后，确认工作票合格，然后由工作许可人根据票面所列安全措施到现场逐一布置，并确认安全措施布置无误。

(3) 检查安全措施。安全措施布置完毕，工作许可人应会同工作负责人，到工作现场检查所做的安全措施是否完备、可靠，工作许可人并以手触试，证明检修设备确实无电压，然后，工作许可人对工作负责人指明带电设备的位置和注意事项。

（4）签发许可工作。工作许可人会同工作负责人检查工作现场安全措施，双方确认无问题后，双方分别在工作票上签名，至此，工作班方可开始工作。应该指出的是，工作许可手续是逐级许可的，即工作负责人从工作许可人那里得到工作许可后，工作班的工作人员只有得到工作负责人许可工作的命令后才能开始工作。

2. 电力线路工作许可制度

电力线路填用第一种工作票进行工作，工作负责人必须在得到值班调度员或工区值班员的许可后，方可开始工作。

线路停电检修，值班调度员必须在发电厂、变电站，将线路可能受电的各方面都拉闸停电，并装好接地线后，将工作班、组数目，工作负责人的姓名、工作地点和工作任务、线路装设接地线的位置及编号记入记录表内，才能发出许可工作的命令。许可工作的命令，必须当面通知、电话传达或派人传达到工作负责人。严禁约时停、送电。

约时停、送电是指不履行工作许可手续，工作人员按预先约定的计划停电时间或发现设备失去电压而进行工作；约时送电是指不履行工作终结制度，由值班员或其他人员按预先约定的计划送电时间合闸送电。

由于电网运行方式的改变，往往发生迟停电或不停电；工作班检修工作也有因路途和其他原因提前完成或不能按时完成的情况。约时停、送电就有可能造成触电伤亡事故。因此，电力线路工作人员和有关值班员必须明确：工作票上所列的计划停电时间不能作为开始工作的依据；计划送电时间也不能作为恢复送电的依据，而应严格遵守工作许可、工作终结和恢复送电制度，严禁约时停、送电。

3. 工作许可应注意的事项

工作负责人、工作许可人任何一方不得擅自变更安全措施，值班人员不得变更有关检修设备的运行接线方式。工作中如有特殊情况需要变更时，应事先取得对方的同意。

（三）工作监护制度

1. 什么是工作监护制度

工作监护制度是指工作人员在工作过程中，工作负责人（监护人）必须始终在工作现场，对工作人员的安全认真监护，及时纠正违反安全的行为和动作的制度。

发电厂、变电站及电力线路上的工作，必须严格执行工作监护制度，这是由其工作性质和工作条件决定的。在发电厂和变电站的电气设备上进行作业时，除检修设备无电外，其周围都是带电或运用中的设备，稍有大意，就会错走带电间隔、接近带电设备或误碰、误操作，而电力线路的工作，工作人员经常处于高空作业或在运用中的电气设备上工作，工作中一旦疏忽，会发生高空摔跌、误登带电杆塔或触及邻近带电部位的事故。因此，执行工作监护制度，可使工作人员在工作过程中受到监护人的监督和指导，及时纠正不安全的动作和其他错误做法，避免事故的发生。特别是工作人员在靠近有电部位及工作转移时，工作监护就更为重要。

工作负责人（监护人）在办完工作许可手续之后，在工作班开工之前应向工作班人员交待现场安全措施，指明带电部位和其他注意事项。工作开始以后，工作负责人必须始终在工作现场，对工作人员的安全认真监护。

2. 监护工作要点

根据工作现场的具体情况和工作性质（如设备防护装置和标志是否齐全；是室内还是室外工作；是停电工作还是带电工作；是在设备上工作还是在设备附近工作；是进行电气工作还是非电气工作；参加工作的人员是熟练电工还是非熟练电工，或是一般的工作人员等）进行工作监护。监护工作要点如下。

（1）监护人应有高度责任感，并履行监护职责。从工作一开始，工作监护人就要对全体工作人员的安全进行认真监护，发现危及安全的动作应立即提出警告和制止，必要时可暂停工作。

（2）监护人因故离开工作现场，应指定一名技术水平高，且能胜任监护工作的人代替监护。监护人离开前，应将工作现场向代替监护人交待清楚，并告知全体工作人员。原监护人返回工作地点时，也应履行同样的交待手续。若工作监护人长时间离开工作现场，应由原工作票签发人变更新的工作监护人，新老工作监护人应做好必要的交接。

（3）为了使监护人能集中注意力监护工作人员的一切行动，一般要求监护人只担任监护工作，不兼做其他工作。在全部停电时，工作监护人可以参加工作，在部分停电时，只要安全措施可靠，工作人员集中在一个工作地点，不致误碰导电部分，则工作监护人可一边工作，一边进行监护。

（4）专人监护和被监护人数。对有触电危险、施工复杂容易发生事故的工作，工作票签发人或工作负责人（监护人），应根据现场的安全条件、施工范围、工作需要等具体情况，增设专人监护并批准被监护的人数。专人监护只对专一的地点、专一的工作和专门的人员进行特殊的监护。因此，专责监护人员不得兼做其他工作。例如：建筑工、油漆工、通信工和杂工等在高压室或变电站工作时，应指派专人负责监护。其所需要的材料、工具、仪器等应在开工前，在施工负责人的监督下运到工作地点。对这些工种的工作，一般在部分停电的情况下，一个专责监护人可监护 3 人。在室外变电站同一地点的配电装置上一个专责监护人可监护 6 人。如设备全部停电，一个专责监护人能监护的人数根据具体情况可增多。若在室内工作，且所有带电设备或隔离室全部未装设可靠的遮栏，一个专责监护人监护人数不超过 2 人。当工作人员接近设备带电部分工作，有触电危险的可能时，一个专责监护人只能监护 1 个人。在线路高杆塔上工作，地面监护有困难的，应增设杆塔上监护人。

（5）允许单人在高压室内工作，监护人的职责。为了防止独自行动引起触电事故，一般不允许工作人员（包括工作负责人）单独留在高压室内和室外变电站高压设备区内。若工作需要（如测量极性、回路导通试验等），且现场设备具体情况允许时，可以准许工作班中有实际经验的一人或几人同时在他室进行工作，但工作负责人（监护人）应在事前将有关安全注意事项予以详细指示。

3. 监护内容

（1）部分停电时，监护所有工作人员的活动范围，使其与带电部分之间保持不小于规定的安全距离。

（2）带电作业时，监护所有工作人员的活动范围，使其与接地部分保持安全距离。

（3）监护所有工作人员工具使用是否正确，工作位置是否安全，操作方法是否得当。

（四）工作间断、转移和终结制度

工作间断、转移和终结制度，是指针对工作间断、工作转移和工作全部完成后所作的规定。

发电厂、变电站及电力线路的电气作业，根据工作任务、工作时间、工作地点，在工作过程中，一般都要经历工作间断、工作转移和办理工作终结几个环节。因此，所有的电气作业都必须严格遵守“工作间断、转移和终结”的有关规定。

1. 工作间断制度

发电厂、变电站的电气作业，当日内工作间断时，工作班人员应从工作现场撤出，所有安全措施保持不动，工作票仍由工作负责人执存。间断后继续工作，无需通过工作许可人许可；隔日工作间断时，当日收工，应清扫工作现场，开放已封闭的通路，并将工作票交回值班员。次日复工时，应得到值班员许可，取回工作票，工作负责人必须事前重新认真检查安全措施，合乎要求后，方可工作。若无工作负责人或监护人带领，工作人员不得进入工作地点。

电力线路上的电气作业，当日内工作间断时，工作地点的全部接地线仍保留不动。如果工作班需要暂时离开工作地点，则必须采取安全措施和派人看守，不让人、畜接近挖好的基坑或接近未竖立稳固的杆塔，以及负载的起重和牵引机械装置等。恢复工作前，应检查接地线等各项安全措施的完整性；在工作中若遇雷、雨、大风或其他任何情况威胁到工作人员的安全时，工作负责人或监护人可根据情况，临时停止工作；填用数日内工作有效的第一种工作票，每日收工时，如果要将工作地点所装的接地线拆除，次日重新验电装接地线恢复工作，均需要得到工作许可人许可后方可进行：如果经调度允许的连续停电，夜间不送电的线路，工作地点的接地线可以不拆除，但次日恢复工作前应派人检查。

2. 工作转移制度

在同一电气连接部分用同一工作票，依次在几个工作地点转移工作时，全部安全措施由值班员在开工前一次做完，转移工作时，不需再办理转移手续，但工作负责人在转移工作地点时，应向工作人员交待带电范围、安全措施和注意事项，尤其应该提醒新的工作条件的特殊注意事项。

3. 工作终结制度

发电厂、变电站电气作业全部结束后，工作班应清扫、整理现场，消除工作中各种遗留物件。工作负责人经过周密检查，待全体工作人员撤离工作现场后，再向值班人员讲清检修项目、发现的问题、试验结果和存在的问题等，并在值班处检修记录表上记载检修情况和结果，然后与值班人员一道，共同检查检修设备状况，有无遗留物件，是否清洁等，必要时作无电压下的操作试验。然后，在工作票（一式两份）上填明工作终结时间，经双方签名后，即认为工作终结。工作终结并不是工作票终结，只有工作地点的全部接地线由值班人员全部拆除，并经值班负责人在工作票上签字后，工作票方告终结。

电力线路工作完工后，工作负责人（包括小组负责人）必须检查线路检修地段的状况，以及在杆塔上、导线上、绝缘子上有无遗留的工具、材料等，通知并查明全部工作人员确由杆塔上撤下后，再命令拆除接地线（线路上工作地点的接地线由工作班组装拆）。接地线拆除后，即认为线路带电，不准任何人员登杆进行任何工作。

由于停电线路随时都有突然来电的可能，所以，接地线一经拆除，即视为线路已带电，此时，对工作人员来说已无任何安全保障，任何人不得再登杆作业。

当接地线已经拆除，而尚未向工作许可人进行工作终结报告前，又发现新的缺陷或有遗留问题，必须登杆处理时，可以重新验电装设接地线，做好安全措施，由工作负责人指定人员处理，其他人员均不能再登杆，工作完毕后，要立即拆除接地线。

当工作全部结束，工作负责人已向工作许可人报告了工作终结，工作许可人在工作票上记载了终结报告的时间，则认为该工作负责人办理了工作终结手续。之后，若需再登杆处理缺陷，则应向工作许可人重新办理许可手续。

检修后的线路必须履行下述手续才能恢复送电。

(1) 线路工作结束后，工作负责人应向工作许可人报告，报告的方式为当面亲自报告或用电话报告且经复诵无误。

(2) 报告的内容为：工作负责人姓名，某线路上某处（说明起止杆号、分支线名称等）工作已经完工，设备改动情况，工作地点所装设的接地线已全部拆除，线路上已无本班组工作人员，可以送电。

(3) 工作许可人在接到所有工作负责人（包括用户）的完工报告后，并确知工作已经完毕，所有工作人员已由线路上撤离，接地线已经拆除，并与记录簿核对无误后，拆除发电厂、变电站线路侧的安全措施。

经上述手续后，方可向线路恢复送电。

二、保证安全的技术措施

在电气设备上工作，除了采取保证安全的组织措施以外，还应采取保证安全的技术措施。所谓保证安全的技术措施，是指工作人员在电气设备上工作时，为防止人身触电而采取的技术手段。

（一）电气设备全部停电和部分停电

电气设备的检修、安装、试验或其他工作，一般是在停电的状态下进行。将设备停电进行工作，可分为全部停电和部分停电两种。

全部停电是指室内或室外高压设备（包括电缆和架空线路的引入线）全部停电，且室内除上述高压设备停电外，还得将邻近的其他高压室的门全部关闭加锁。如发电厂某室内6kV厂用配电装置，当其室内全部高压设备，包括电源电缆进线全部停电后，与其邻近的其他高压室的门也应全部关闭加锁，本高压室才为全部停电。

部分停电是指室内或室外高压设备中，仅有一部分停电，或室内高压设备虽然已全部停电，但通至邻近其他高压室的门并未全部闭锁。

（二）保证安全的技术措施

为了防止停电检修设备突然来电，防止工作人员由于身体或使用的工具，接近邻近设备的带电部分而超过允许的安全距离，防止工作人员误走带电间隔和带电设备而造成触电事故，对于在全部停电或部分停电的设备上作业，必须完成下列保证安全的技术措施：

① 停电；

② 验电；

③ 装设接地线；

④ 悬挂标示牌和装设遮栏。

上述措施由值班员执行；对于无经常值班人员的电气设备，由断开电源人员执行，并有监护人在场。

1. 停电

(1) 工作地点必须停电的设备。停电作业的电气设备和电力线路，除了本身应停电外，影响停电作业的其他带电设备和带电线路也应停电。电气设备停电作业时，应停电的设备如下。

① 检修的设备。

② 工作人员在进行工作时，正常活动范围与带电设备的距离小于《电业安全工作规程》（简称安规）规定值的设备。

③ 在44kV以下的设备上进行工作，工作人员正常活动范围与带电设备的距离，大于《安规》规定的正常活动范围与带电设备的安全距离，但小于《安规》规定的设备不停电时的安全距离，同时又无安全遮栏措施的设备。

④ 带电部分在工作人员的后面或两侧且无可靠安全措施的设备。

电力线路停电作业应采取的停电措施如下。

① 断开发电厂、变电站（包括用户）线路断路器和隔离开关。

② 断开需要工作班操作的线路各端断路器、隔离开关和熔断器。

③ 断开危及该线路停电作业，且不能采取安全措施的交叉跨越、平行和同杆

线路的断路器和隔离开关。

④ 断开可能将电源返至停电作业线路的所有断路器和隔离开关，如低压闭式、转供电和自备发电机等的断路器和隔离开关。

（2）电气设备停电检修应切断的电源。电气设备停电检修，必须把各方面的电源完全断开。

① 断开检修设备各侧的电源断路器和隔离开关。为了防止突然来电的可能，停电检修的设备，其各侧的电源都应切断。要求除各侧的断路器断开外，还要求各侧的隔离开关也同时拉开，使各个可能来电的方面，至少有一个明显的断开点，以防止检修设备在检修过程中，由于断路器误合闸而突然来电，同时也便于工作人员检查和识别停电检修的设备。所以，禁止在只经断路器断开电源的设备上工作。

② 与停电检修设备有关的变压器和电压互感器，其高、低压侧回路应完全断开。停电检修的设备在切断电源时，应注意变压器向其反送电的可能性。特别是在发电机或系统并列装置二次回路比较复杂的情况下，若运行人员误操作，已停电的电压互感器可能通过二次回路，由运行系统反馈，致使高压侧带电，当工作人员接近或接触时造成触电事故。

③ 断开断路器和隔离开关的操作能源。隔离开关的操作把手必须锁住。为了防止断路器和隔离开关在工作中由于控制回路发生故障，如直流系统接地，机械传动装置失灵或由于运行人员误操作造成合闸，必须断开断路器和隔离开关的操作能源（取下控制、动力熔断器或储能电源）。

④ 将停电设备的中性点接地刀闸断开。运行中星形接线设备的中性点，由于线路三相导线的不对称排列，导致三相对地电容不平衡或三相负荷不平衡等因素，都能使中性点产生偏移电压。对中性点经消弧线圈接地的系统中，若消弧线圈调谐不当，脱谐度过大时，中性点也会产生偏移电压。在60kV系统中，偏移电压有时可达10kV以上，在35kV系统中，偏移电压可达数百伏。若检修设备与运行设备中性点连接在一起，偏移电压将加到检修设备上。尤其当系统中发生单相接地的故障时，中性点对地电压可达到相电压数值，显然这是非常危险的。因此，检修设备停电时，应将检修设备中性点接地刀闸拉开（它与运行、备用设备的中性点通过接地网相连），并采取防止误合的措施。基于上述原因，《电业安全工作规程》规定，任何运行中的星形接线设备的中性点，必须视为带电设备，当有中性点接地的设备停电检修时，其中性点接地刀闸都应拉开。

2. 验电

（1）验电的目的

验电的目的是验证停电作业的电气设备和线路是否确无电压，防止带电装设接地线或带电合接地刀闸等恶性事故的发生。

（2）验电的方法

① 验电时，应先将验电器在有电的设备上试验，验证验电器良好，指示正确。

② 验证验电器合格，指示正常后，在被试设备的进出线各侧按相分别验电，

将验电器慢慢靠近被试设备的带电部分，若指示灯亮或用绝缘棒验电，慢慢靠近带电部分，绝缘棒端有火花和放电噼啪声，则为有电；反之，为无电。

（3）验电注意事项

① 验电时，验电人员应佩戴合格的绝缘手套，并有人监护。

② 使用的验电器，其电压等级与被试设备（线路）的电压等级一致，且合格。绝不允许用低于被试设备额定电压的验电器进行验电，因为这会造成人身触电；也不能用高于被试设备额定电压的验电器验电，因为这会引起误判断（验电器用于比其电压低的电压上时灯泡可能不亮，误判带电设备无电压）。

③ 验电时，必须在被试设备的进出线两侧各相上分别验电，对处于断开位置的断路器或隔离开关的两侧也要同时按相验电，不允许只验一相无电就认为三相均无电。

④ 线路的验电也应逐相进行，对同杆塔架设的多层电力线路进行验电，先验低压，后验高压，先验下层，后验上层；对停电的电缆线路验电时，因电缆线路电容量大，则停电时因储存剩余电荷量较多，又不易释放，因此，刚停电时验电，验电器灯泡仍会发亮。此时，要每隔几分钟验电一次，直至验电器灯泡不亮时，才确认该电缆线路已停电。

⑤ 如果在木杆、木梯或木架上验电，不接地线不能指示者，可在验电器上接地线，但必须得到值班员的许可。

⑥ 330kV 及以上的电气设备，在没有相应电压等级的专用验电器的情况下，可用合格的绝缘棒代替验电，根据绝缘棒端部有无火花和放电声来判断有无电压。

⑦ 对 500V 及以下设备的验电，可使用低压试电笔或白炽灯检验有无电压。

3. 装设接地线

当验明设备（线路）确已无电压后，应立即将检修设备（线路）用接地线（或合接地刀闸）三相短路接地。

（1）接地线的作用。接地线（接地刀闸），由三相短路部分和接地部分组成，它的作用如下。

① 当工作地点突然来电时，能防止工作人员触电伤害。在检修设备的进出线各侧或检修线路工作地段两端装设三相短路的接地线，使检修设备或检修线路工作地段上的电位始终与地电位相同，形成一个等地电位的作业保护区域，防止突然来电时停电设备或检修线路工作地段导线的对地电位升高，从而避免工作地点工作人员因突然来电而受到触电伤害的可能。

② 当停电设备（或线路）突然来电时，接地线造成突然来电的三相短路，促成保护动作，迅速断开电源，消除突然来电。

③ 泄放停电设备或停电线路由于各种原因产生的电荷，如风磨电、感应电、雷电等，都可以通过接地线入地，对工作人员起保护作用。

（2）装设接地线的原则

① 凡可能送电至停电设备的各侧，或停电设备可能产生感应电压的均应装设接地线；当有产生危险感应电压的，应适当增设接地线。

② 停电线路工作地段的两侧应装设接地线；凡有可能送电到停电线路的分支线也要装设接地线；若有感应电压反映在停电线路上时，应增设接地线；停电线路在发电厂、变电站的输出线路隔离开关线路侧也要装设接地线。

③ 发电厂、变电站母线检修时，若母线长度在10m以内，母线上只装设一组接地线；在门型架构的线路侧进行停电检修，如工作地点与所装接地线的距离小于10m，工作地点虽在接地线外侧，也可不另装接地线；当母线长度大于10m时，应视母线通电源进线的多少和分布情况及感应电压的大小，适当增设接地线。

④ 抢修分段母线（分段母线以隔离开关或断路器分段），每一分段不连接，且每分段都连接有电源进线时，则各分段母线均应装设接地线；若每一分段上无电源进线，则可不装设接地线。

（3）装、拆接地线的方法及安全注意事项

① 装、拆接地线必须由两人进行。若为单人值班，只允许使用接地刀闸接地，或使用绝缘棒合接地刀闸。这是因为如果单人装接地线时，若发生带电装设接地，则会出现无人救护的严重后果，故规程规定必须有两人进行。同样，为保证人身安全，拆除接地线也必须由两人进行。单人值班合、拉接地刀闸不会出现上述严重情况。

② 装设接地线时，应先将接地端可靠接地，验明停电设备无电压后，立即将接地线的另一端接在设备的导体部分上。这样做可以防止装设接地线人员，因设备突然来电或感应电压的触电危险。

③ 拆除接地线时，应先拆除设备的导体端，后拆除接地端。按这种顺序拆除接地线，可防止突然来电和感应电压对拆除接地线人员的触电伤害。

④ 装、拆接地线时，应使用绝缘棒和戴绝缘手套，人体不得碰触接地线，以免感应电压或突然来电时的触电。

⑤ 装设接地线时，接地线与导体、接地桩必须接触良好。为使接地线与导体、接地桩接触良好，接地线必须使用线夹固定在导体上，严禁用缠绕的方法接地或短路；在室内配电装置上，接地线应装在该装置已刮去油漆的导电部分（这些地点是室内装接地线的规定地点，且标有黑色记号）。如果不按上述要求装设接地线，则使接地线与导体、接地桩接触不良，当接地线流过短路电流时，在接触电阻上产生的电压降将施加于停电设备上，使停电设备带电，这是不允许的。

⑥ 接地线的接地点与检修设备之间不得连有断路器、隔离开关或熔断器。若接地线的接地点与检修设备之间连有断路器、隔离开关或熔断器，则在设备检修过程中，如果有人将断路器、隔离开关断开，将熔断器取下或熔断器熔体断开，致使检修设备处于无接地保护状态。如果布置的安全措施中存在切断电源操作不彻底的情况，则在检修过程中有可能造成电压反馈，使检修设备带电而发生触电事故，故

装设接地线应避免上述情况发生。

⑦ 对带有电容的设备或电缆线路，在装设接地线之前应放电，以防工作人员被电击。

⑧ 同杆塔架设的多层电力线路装设接地线时，应先装低压，后装高压，先装下层，后装上层。

⑨ 接地线与带电部分应符合安全距离的规定。

4. 悬挂标示牌和装设遮栏

在电源切断后，应立即在有关地点悬挂标示牌和装设临时遮栏。

(1) 标示牌和遮栏的作用。标示牌可提醒有关人员及时纠正将要进行的错误操作和行为，防止误操作而错误地向有人工作的设备（线路）合闸送电，防止工作人员错走带电间隔和误碰带电设备。

遮栏如图 3-3 所示，可限制工作人员的活动范围，防止工作人员在工作中对高压带电设备的危险接近。

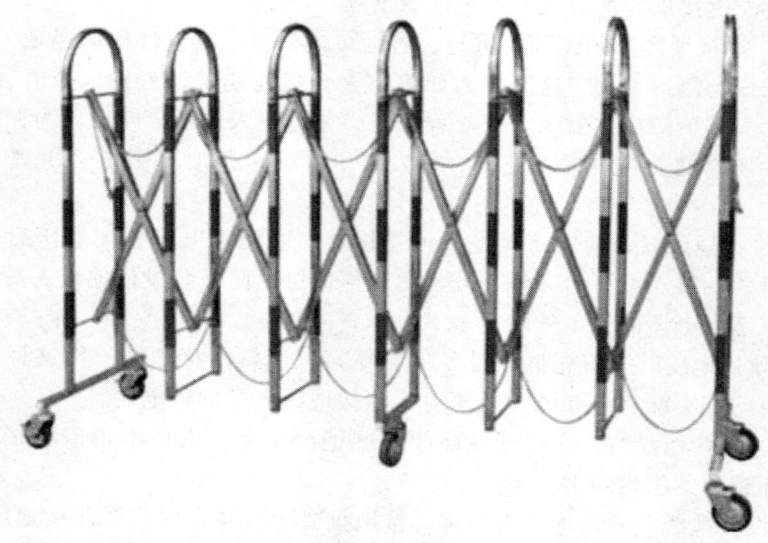

图 3-3 遮栏

综上所述，在电源切断以后，应立即在有关部位、工作地点悬挂标示牌和装设遮栏。实践证明，悬挂标示牌和装设遮栏是防止事故发生的有效措施。

(2) 悬挂标示牌和装设遮栏的部位和地点

下列部位和地点应悬挂标示牌和装设遮栏。

① 在一经合闸即可送电到工作地点的断路器和隔离开关的操作把手上，均应悬挂“禁止合闸，有人工作”的标示牌。

② 凡远方操作的断路器和隔离开关，在控制盘的操作把手上悬挂“禁止合闸，有人工作”的标示牌（图 3-4）。

③ 线路上有人工作时，应在线路断路器和隔离开关的操作把手上悬挂“禁止

图 3-4 “禁止合闸，有人工作”标示牌

合闸，线路有人工作”的标示牌（图 3-5）。

图 3-5 “禁止合闸，线路有人工作”标示牌

④ 部分停电的工作，当安全距离小于“设备不停电时的安全距离”时，小于该距离以内的未停电设备，应装设临时遮栏。临时遮栏与带电部分的距离不得小于“工作人员工作中正常活动范围与带电设备的安全距离”，在临时遮栏上悬挂“止步，高压危险！”的标示牌（图 3-6）。

⑤ 在室内高压设备上工作，应在工作地点两旁间隔的遮栏上、工作地点对面

图 3-6 “止步，高压危险！”的标示牌

间隔的遮栏上和禁止通行的过道（通道应装临时遮栏）上悬挂“止步，高压危险！”的标示牌。

⑥ 在室外地面高压设备上工作，应在工作地点四周用绳子做好围栏，围栏上悬挂适当数量的“止步，高压危险！”的标示牌，标示牌有标志的一面必须朝向围栏里面（使工作人员随时可以看见）。

⑦ 在工作地点悬挂“在此工作！”的标示牌。

⑧ 在室外架构上工作，应在工作地点邻近带电部分的横梁上，悬挂“止步，高压危险！”的标示牌。在工作人员上下铁架和梯子上应悬挂“从此上下！”的标示牌（图 3-7）。在邻近其他可能误登的带电架构上，应悬挂“禁止攀登，高压危险！”的标示牌（图 3-8）。

图 3-7 “从此上下”标示牌

上面提到的接地线、标示牌、临时遮栏、绳索围栏等都是保证工作人员人身安全和设备安全运行所作的措施，工作人员不得随意移动和拆除。

图 3-8 “禁止攀登，高压危险！”的标示牌

第二节　电气检修安全技术

电气设备种类繁多，结构和性能各不相同，因此，检修中对安全措施的要求也不相同。即使是同一类设备，如空冷发电机和氢冷发电机，在检修中对安全措施的布置要求也不完全一样。检修人员在检修过程中，应根据设备的特点和性能制定可靠的安全措施。本节主要介绍电气检修一般安全要求，以及发电机、变压器、高压断路器、电动机、低压配电装置和低压线路等停电检修安全措施及检修安全注意事项。

一、电气检修及一般安全要求

（一）电气检修和分类

电气设备检修是消除设备缺陷，提高设备健康水平，确保设备安全运行的重要措施。通过检修达到以下目的：

① 消除设备缺陷，排除隐患，使设备安全运行；

② 保持和恢复设备铭牌标定的功率，延长设备使用年限；

③ 提高和保持设备最高效率，提高设备利用率。

发电厂、变电站电气设备的检修分为大修、小修和事故抢修。大修是设备的定期检修，间隔时间较长，对设备进行较全面的检查、清扫和修理；小修是消除设备在运行中发现的缺陷，并重点检查易磨、易损部件，进行必要的处理或进行必要的清扫和试验，其间隔时间较短；事故抢修是在设备发生故障后，在短时间内进行抢修，对其损坏部分进行检查、修理或更换。

（二）电气检修一般安全规定

为保证检修工作顺利开展，避免发生检修工作中的设备和人身安全事故，检修人员应遵守如下检修工作一般安全规定。

（1）在检修之前，要熟知被检修设备的电压等级、设备缺陷性质和系统运行方式，以便确定检修方式（大修或小修，停电或不停电）和制定检修安全措施。

（2）检修工作一定要严格执行保证安全的组织措施和保证安全的技术措施。

（3）检修时，除有工作票外，还应有安全措施票。工作票上填有安全措施，这些措施由运行人员布置，是必不可少的，但是运行人员布置后，并不监视检修人员的行动，全靠检修人员自我保护；安全措施票是用于检修人员自我保护的由检修人员自己填写，用安全措施票的条文，约束检修人员的行为，达到自己保护自己，如票上列出了作业范围、防止触电事项、高空作业安全事项等。

（4）检修工作不得少于2人，以便在工作过程中有人监护，严禁单人从事电气检修工作。

（5）检修工作应使用合格的工器具和正确使用工器具。工作前应对工器具进行仔细检查。如在发电机静子膛内进行检修工作，膛内照明应选用36V及以下的行灯，行灯应完好不漏电，以保证检修工作的安全。

（6）检修过程中，应严格遵守安全措施，保持工作人员、检修工具与运行设备带电部分的安全距离。

（7）工作前禁止喝酒，避免酒后作业误操作，防止发生人身和设备事故。

二、电气设备检修安全技术

（一）发电机（或调相机）检修

1. 停电检修安全措施

发电机G如图3-9所示，停电检修时应填用第一种工作票，并做好下列安全措施。

图3-9 发电机G

（1）断开发电机G的断路器QF1（图3-2），拉开隔离开关QS11，使发电机与带电设备脱离。

（2）断开发电机G的灭磁开关、备用励磁机至本发电机的隔离开关、发电机主励机的灭磁开关、备用励磁装置的电源及输出断路器。防止备用励磁机或励磁系统误向发电机转子回路突然送电。

(3) 断开所有辅机的电源开关，如汽轮机盘动转子用的盘车电动机、油泵电动机、冷水泵电动机等的电源开关均应断开，防止突然来电，防止误启动伤人。

(4) 断开上述所有断路器的控制电源及合闸能源，防止操作回路突然来电和误合断路器。

(5) 断开发电机侧电压互感器的高压侧隔离开关，取下高、低压熔断器，防止电压互感器二次侧因误操作，将运行系统的电压倒送至高压侧而引起触电事故。

(6) 对于调相机，其启动用的电动机电源断路器及隔离开关、电动机电源断路器控制回路的控制及合闸熔断器均应断开，防止电动机误启动。

(7) 验明无电压后，在发电机 G 与断路器 QF1 之间装设接地线。

(8) 在已停电的所有断路器、隔离开关、闸刀开关的操作把手上、并列装置的插座上挂“禁止合闸，有人工作”的标示牌，防止运行人员误操作危及检修人员的安全。

(9) 若检修机组中性点与其他发电机的中性点连在一起，则必须将被检修发电机的中性点分开。

(10) 若检修的发电机装有二氧化碳或蒸汽灭火装置时，在工作人员进入风道内工作之前，应将阀门妥为制住，并将远方操作的电源开关断开，防止有人误动设备，使二氧化破或蒸汽进入风道。

(11) 在发电机（调相机）的断路器及灭磁开关都已断开，但转子仍在转动的情况下，禁止在发电机（调相机）回路上工作，以防止因转子的剩磁在定子绕组中感应电压触电。在特殊情况下需要在转动着的发电机（调相机）回路上工作时，必须先切断励磁回路，投入自动灭磁装置，将定子出线与中性点一起短路接地。在装拆短路接地线时，应戴绝缘手套，穿绝缘靴或站在绝缘垫上，并戴护目眼镜。

(12) 当工作人员需要进入到氢冷发电机的机壳内工作及在氢气区域进行动火工作时，应做好防止工作人员窒息或工作中引起氢气爆炸的安全措施。

2. 检修安全注意事项

(1) 拆卸机端部件安全注意事项

① 拆下的全部零件和螺栓应做好位置记号，装箱妥善保管。如解开发电机与汽轮机和励磁机的联轴器，拆下励磁机和滑环的电缆、励磁机冷却水管和励磁机，拆滑环刷架的地脚螺栓等均应做好位置记号，以便回装对号入座。滑环的工作面应用硬绝缘纸板包好，保证滑环工作面不受损伤。

② 发电机轴封、端盖板和护板等部件拆开后，起吊时应稳妥，防止起吊时突然倾倒而破坏绕组端部和风挡等部件。

③ 测量有关间隙。如轴封间隙、风扇与护板之间的轴向和径向间隙、定子和转子间的间隙，做好记录，以便与上次测量值和回装测量值相比较，若相差很大，应查明原因。

(2) 抽转子安全注意事项。将转子从定子膛抽出过程中，若操作不当，就会造成定、转子损坏事故。为此，发电机抽转子应注意下列事项。

① 抽转子前应仔细检查所有的起重设备和专用工具完整无损，安装正确，并有足够的安全裕度。

② 为保护转子表面不受损伤并防止钢丝绳滑动，在转子套钢丝绳的位置，应预先垫好木板、胶皮和铝板。

③ 抽转子过程中，转子应始终在水平状态，不允许定、转子相擦或碰撞，为此，在发电机两端设专人用灯光照射监视定、转子间隙，使其保持均匀。并有人扶持对轮跟随进入定子膛中，以免转子偏斜和摆动。

④ 抽转子过程中，若需变更钢丝绳位置，可用支架或枕木临时支撑，并保持定、转子间有一定的间隙，严禁将转子直接放在定子铁芯上。

⑤ 无论在起吊过程中或放置时，转子的轴颈、风扇、滑环、护环及转子引出线都不得受力或碰撞。注意起吊过程中钢丝绳不要接触或碰擦轴颈、风扇、滑环、护环及转子引线。

⑥ 抽出的转子应平稳可靠地放置在与转子铁芯弧形吻合的凹槽的支架或枕木上，且转子的大齿受力。

⑦ 发电机解体后，对定子、转子主要部位的要害环节，要严加防护（如加贴封条），在不工作时，用篷布盖好，以防脏污或发生意外。

(3) 回装转子安全注意事项。回装转子时，除注意抽转子的注意事项外，还应注意下列事项。

① 转子回装之前，应对定、转子最后作一次吹风扫除和检查，检查有无工具和杂物遗留在定子内或转子绕组端部的下面，检查定子铁芯和绕组端部、转子风扇等有无损坏。

② 转子装入后，在有人安装轴承、联轴器及转子找中心时，电气检修人员应适当配合，并注意保护发电机部件不受损。

(4) 进入定子膛内工作的安全注意事项。进入发电机定子膛内进行工作，必须注意下列事项。

① 凡进入定子膛内工作的人员，应穿专用工作服和工作鞋，禁止穿硬底鞋和带有铁钉的鞋。

② 凡进入定子膛内工作的人员，衣袋中不得装有任何金属小物件（如小刀、证章、打火机、硬币、钢笔等），以防落入铁芯内。

③ 使用的工具必须进行登记，小工具应放在专用的工具盒内或用白布带拴牢，每班收工时应清点工具，凡带入定子膛内部的全部工具如数拿出，不得遗漏。

④ 在定子膛内使用的行灯，其电压必须在36V及以下，防止膛内漏电触电。

⑤ 出入定子时，不得直接踏在绕组端部上，以免弄脏或损坏端部主绝缘。定子两端绕组的下部应用毡垫或胶皮盖好。

⑥ 做好消防和保卫工作。无关人员不许进入定子膛内，定子膛内严禁吸烟，如

有必要进行动火工作，应预先做好灭火措施。

(5) 干燥发电机安全注意事项。发电机受潮或大修更换全部线棒后，一般需要进行干燥。发电机的干燥包括定子和转子的干燥。

① 定子干燥法。发电机定子绕组的干燥一般在静止状态下进行，干燥的方法有定子铁损干燥法、直流在绕组中加热干燥法、用热风机干燥法，必要时也可以在发电机转动的情况下，用风损法、短路电流法或带负荷进行干燥。定子铁损干燥法是干燥发电机最常用的方法，干燥时，必须抽出发电机的转子，在定子铁芯上绕励磁绕组，通入380V交流电流，使定子产生磁通，依靠定子铁芯的铁损发热来干燥定子。定子铁损干燥法在定子干燥过程中应注意下列安全事项。

a. 干燥用的励磁导线，绝缘应完好，导线电流密度不宜过高（根据计算得到的电流选择导线截面），禁止使用铅皮或铠装电缆。

b. 干燥电源一般使用备用低压变压器低压侧供电。

c. 在现场用于干燥的励磁回路中，加装一台断开能力足够强的开关，以保证现场切断干燥电源的需要，而备用低压变压器的操作仍由运行值班人员在控制盘控制。

d. 当备用低压变压器的低压侧自动空气开关未断开时，即使现场的开关是断开的，而此开关与自动空气开关间的导线仍带有电压，切不可触及。

e. 干燥时温度的测量，利用原有的测温装置进行，并在铁芯中部加装酒精温度计进行核对。

f. 在干燥过程中，发电机端部应加强保温装置，减少空气流入，以免干燥温度不均匀。若现场温度较低，也可用帆布将发电机罩起来。

g. 在干燥过程中，铁芯温度不超过90℃，定子绕组温度不超过75℃，若超过规定温度，应断开干燥电源，降低至低于规定温度值5℃后，再合通电源。

h. 现场应备有3～5只四氯化碳灭火器。

i. 干燥时应派专人值班，每班不少于2人。严格监视发电机温度，每半小时记录一次；待温升恒定后，每小时记录一次。

j. 干燥过程中如发现有烧焦味、导线过热等不正常情况时，应立即断开干燥电源，查明原因。

k. 在交接班时，必须交待清楚，在接班人员未到之前，当班者不得离开现场。

l. 全部干燥时间不少于70h，当温度恒定后测得定子绕组的绝缘电阻值稳定，然后再经3～5h不变，即认为干燥合格。

② 转子干燥法。发电机转子的干燥一般使用下述方法：以直流铜损在转子绕组中加热；用热风机干燥；当转子在定子膛内时，与定子一同干燥。其中最常用的是直流铜损干燥法。直流铜损干燥法是以直流发电机（直流电焊机、备用励磁机）为电源，向转子绕组通入直流电流，利用转子绕组铜损所产生的热量来干燥转子绕组。用直流铜损干燥法干燥转子绕组应注意下列安全事项。

a. 通入转子的电流，开始时不应超过转子额定电流的50%。

b. 干燥过程中，转子的温度应缓慢升高，干燥时转子最高温度不超过 100℃。如果超过规定值，应立即暂时断开电源。

c. 在接通或断开转子电流回路时，应使用自动空气开关等负荷开关，不得用隔离开关操作。

d. 监视转子绕组温度，用插在转子两端及中部通风孔内的三支酒精温度计进行监视，并将温度计固定好，避免损坏。

e. 在干燥过程中，应有专人值班，定时记录转子温度及测量绕组绝缘电阻。

f. 转子干燥一般应不间断地连续进行，但若在干燥时发现不正常情况，则应停止干燥。

(6) 水内冷发电机的干燥。水内冷发电机的干燥采用热水干燥法进行干燥。干燥时，启动发电机的冷却水系统，用 70℃的热水进行循环，热水可以利用蒸汽通入水箱加热得到，而冷却水系统中冷却器的循环水应切断，热水的压力约 98kPa，干燥 4～5 天。

（二）电力变压器检修

当电力变压器（图 3-10）停电检修时，应做好防止突然来电和大件起吊过程中损坏吊件，以及保证检修人员人身安全的措施。

图 3-10　电力变压器

1. 停电检修的安全措施

变压器停电检修的安全措施如下。

(1) 断开变压器各侧的断路器。

(2) 拉开变压器各侧的隔离开关。

(3) 断开各断路器的控制和动力能源，断开各隔离开关的操作电源，取下高、低压熔断器。

(4) 在各断路器、隔离开关的操作把手上挂“禁止合闸，有人工作”标示牌，以防止运行人员误操作。

(5) 拉开主变压器中性点的接地隔离开关。因为变压器中性点接地隔离开关是变压器零序电流的通道，为防止系统接地故障时，零序电压加入变压器的中性点上，检修变压器时，中性点的接地隔离开关也应拉开，并在中性点接地隔离开关的操作把手上挂“禁止合闸，有人工作”标示牌，防止运行人员误操作。

(6) 在变压器各侧断路器及隔离开关断开后，用验电器在变压器的各侧验电，在变压器确无电压后，在变压器的各侧挂接地线，以防感应电压及突然来电。

2. 变压器吊芯措施

新投入使用的变压器和运行 5 年后的主要厂、站用变压器，以及运行或试验中发生特殊情况的变压器都要进行吊芯检查或检修。吊芯检修是将变压器的铁芯从油箱中吊出，或将变压器的钟罩吊开露出铁芯，然后根据技术标准要求，对各个部件进行检查、测量、试验，对各部位进行清洗并处理有关缺陷。

由于吊芯检修要起吊铁芯或钟罩，为防止起吊过程中的伤人或碰坏变压器部件，变压器吊芯时应采取以下安全措施。

(1) 吊芯应选择在良好天气进行，并且工作场所无灰烟、尘土、水气，相对湿度不大于 75%。变压器铁芯在空气中停留时间应尽量缩短。如果空气相对湿度大于 75%，应使铁芯温度（按变压器油上层油温计算）比空气温度高 10℃以上，或者保持室内温度比大气温度高 10℃，且铁芯温度不低于室内温度。只有在这种情况下吊芯，才能避免芯子受潮。

(2) 起吊前，必须详细检查起吊钢丝绳的强度和挂钩的可靠性，以免发生起吊过程中的断绳事故。起吊所使用的器具不准超载。

(3) 起吊时，绳扣角度，吊重位置，必须符合制造厂的规定。要求每根吊绳与铅垂线之间的夹角不大于 30°，如果不能满足这个要求，或者起吊绳套碰及芯子部件时，应采用辅助吊梁，以免钢丝绳受张力过大，或将吊板（吊环）拉弯。

(4) 起吊前，对工作人员应进行周密分工，各负其责。

(5) 起吊芯子时，应有专人指挥，油箱四角应有人监视，防止铁芯、绕组及绝缘部件与油箱碰撞受损。钟罩式变压器在吊起钟罩时，钟罩四角要有晃绳，严防钟罩在空中摆动，四角担任监视的人员要随时监视钟罩的内腔，防止钟罩内腔与芯子碰撞。在吊钟罩时，为防止钟罩碰撞芯子，也可在油箱底座上临时安装几根定位棒，控制钟罩在起吊高度的范围内垂直升降。起吊大容量的高压自耦变压器钟罩时，还要注意制造厂的一些特殊要求。

(6) 起吊钟罩时，工作人员必须戴安全帽，防止起吊过程中钟罩伤人。

(7) 吊出的钟罩需要落放在地面上时，钟罩应落放在枕木上。若钟罩不落放在地面上时，则应在变压器芯部的夹铁两端用枕木把钟罩临时支撑住，同时不摘去吊钩，以保证检修安全。

（8）回装钟罩与吊出钟罩顺序相反，注意事项同上，当钟罩落位时，检修人员应注意防止上肢及手指被钟罩压伤。

3. 变压器器身检查注意事项

钟罩吊开后检查变压器的器身时，应注意下列事项。

（1）认真做好绕组绝缘、铁芯、机械结构、调压装置的检查和器身的电气测试；做电气试验时要注意相互呼应，避免触电。

（2）当需要进入器身上进行检查时，工作人员应穿干净的专用工作服和工作鞋进行，防止脏污及杂物带入器身，防止检查过程中碰伤部件及绝缘。

（3）器身恢复前，应认真清理工具和材料，对芯子应仔细检查，不得在芯子上遗留工具、材料和任何杂物。

（4）在器身恢复前，清理油箱底一切杂物，特别是铁屑、焊渣的清理，一切杂物清理后，再用干净合格的变压器油冲洗器身，并排净油箱底部的残油。

（5）检查器身的时间尽可能短，以免器身在空气中停留时间过长，防止器身受潮。

4. 变压器小修注意事项

（1）填写小修记录。小修记录包括厂（站）名、变压器编号、铭牌、小修项目、更换部件及检修日期、环境温度、器温等，并注明检修人员。

（2）对检修后变压器上部各放气堵塞应充分放气，包括散热器或冷却器、套管、升高座及气体继电器等处。拧松放气堵塞放气，当冒油时快速拧紧。

（3）变压器上部不应遗留工具等。

（4）在退出检修现场前，应检查变压器的所有蝶门、截门是否处在应处的位置。

上述几项工作完成后，方可办理工作票终结手续。

5. 变压器现场补油注意事项

变压器现场补油常为储油柜缺油、充油套管缺油的补油工作。变压器补油时应注意下列安全事项。

（1）储油柜补油时，一般在变压器停电的情况进行，如果带电补油，必须有特殊的操作措施。

（2）所用的油要求油号与变压器的油号一样，且电气性能及理化性能合格。

（3）补油一般从储油柜的注油孔补油，用滤油机补油至合适的油面为止。补油一般不从变压器油箱下节门进油，因多数变压器箱底存有杂质和水，防止把它们搅起来，引起变压器绝缘下降。

（4）变压器套管补油时，需在变压器停电状态下进行，从套管注油孔注入合格的同油号油。若套管漏油严重，应更换新套管。

6. 变压器胶囊更换注意事项

对于安装有胶囊的变压器，运行中若发现油标油面变化不正常，应更换胶囊，胶囊更换后应特别注意胶囊的充气，如只装胶囊而不充气，即没把储油柜中的空气排出，当变压器投入运行后，则可能造成防爆筒玻璃爆破，胶囊破裂，严重时可能造成气体继电器动作。

（三）高压断路器检修

1. 停电安全措施

如图 3-11 所示，当断路器停电检修时应做好如下安全措施。

（1）断开与断路器相连的两侧电源。在图 3-11 中，断开被检修的断路器 QF，拉开 QF 两侧的隔离开关 QS1、QS2、QS3。

（2）断开 QF 的直流操作电源及合闸能源。

（3）在 QF 两侧挂接地线（或将 QF 两侧的接地隔离开关合上）。

（4）在 QF、QS1、QS2、QS3 的操作把手上挂“禁止合闸，有人工作”标示牌，在 QF 本体上挂“在此工作”标示牌（图 3-12），在挂接地线处（或在 QF 两侧已接地的隔离开关上）挂“在此接地”标示牌。

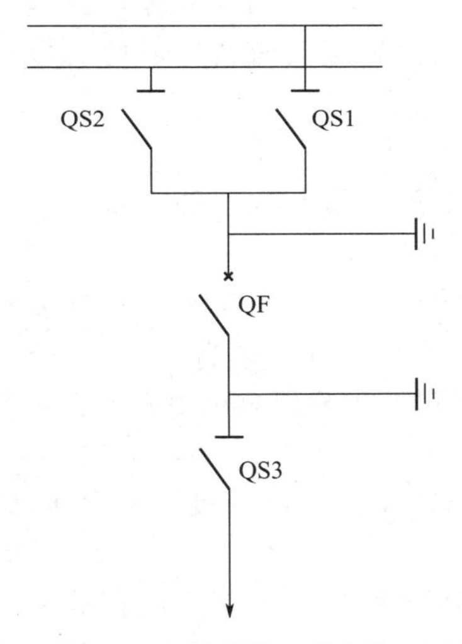

图 3-11　断路器一次电路

图 3-12　“在此工作”标示牌

（5）在室内检修断路器时，若与附近的带电设备较近，应装设临时遮栏，以保持与带电设备的安全距离。

2. 检修安全注意事项

（1）在室外检修需搭脚手架时，脚手架应牢靠，防止脚手架倒塌，脚手架上应铺好脚手板，防止工作人员从脚手架上跌落伤人。

（2）脚手架应有专供上下的爬梯，且爬梯绑扎牢固，工作人员上下应走专用爬梯，并防止上下梯时脚滑跌伤。

（3）在脚手架上进行断路器的检修工作时，工作人员应注意不要高空落物，防止重物下落砸伤地面工作人员。

(4) 工作人员均应穿工作服、工作鞋、戴安全帽，保证检修时的人身安全。

(5) 在调试断路器动触杆的行程时，断路器的上帽已拆下，调试过程中若需电动合闸时，工作人员的胸部切莫正对导电杆，防止电动合闸时，导电杆穿胸致人死亡。

(6) 检修时，拆装应正确，注意检修质量，防止细小疏忽引起设备事故。如油断路器三相排气孔回装应注意错开，不要相邻相排气孔正对，防止切断短路电流时，排气孔排油气引起相间短路；注油应注合格油，且至规定油位，防止运行时油断路器因油位过高或过低引起爆炸；不允许先放油后分闸，因为中间机构箱内无油，故无缓冲作用。

(四) SF6 设备检修

SF6 断路器和 SF6 组合电器，是利用 SF6 气体作灭弧介质和绝缘介质的电气设备。它均被广泛用于发电厂和变电站。

纯 SF6 和一般 SF6 制造厂提供的合格的 SF6 气体是无毒的。与无毒的 SF6 气体接触，无需采取特殊保护措施。经受放电和电弧作用的 SF6 气体，会部分分解为有毒物质，这些分解物呈气态或固态，对人的健康极为有害，因此，与有毒的 SF6 气体接触应采取必要的预防措施。

1. 与有毒 SF6 气体接触一般安全措施

(1) 只要一接触带有强烈刺激性气味的严重污染的 SF6 气体，就必须使用适宜的带有粉尘过滤器与吸附剂的防毒面具，以保护呼吸系统。

(2) 工作人员应穿戴专用的衣服和帽子，以避免与 SF6 接触，同时也易去掉灰尘。该专用衣、帽，只有在与被污染的 SF6 接触时，才穿戴它。

(3) 工作时，应戴护目眼镜，不要让眼睛接触有毒粉末和粘上有毒粉尘。

2. SF6 气体工作环境的处置

(1) 装有 SF6 设备的配电装置室和 SF6 气体实验室，必须装设强力通风装置，风口应设置在室内底部。

(2) 在室内，设备充装 SF6 气体时，周围环境相对湿度应不大于 80%。同时必须开启通风系统，并避免 SF6 气体漏泄到工作区。工作区空气中 SF6 气体含量不超过规定值。

(3) 主控制室与 SF6 配电装置室间要采取气密性隔离措施。

(4) 在 SF6 配电装置室低位区，应安装能报警的氧量仪和 SF6 气体泄漏警报仪。这些仪器应定期试验，保证完好。

3. 停电检修 SF6 电器安全注意事项

(1) 工作人员进入 SF6 配电装置室工作之前，必须先通风 15min，排除泄漏的 SF6 气体，并用检漏仪测量室内 SF6 气体含量。

(2) 进入 SF6 配电装置低位区或电缆沟进行工作，应先检测含氧量（不低于 18%）和 SF6 气体含量是否合格。

(3) 在 SF6 配电装置室内进行检修，工作人员不少于 2 人，不准 1 个人进入从事检修工作。

（4）设备解体检修前，必须对 SF6 气体进行检验。根据 SF6 有毒气体的含量，采取安全防护措施。检修人员需穿戴防护衣、帽，并戴防毒面具（取气样检验、处理漏气均应戴防毒面具并进行通风）。

（5）电器内 SF6 气体的处置。按下述进行处置。

① 把压力降低至大气压力。在户外：当断路器需要抽气的气室和其他相邻的气室隔离后，把排气管连接到该需要排气的断路器灭弧室的排气连接头上，另一端与净化回收装置相连，将气室内的 SF6 气体用净化装置回收，并处理合格后再使用。禁止将设备内的 SF6 气体向大气排放，回收时，操作人员应戴有过滤器的防毒面具进行保护。启动回收装置后，人员应远离气流及排气地区，直至 SF6 已消失，然后将排气阀完全打开，使 SF6 最有效排出。在室内：可按上述方法进行排气，但应注意室内空气流通。

② 全部气体抽空。气室压力降低至大气压力后，再用泵把里面的气体抽空。必须注意，此操作中应采用活性氧化铝或分子筛过滤器保护泵（使之吸潮，避免泵中残留电弧分解产生的低氟化物）。

③ 气室内固体分解物的处理。设备抽真空后，用高纯氮气冲洗 3 次（压力为 9.8×10^4Pa）。检修人员穿戴好防毒服、帽和防毒面具，将封闭容器外壳打开，设备封盖打开后，检修人员暂离现场（30min），然后穿戴好防护衣、帽及防毒面具，清除容器内的吸附剂、灰尘粉末沉积物，将清出的吸附剂、金属粉末等废物，放入20%氢氧化钠水溶液中，浸泡 12h 后深埋。

容器内的所有尘埃物质收集以后，保护衣具可脱去，手和脸要仔细冲洗，然后才可重新开始工作，可不再特别小心。

（6）向电器气室充入的新 SF6 气体应符合下述规定。

① SF6 新气体应具有厂家名称、装罐日期、批号及质量检验单。SF6 新气到货后，应按有关规定复核、校验、合格后方可使用。

② 在气瓶内存放半年以上的 SF6 气体，使用前应先校验其水分和空气含量，符合标准后方可使用。

（7）从 SF6 气体钢瓶内引出气体时，必须使用减压阀降压。当瓶内压力降至 9.8×10^4Pa（1 个大气压）时，即停止引出气体，并关紧气瓶阀门，戴上瓶帽，防止气体泄漏。

（8）检修结束后，检修人员应洗澡，把用过的工器具、防护用具清洗干净。

（五）电动机检修

1. 高压电动机的检修

（1）停电安全措施

① 断开电动机的电源断路器和隔离开关。

② 小车断路器从成套配电装置开关柜内拉出。

③ 在断路器、隔离开关把手上挂“禁止合闸，有人工作”标示牌。

④ 拆开该电动机的电缆头并三相短路接地。

⑤ 采取防止被其带动的机械（如引风机）引起电动机转动的措施，并在阀门上挂“禁止合闸，有人工作”标示牌。

（2）检修安全注意事项

① 将电动机整体吊起，运至检修场地，应注意起重设备有足够的安全系数。

② 拆卸靠背轮时应使用专用工具，不准用铁锤敲下靠背轮。

③ 拆卸端盖前，做好复位组装的记号，对于大的端盖，拆卸前用起重工具将其系牢，以免端盖脱离机壳时，轧伤绕组绝缘。端盖离开止口后，手扶端盖，将其慢慢移出放在木架上，端盖止口朝上。

④ 抽转子。大、中型电动机必须用起重工具抽出转子。抽转子（或回装转子）必须遵守下列规定：

a. 在抽出（或放进）转子时，如使用钢丝绳，则钢丝绳不应碰到转子的轴颈、滑环、风扇、绕组；

b. 应将转子放在硬木衬垫上；

c. 应特别注意不使转子碰到定子，因此，在抽出（或放进）转子时，必须使用透光法进行监视；

d. 钢丝绳缚转子的部位，必须衬以木垫，以防止损坏转子和防止钢丝绳在转子上打滑；

e. 检查出松动和损伤的槽楔应更换和打紧，注意不要损伤绕组和铁芯；

f. 回装端盖时，用紫铜棒轻敲端盖四周，禁止用铁锤直接敲打端盖，以免造成端盖破裂。

2. 低压电动机检修

（1）停电安全措施

① 断开电动机的电源开关。

② 拉开电动机的电源闸刀（或将其电源空气开关从开关抽屉抽出）。

③ 在电源开关及电源闸刀开关操作把手上挂“禁止合闸，有人工作”标示牌。

④ 在闸刀的刀口之间装绝缘隔板，并绑扎牢靠。

（2）检修安全注意事项

① 电动机整体吊起运至检修场地时，应注意运输途中不要摔伤电机和伤人。

② 拆装靠背轮时，不准用铁锤敲击靠背轮。

③ 拆端盖时，做复位记号，拆卸过程中不要伤人和损伤定子端部绕组。

④ 抽转子时，不要碰伤定子绕组，不要碰轴颈、滑环、绑线、风扇。

⑤ 更换和打紧槽楔时，不要损伤绕组和铁芯。

⑥ 新装轴承（滚动轴承）要加热组装，轴承加热温度不超过100℃，有尼龙保护器的轴承不超过80℃，轴承受热要均匀，加热温度应缓慢上升。严禁用明火直接加热。

⑦ 同一轴承内润滑脂必须是同一种型号，且质量合格。

（六）在停电的低压配电装置和低压导线上的工作

1. 低压回路停电安全措施

在380V/220V配电装置、配电盘和配电线路上工作时，一般应在停电状态下进行。为防止工作中发生触电事故，应做好如下停电安全措施。

（1）将检修设备的各方面电源断开（断开电路的开关、拉开电路的闸刀、取下电路的熔断器）。

（2）在电路开关、闸刀的操作把手上挂“禁止合闸，有人工作”标示牌。

（3）取下电路开关的操作熔断器。

（4）在闸刀口加装绝缘隔板并绑扎好，防止闸刀误合或自行落下。

（5）根据需要采取其他安全措施。如：将检修的配电电源干线三相短路接地，防止突然来电；在低压配电盘内工作时，虽然检修设备已停电，但盘内停电设备的周围仍有带电设备运行，为防止检修人员碰触周围带电设备，可将检修设备与带电设备间用绝缘板隔开，或用绝缘布将带电部分包起来。

2. 低压回路停电检修安全注意事项

（1）填用第二种工作票，并履行工作票许可手续（在低压电动机和照明回路上工作，可用口头联系）。在低压配电盘、配电箱、电源干线等低压回路上的工作，由于回路多，电源干线有多路电源送入，容易引起触电事故，根据规程规定，应填用第二种工作票，并做安全技术措施；在照明回路上或对停止运行的低压电动机进行检查工作，可用口头命令进行，但此项命令必须由运行值班人员记录在规定的记录表中，进行交接班，防止值班人员误送电造成检修人员触电。

（2）检修人员不少于2人。

（3）检修过程中，均不得随意改动原来线路的接线，不得随意进入遮栏或拆除各种防护遮栏。

（4）检修人员均应穿工作服、绝缘鞋，戴安全帽。

第三节　电气运行安全技术

本节主要介绍电气设备倒闸操作、电气设备运行维护等有关安全技术。

一、电气设备倒闸操作

（一）什么是倒闸操作

电气设备由一种状态转换到另一种状态，或改变电气一次系统运行方式所进行的一系列操作，称为倒闸操作。

倒闸操作的主要内容有：拉开或合上某些断路器或隔离开关，拉开或合上接地隔离开关（拆除或挂上接地线），取下或装上某些控制、合闸及电压互感器的熔断器，停用或加用某些继电保护和自动装置及改变设定值，改变变压器、消弧线圈组分接头及检查设备绝缘。

倒闸操作是一项复杂而重要的工作，操作正确与否，直接关系到操作人员的安全和设备的正常运行。如果发生误操作事故，其后果是极其严重的。因此，电气运行人员一定要树立“精心操作，安全第一”的思想，严肃认真地对待每一个操作。

（二）倒闸操作的一般原则

（1）电气设备投入运行之前，应先将继电保护投入运行。没有继电保护的设备不许投入运行。

（2）拉、合隔离开关及合小车断路器之前，必须检查相应断路器在断开位置（倒母线除外）。因隔离开关没有灭弧装置，当拉、合隔离开关时，若断路器在合闸位置，将会造成带负荷拉、合隔离开关而引起短路事故。而倒母线时，母联断路器必须在合闸位置，其操作、动力熔断器应取下，以防止母线隔离开关在切换过程中，因母联断路器跳闸引起母线隔离开关带负荷拉、合刀闸。

（3）停电拉闸操作必须按照断路器→负荷侧隔离开关→母线侧隔离开关的顺序依次操作，送电合闸操作应按上述相反的顺序进行。严防带负荷拉、合刀闸。

（4）拉、合隔离开关后，必须就地检查刀口的开度及接触情况，检查隔离开关位置指示器及重动继电器的转换情况。

如在双母线接线中，同一线路的两母线隔离开关各自联动一个重动继电器，重动继电器的动合触点与母线电压互感器的二次侧相连，在倒母线过程中，当线路的两母线隔离开关均合上时，或一个母线隔离开关拉开后，该隔离开关联动的重动继电器不返回，使两母线电压互感器的二次侧，通过两重动继电器的触点并联，此时，若母联断路器跳闸，且两母线电压不完全相等，则两电压互感器二次侧流过环流，环流将二次侧熔断器熔断，造成保护误动或烧坏电压互感器，所以，操作线路隔离开关，应检查重动继电器转换情况。

（5）在倒闸操作过程中，若发现带负荷误拉、合隔离开关，则误拉的隔离开关不得再合上，误合的隔离开关不得再拉开。

（6）油断路器不允许带工作电压手动分、合闸（弹簧机构断路器，当弹簧储能已储备好，可带工作电压手动合闸）。带工作电压用机械手动分、合油断路器时，因手力不足，会形成断路器慢分、慢合，容易引起断路器爆炸事故。

（7）操作中发生疑问时，应立即停止操作，并将疑问汇报给发令人或值班负责人，待情况弄清楚后，再继续操作。

（三）倒闸操作安全技术

1. 隔离开关操作安全技术

（1）手动合隔离开关时，先拔出联锁销子，开始要缓慢，当刀片接近刀嘴时，要迅速果断合上，以防产生弧光，但在合到终了时，不得用力过猛，防止冲击力过大而损坏隔离开关绝缘子。

（2）手动拉闸时，应按“慢-快-慢”的过程进行。开始时，将动触头从固定触头中缓慢拉出，使之有一小间隙；若有较大电弧（错拉），应迅速合上；若电弧较小，则迅速将动触头拉开，以利灭弧；拉至接近终了，应缓慢，防止冲击力过大，损坏隔离开关绝缘子和操作机构。操作完毕应锁好销子。

(3) 隔离开关操作完毕，应检查其开、合位置、三相同期情况，以及触头接触插入深度均应正常。

2. 断路器操作安全技术

高压断路器采用控制开关或微机远方电动合闸。用控制开关远方电动分闸时，先将控制开关顺时针方向扭转90°至“预合闸”位置；待绿灯闪光后，再将控制开关顺时针方向扭转45°至“合闸”位置；当红灯亮、绿灯灭后，松开控制开关，控制开关自动反时针方向返回45°，合闸操作完成。

用控制开关远方电动分闸时，先将控制开关反时针方向扭转90°至“预分闸”位置；待红灯闪光后，再将控制开关反时针方向扭转45°至“分闸”位置；当红灯灭、绿灯亮后，松开控制开关，控制开关自动顺时针方向返回45°，完成分闸操作。

应该注意的是：操作控制开关时，操作应到位，停留时间以灯光亮或灭为限，不要过快松开控制开关，防止分、合闸操作失灵；操作控制开关时，不要用力过猛，以免损坏控制开关。

断路器操作完毕，应检查断路器位置状态。判断断路器分、合闸实际位置的方法是：检查有关信号及测量仪表指示，作为断路器分、合闸位置参考判据；检查断路器机械位置指示器，根据机械位置指示器分、合位置指示，确认断路器实际分、合闸位置状态；检查断路器分、合闸弹簧状态及传动机构水平拉杆或外拐臂的位置变化，在机械位置指示器失灵情况下，也能确认断路器分、合闸实际位置状态。

（四）倒闸操作注意事项

(1) 倒闸操作必须2人进行，1人操作，1人监护。

(2) 倒闸操作必须先在一次接线模拟屏上进行模拟操作（用微机操作的不作此规定），核对系统接线方式及操作票正确无误后方可正式操作。

(3) 倒闸操作时，不允许将设备的电气和机械防误操作闭锁装置解除，特殊情况下如需解除，必须经值长（或值班负责人）同意。

(4) 倒闸操作时，必须按操作票填写的顺序，逐项唱票和复诵进行操作，每操作完一项，应检查无误后做一个“√”记号，以防操作漏项或顺序颠倒。全部操作完毕后进行复查。

(5) 操作时，应戴绝缘手套和穿绝缘靴。

(6) 遇雷电时，禁止倒闸操作。雨天操作室外高压设备时，绝缘棒应有防雨罩。

(7) 装、卸高压熔断器时，应戴护目镜和绝缘手套，必要时使用绝缘夹钳，并站在绝缘垫或绝缘台上。

(8) 装设接地线（或合接地刀闸）前，应先验电，后装设接地线（或合接地刀闸）。

(9) 电气设备停电后，即使是事故停电，在未拉开有关隔离开关和做好安全措施前，不得触及设备或进入遮栏，以防突然来电。

（五）防止电气误操作措施

防止电气误操作的措施包括组织措施和技术措施两方面。

1. 防止误操作的组织措施

防止误操作的组织措施是建立一整套操作制度，并要求各级值班人员严格贯彻执行。组织措施有：操作命令和操作命令复诵制度；操作票制度；操作监护制度；操作票管理制度。

（1）操作命令和操作命令复诵制度。指值班调度员或值班负责人下达操作命令，受令人重复命令的内容无误后，按照下达的操作命令进行倒闸操作。

发电厂、变电站的倒闸操作按系统值班调度员或发电厂的值长、变电站的值班长的命令进行。属于电力系统管辖的电气设备，由系统值班调度员向发电厂的值长、变电站的值班长发布操作令；不属于系统值班调度员管辖的电气设备，则由发电厂的值长向电气值班长发布操作令，再由电气值班长向下属值班员发布操作令。其他人员均无权发、受操作令。

为了避免操作混乱，一个操作命令，只能由一个人下达，每次下达的操作命令，只能给一个操作任务，执行完毕后，再下达第二个操作命令，受令人不应同时接受几项操作命令。

为了避免受令人受令时发生错误，发令人发布命令应准确、清晰，使用正规操作术语和设备双重名称（设备名称和编号）；受令人接到操作命令后，应向发令人复诵一遍，经发令人确认无误并记入操作记录表中。为避免操作错误，值班调度员发布命令的全过程（包括对方复诵命令）和听取命令的报告，都要录音并做好记录。

（2）操作票制度。凡影响机组生产（包括无功）或改变电力系统运行方式的倒闸操作及其他较复杂操作项目，均必须填写操作票，这就是操作票制度。操作票制度是防止误操作的重要组织措施。

电气设备的倒闸操作种类繁多，内容极广，操作方法和操作步骤各不相同，如果值班人员不使用操作票进行操作，就容易发生误操作事故。如果正确填写操作票，将操作项目依次填写在操作票上，按票进行操作，就可避免发生误操作。

（3）操作监护制度。倒闸操作由2人进行，1人操作，1人监护，操作中进行唱票和复诵，这就是操作监护制度。操作监护制度也是防止误操作的重要组织措施之一。

倒闸操作时，监护人按照操作票顺序逐项向操作人发布操作命令，直至全部操作完毕。监护人每发出一项操作令后，操作人应复诵一遍，并按操作令检查对照设备的位置、名称、编号、拉合方向，经监护人检查无误，在监护人下达动令“对，执行”后，操作人才可操作。监护人始终监护操作人的每一操作动作，发现错误立即纠正，所以，操作监护制度也是对操作人员采取的一种保护性措施。

为了防止操作漏项，顺序颠倒，每操作完一项，在该项做一个“√”记号。全部操作完毕复查无误后，将操作任务、要点和时间记录在值班记录表内。

（4）操作票管理制度。该制度包括以下内容：操作票编号（含微机开票编号）

并按顺序使用，操作票执行后的管理与检查，操作票合格率的统计及错误操作票的分析等。这是保证操作票及操作监护制度认真执行的一项措施。

2. 防止误操作的技术措施

实践证明，单靠防误操作的组织措施，还不能最大限度地防止误操作事故的发生，还必须采取有效的防误操作技术措施。防误操作技术措施是多方面的，其中最重要的是采用防误操作闭锁装置。防误操作闭锁装置有机械闭锁、电气闭锁和电磁闭锁三种。

（1）防误操作闭锁装置的功能。电气一次系统进行倒闸操作时，误操作的对象主要是隔离开关及接地隔离开关，主要有以下三种：

① 带负荷拉、合隔离开关；

② 带电合接地隔离开关；

③ 带接地线合隔离开关。

为防止误操作，对于手动操作的隔离开关及接地隔离开关，一般采用电磁锁进行闭锁；对于电动、气动、液压操作的隔离开关，一般采用辅助触头或继电器进行电气闭锁。若隔离开关与接地隔离开关装在一起，则它们之间采用机械闭锁。

由上述可知，配电装置装设的防误操作闭锁装置应具备以下五防功能：

① 防止带负荷拉、合隔离开关；

② 防止带地线合闸；

③ 防止带电挂接地线（或带电合接地隔离开关）；

④ 防止误拉、合断路器；

⑤ 防止误入带电间隔。

对于室外配电装置应能达到上述前四项，对于室内配电装置应达到上述五项。

（2）机械闭锁。机械闭锁是靠机械制约达到闭锁目的一种闭锁。如两台隔离开关之间装设机械闭锁，当一台隔离开关操作后，另一台隔离开关就不能操作。在图3-13中，下列隔离开关之间装有机械闭锁。

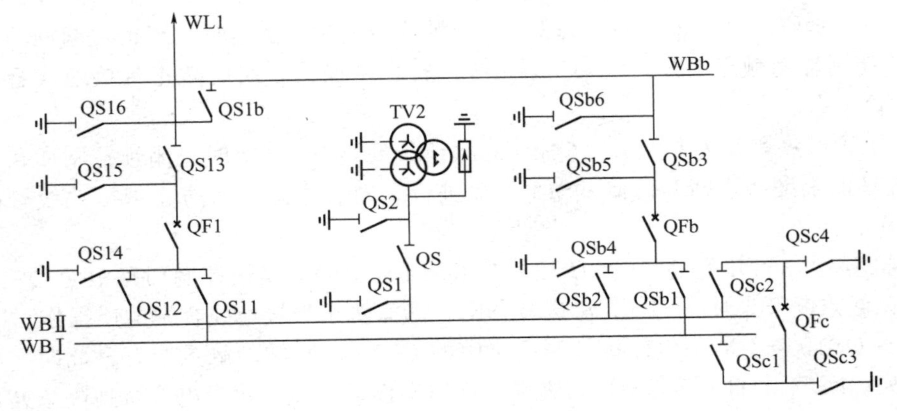

图 3-13　双母线带旁路母线接线图

① QS13 与 QS16 之间；QS13 与 QS15 之间。

② QS12 与 QS14 之间：WBⅠ、WBⅡ母线为上、下层布置，WBⅡ在下层靠近地面，所以，接地隔离开关 QS14 装在与 WBⅡ相连的 QS12 上。

③ QSc1 与 QSc3 之间，QSc2 与 QSc4 之间：QSc1 与 QSc3 装在一起，QSc2 与 QSc4 装在一起。

④ QSb3 与 QSb6 之间，QSb3 与 QSb5 之间，QSb2 与 QSb4 之间。

⑤ QS 与 QS1 之间，QS 与 QS2 之间。

由于机械闭锁只能和装在一起的隔离开关与接地隔离开关之间进行闭锁，所以，如需与断路器、其他隔离开关或接地隔离开关之间进行闭锁，则只能采用电气闭锁。

(3) 电气闭锁。电气闭锁是靠接通或断开控制电源而达到闭锁目的的一种闭锁。当闭锁的两电气元件相距较远或不能采用机械闭锁时，可采用电气闭锁。

电气闭锁的闭锁控制电源，一般从隔离开关操作电源下桩头抽取［见图 3-14(b) 的 U、V］。下面介绍图 3-14 中线路单元的隔离开关控制及闭锁回路。线路 WL1 的隔离开关控制及电气闭锁情况如下。

① QF1 与 QS11、QS12、QS13 的闭锁。当断路器 QF1 合上时，闭锁控制回路［图 3-14(d)］中的 QF1U、QF1V、QF1W（对分相操作机构而言，如三相联动机构，则只有一对 QF1 动断辅助触头）动断辅助触点断开，使控制回路中断，此时，QS11、QS12、QS13 无法进行分、合闸操作，从而防止带负荷拉、合隔离开关的误操作。

② 接地隔离开关 QS14 与 QS11、QS12 的闭锁。当 QS14 合上时，闭锁控制回路中的 QS14 动断辅助触点断开，使 QS11、QS12 隔离开关无法进行操作，从而防止带接地线合隔离开关的误操作。

当 QS11 合上时，电磁锁控制回路［图 3-14(c)］中的 QS11 动断辅助触点断开，此时，电磁锁 QS14DS 不能打开，接地隔离开关 QS14 无法进行合闸操作，从而防止带电合接地隔离开关的误操作。

③ 接地隔离开关 QS15 与 QS13 的闭锁。当 QS15 合上时，闭锁控制回路中的 QS15 动断辅助触点断开，使 QS13 无法进行合闸操作，从而防止带接地线合闸的误操作。

④ 接地隔离开关 QS16 与 QS13 的闭锁。当 QS16 合上时，闭锁控制回路中的 QS16 动断辅助触点断开，使 QS13 无法进行合闸操作，从而防止带接地线合闸的误操作。

⑤ 接地隔离开关 QS16 的闭锁。当 QS16 合上时，闭锁控制回路中的 QS16 动断辅助触点断开，使 QS16 无法进行合闸，从而防止带接地线合闸的误操作。

当 QS1b 合上时，电磁锁控制回路中的 QS1b 动断辅助触点断开，此时，电磁锁 QS16 DS 不能打开，QS1b 无法进行合闸操作，从而防止带电合接地隔离开关的误操作。

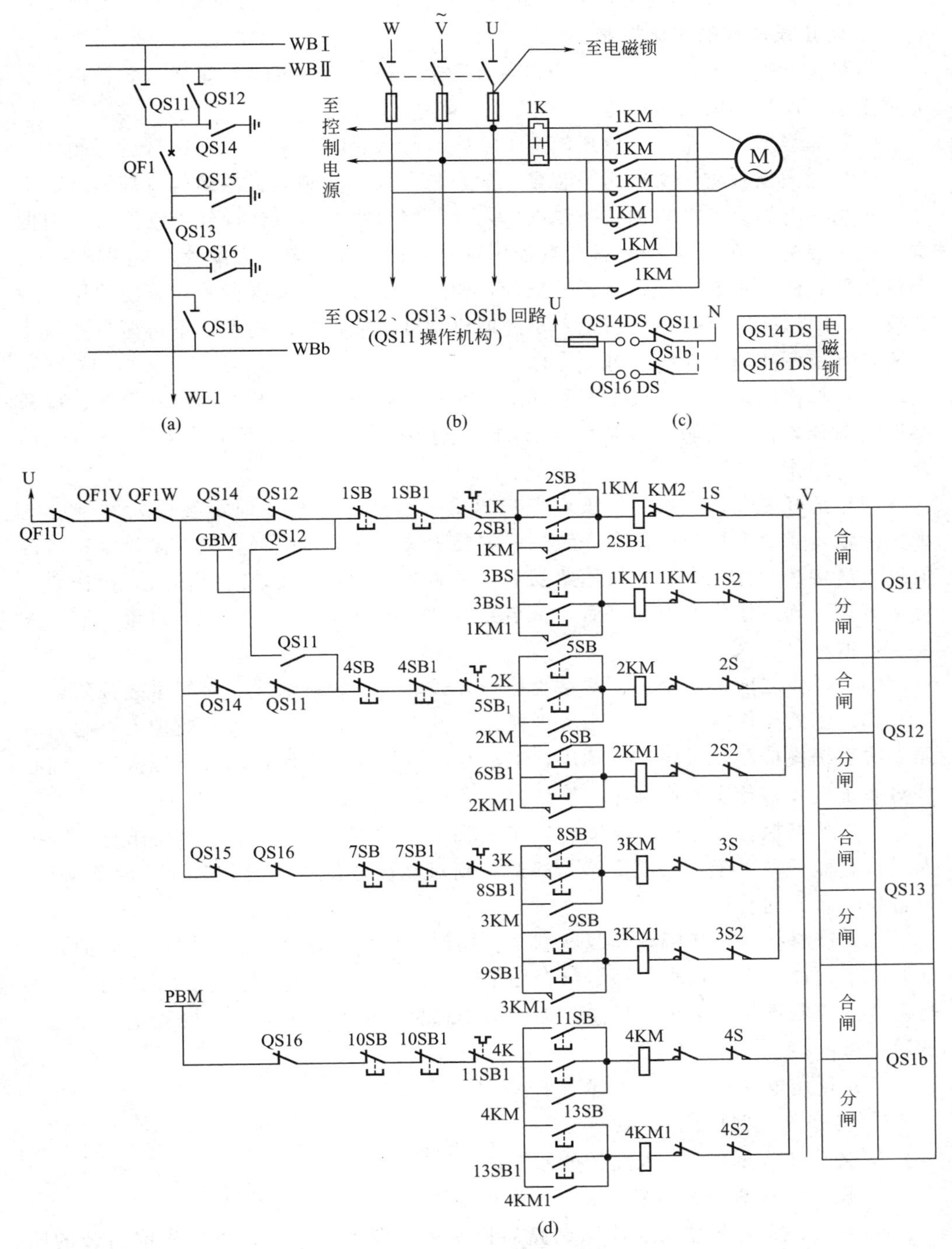

图 3-14　双母线带旁路母线接线中线路 WL1 单元隔离开关控制及闭锁回路图

在图 3-14 中，其他元件的电气闭锁与上述相似，此处不再重复。

3. 防止误操作的实施措施

为防止电气误操作，确保设备和人身安全，确保电网安全稳定运行，特拟定以下防止电气误操作的实施措施。

(1) 加强“安全第一”思想教育，增强运行人员责任心，自觉执行运行制度。

(2) 健全完善防误操作闭锁装置，加强防误操作闭锁装置的运行管理和维护工作。凡高压电气设备都应加装防误操作闭锁装置（少数特殊情况经上级主管部门批准，可加装机械锁）。闭锁装置的解锁用具（包括钥匙）应妥善保管，按规定使用，不许乱用。机械锁要一把钥匙开一把锁，钥匙要编号，并妥善保管，方便使用。所有投运的闭锁装置（包括机械锁）不经值班调度员或值长的同意，不得擅自解除闭锁装置（也不能退出保护）进行操作。

(3) 杜绝无票操作。根据规程规定，除事故处理、拉合开关的单一操作、拉开接地隔离开关、拆除全厂（站）仅有的一组接地线外，其他操作一律要填写操作票，凭票操作。

(4) 把好受令、填票、三级审查三道关。下达操作命令时，发令人发令应准确、清晰，受令人接受操作命令时，一定要听清、听准，复诵无误并做记录；运行值班人员接受操作命令后，按填票要求，对照系统图，认真填写操作票，操作票一定要填写正确；操作票填写好后，一定要经过三级审查。即：填写人自审，监护人复审，值班负责人审查批准。

(5) 操作之前，要全面了解系统运行方式，熟悉设备情况，做好事故预防。

(6) 正式操作前，要先进行模拟操作。模拟操作时，操作人和监护人一起，对照一次系统模拟图，按操作票顺序，唱票复诵进行模拟操作，通过模拟操作，细心核对系统接线，核实操作顺序，确认操作票正确合格。

(7) 严格执行操作监护制度，确实做到操作“四个对照”。倒闸操作时，监护人应认真监护，对于每一项操作，都要做到对照设备位置、设备名称、设备编号、设备拉、合方向。

(8) 严格执行操作唱票和复诵制度。操作过程中，每执行一项操作，监护人应认真唱票，操作人应认真复诵，结合四个对照，完成每项操作，全部操作完毕，进行复查。克服操作中的依赖思想、无所谓的思想、怕麻烦的思想、经验主义和错误的习惯做法。

(9) 厂用电操作应做到下述要求：

① 受令复诵并作记录；

② 遵守 1 人操作，1 人监护的原则；

③ 操作时认真检查设备状态，小车断路器上、下触头无异物；

④ 厂用负荷停送电时，小车断路器控制熔断器的拆、装，应按先取后装的原则进行。

(10) 操作过程中，如若发生异常或事故，应按电气运行规程处理原则处理，防止误操作扩大事故。

(11) 备用设备定期试验操作，按要求做好联系和检查工作，操作人员应清楚有关注意事项。

(12) 凡挂接地线，必须先验电，验明无电后，再挂接地线。防止带电挂接地线或带电合接地刀闸。

(13) 完善现场一、二次设备及间隔编号，设备标志明显醒目。防止错走带电间隔，防止误操作和发生触电事故。

(14) 重大的操作（如发电机开机、倒母线），运行主任、运行技术人员、安全员均应到场，监督和指导倒闸操作。

(15) 加强技术培训，提高运行人员素质和对设备的熟悉程度及操作能力。

(16) 开展防事故演习，提高运行人员判断和处理事故的能力。结合运行方式，做好事故预防，提高运行人员应变能力。

(17) 做好运行绝缘工具和操作专用工具的管理及试验。运行绝缘工具应妥善管理并定期进行绝缘试验，使其经常处于完好状态，防止因绝缘工具不正常而发生误操作事故；操作专用工具（如摇把），在操作使用后，不得遗留现场，用后放回指定位置，严禁用后乱丢或用其他物件代替专用工具。

二、电气设备运行维护安全技术

电气设备的运行维护是运行值班人员的主要任务之一。在运行维护工作中（巡视检查、缺陷处理、设备维护保养等），为保证值班人员人身及设备安全，运行值班人员应遵守电气设备运行维护的有关规定和注意事项。

（一）巡视检查一般规定

(1) 巡视高压设备时，不论设备停电与否，值班人员不得单独移开或越过遮栏进行工作。若有必要移开遮栏时，必须有监护人在场，并符合安全距离的规定。

(2) 巡视中发现高压带电设备发生接地时，室内值班人员不得接近故障点 4m 以内，室外不得接近故障点 8m 以内。进入上述范围人员必须穿绝缘靴，接触设备的外壳和架构时，应戴绝缘手套。

(3) 雷雨天气，需要巡视室外高压设备时，应穿绝缘靴，并不得靠近避雷针，以防雷击泄放的雷电流产生危险的跨步电压对人体的伤害，防止避雷针上产生的高电压对人的反击，防止有缺陷的避雷器雷击时爆炸对人体的伤害。

（二）电气设备运行维护注意事项

1. 发电机（调相机）

对运行中的发电机（调相机），运行维护应注意下列事项。

(1) 巡视检查及维护时，应穿工作服、绝缘鞋、戴安全帽。

(2) 调整、清扫电刷及滑环时，应由有经验的人员担任，并遵守下列规定。

① 工作人员必须特别小心，以防衣服及擦拭材料被设备挂住，扣紧袖口，发辫应放在帽内，防止衣服、发辫被绞住。

② 工作时站在绝缘垫上（该绝缘垫为常设固定型绝缘垫），不得同时接触两极或一极与接地部分，也不能两人同时进行工作。当励磁系统发生一点接地时，尤应特别注意。

③ 更换电刷时，要防止电刷掉到励磁机的整流子上造成短路。

④ 在发电机氢气区域巡视检查、维护时，严禁穿有铁钉、铁掌的皮鞋，防止铁器打火引起氢爆。

⑤ 测量轴电压和在转动着的发电机上用电压表测量转子绝缘的工作，应使用专用电刷，电刷上应装有 300mm 以上的绝缘柄。

2. 高压电动机

(1) 巡视高压电动机时，不得轻易将电动机的防护罩取下，不得用手触摸电动机定子绕组、引出线、电缆头及转子、电阻回路。

(2) 运转中的电动机，为防止水和灰尘进入内部，不能用帆布和塑料布等软织物遮盖，以免绞入。

(3) 禁止在转动着的高压电动机及其附属装置回路上进行工作。必须在转动着的电动机转子电阻回路上进行工作时，应先提起炭刷或将电阻完全切除。工作时要戴绝缘手套或使用有绝缘把手的工具，穿绝缘鞋或站在绝缘垫上。维护炭刷注意事项与发电机相同，研磨滑环或整流子时，应戴护目镜，袖口应扎紧。

(4) 高压电动机的启动装置装在潮湿的工作场所时，手动启动或停止时，应戴绝缘手套或站在绝缘台上进行。

(5) 电动机及启动装置的外壳均应接地，巡视时应检查接地良好，禁止在转动中的电动机的接地线上进行工作。

(6) 异步电动机启动时应注意下列事项。

① 启动大、中容量的电动机应事先通知值长和值班长，采取必要措施，以保证顺利启动。如几台电动机共用一台变压器，应按容量由大到小，按顺序一台一台地启动。

② 电动机启动应严格执行规定的启动次数和启动间隔时间，避免频繁启动，尽量减少启动次数，以免影响电动机使用寿命、烧坏电动机或多次启动影响其他电动机的运行。正常情况下，笼型电动机在冷态下允许启动 2 次，每次间隔时间不小于 5min，热态下允许启动 1 次。大容量电动机启动间隔时间不小于 0.5h；事故情况下及启动时间不超过 2～3s 的笼型电动机，允许比正常情况多启动 1 次；电动机作动平衡试验时，启动间隔时间为：200kW 以下电动机，不小于 0.5h；200～500kW 电动机，不小于 1h；500kW 以上的电动机，不小于 2h。

③ 电动机启动时，应按电流表监视启动全过程。启动过程结束后，应检查电动机的电流是否超过额定值，必要时应根据情况对电动机本体及所带的机械负载进行检查及调整。

④ 电动机接通电源后，转子不转或转速很慢，声音不正常，传动机械不正常，启动升速过程中，在一定时间内电流表指示迟迟不返回至正常值，应立即切断电源

进行检查，待查明原因并排除故障后，方可重新启动。

⑤ 启动后电动机冒烟，强烈振动或着火，应切断电源，停止运行。

⑥ 新装或检修后的电动机初次启动时，应注意转向与设备上标定的方向一致，否则应停电纠正。

3. 高压断路器

（1）油断路器运行维护注意事项

① 检查油位应在允许范围内。油位过高或过低均影响断路器正常运行，甚至引起断路器喷油或爆炸，危及设备和人身安全。

② 检查油色应透明不发黑，否则将影响断路器的开断能力，影响系统安全运行。

③ 检查渗、漏油及绝缘子情况。渗、漏油使断路器表面形成油污，一方面有侵蚀作用；另一方面降低绝缘子表面绝缘强度。绝缘子应清洁、完好、无破损、无裂纹、无放电痕迹。

④ 当气温变冷时，要及时使用加热器。油温降低到其凝固点时，黏度增加，断路器开合速度减慢，遮断能力下降，开断负荷电流或短路电流时，可能引起断路器爆炸。

⑤ 检查断路器辅助开关触点状况，发现触头在轴上扭转、松动或固定触片脱落等现象时，应紧急抢修。

⑥ 巡视室内高压开关柜时，不要随意打开开关柜的门，如果向人介绍，注意保持安全距离，防止高压电击。

（2）SF6 断路器及 GIS 组合电器运行维护注意事项

① 设备投入运行之前，应检验设备气室内 SF6 气体水分和空气含量。SF6 气体中的水分会给 SF6 断路器带来两方面的危害，其一，水分对 SF6 气体绝缘强度影响不大，但在绝缘件（如绝缘拉杆）表面凝露，大大降低绝缘件沿面闪络电压；其二，在电弧作用下，水分参与 SF6 气体的分解反应，生成腐蚀性很强的氟化氢等分解物，这些分解物对 SF6 断路器内的零部件有腐蚀作用，降低绝缘件的绝缘电阻和破坏金属件表面镀层，使设备严重损伤。在 SF6 断路器中，SF6 气体含水分越多，生成的有害分解物越多。故应严格控制 SF6 气体中水分的含量，从而提高 SF6 断路器运行可靠性。

② SF6 设备运行后，每三个月检查一次 SF6 气体含水量，直至稳定后，方可每年检测一次含水量。SF6 气体有明显变化时，应请上级复核。

③ 运行人员进入 SF6 配电装置室巡视时，应先通风 15min，并用检漏仪测量室内 SF6 气体含量。考虑 SF6 气体有害分解物的泄漏逸出，尽量避免一人进入 SF6 配电装置室进行巡视（长时间吸入高浓度 SF6 气态分解物，会引起肺组织的急剧水肿而导致窒息）。

④ 工作人员不准在 SF6 设备防爆膜附近停留，若在巡视中发现异常情况，应立即报告，查明原因，采取有效措施进行处理。

（3）真空断路器运行维护注意事项

真空断路器在巡视检查应特别注意检查灭弧室漏气情况。正常情况下，真空玻璃泡清晰，屏蔽罩内颜色无变化，开断电路时，分闸弧光呈微蓝色。当运行中屏蔽罩出现橙红色或乳白色辉光，则表明真空失常，应停止使用，并更换灭弧室，否则将引起不能开断的事故。

4. 变压器

（1）巡视检查重点检查项目。变压器运行时，应按变压器巡视检查项目进行检查，其中，应重点检查下列项目。

① 变压器的油位及油色。油对变压器起绝缘和散热作用，油位、油色影响变压器的安全运行。

② 上层油温。变压器的绝缘受其内部温度的控制，当上层油温超过额定值，则绕组的绝缘加速老化，使用寿命缩短。为此，只要上层油超过允许值，就一定要查找原因，并即时处理。

③ 运行声音。正常运行发出连续均匀的“嗡嗡……”声。若听到不正常的异常响声，如不连续、较大的“嗡嗡……”声；油箱内“啪啪”放电声或特殊翻滚声；油箱内发出“叮叮当当”声等，则说明变压器运行不正常（存在故障或缺陷）。

④ 套管状况。套管应完好，无破损、无裂纹、无放电痕迹。

⑤ 冷却系统。风扇、潜油泵声音应正常，风向和油的流向应正确。冷却装置故障，不仅应观察油温，还应注意变压器运行的其他变化，综合判断变压器运行状态。

⑥ 硅胶颜色。呼吸器中的硅胶若变红，应更换硅胶，否则变压器进潮，影响变压器绝缘。

⑦ 防爆门隔膜状况。防爆门隔膜应完好、无破裂，否则变压器进潮、进水影响绝缘。

⑧ 接地线。外壳接地线完好、无锈蚀，铁芯接地线经小套管引出接地完好。

⑨ 异常气味。变压器故障及各附件异常，如高压导电连接部位松动、风扇电机过热等发出焦煳味。

（2）变压器过负荷运行特别注意事项

① 密切监视变压器绕组温度和上层油温。

② 启动变压器的全部冷却装置，在冷却装置存在缺陷或效率达不到要求时，应禁止变压器过负荷运行。

③ 对有载调压的变压器，在过负荷程度较大时，应尽量避免用有载调压装置调节分接头。

5. 互感器

互感器的运行维护应注意下列几点。

（1）注意运行的声音。正常运行应无声音，若发现内部有严重放电声和异常响声，互感器应退出运行。

(2) 发现本体过热、向外喷油或爆炸起火，应立即退出运行。

(3) 运行维护时，要防止电流互感器二次开路，二次开路危及二次设备和人身安全。

(4) 运行中，应防止工作人员将电压互感器二次短路，如在电压端子上测量时，不要引起电压端子短路，电压互感器二次短路会烧坏其二次绕组。

6. 并联电抗器

在超高压输电线路上装有并联电抗器，用于补偿超高压线路的电容和吸收其电容功率，防止电网轻负荷时因容性功率过多引起电压升高。并联电抗器运行中应注意下列几点。

(1) 投入和退出，应严格按调度命令执行。

(2) 只经隔离开关投入线路的并联电抗器，在拉、合其隔离开关之前，必须检查线路确无电压，防误操作回路应有效闭锁，拉、合操作应在线路电压互感器二次小开关合上情况下进行。

(3) 电抗器运行中的油位及油的温升，应与其无功负荷相对应。在正常运行中，上层油温不宜长期超过85℃。

(4) 定期测量油箱表面、附件的温度分布，油箱及附件温升不超过80℃，发现异常，应分析原因并处理。

(5) 当电抗器运行告警，或出现系统异常、气候恶劣或其他不利的运行条件时，应进行特殊巡视检查。

7. 避雷针和避雷线

避雷针和避雷线是将雷电引入自身，然后将雷电流经良导体入地，利用接地装置使雷击电压幅值降到最低。这就要求在运行维护中，应注意检查雷电流导通回路和集中接地装置的接地电阻值。

(1) 严密观察和检查避雷针和避雷线的外表和机械状况。因避雷针和避雷线处于高空，长年受风力作用，产生高频摆动或振动，容易疲劳拆断坠落，故应检查其外表和机械状况。

(2) 定期开挖检查地中接地扁钢的腐蚀情况。雷电流导通回路（构架）与接地装置之间用扁钢连接，扁钢埋在地中，容易腐蚀，影响雷电流安全入地和避雷效果，故应检查地中扁钢腐蚀情况。

(3) 测量接地装置接地电阻。独立避雷针集中接地装置的接地电阻，要求小于10Ω。变电站设备区内的构架避雷针或避雷线的集中接地体一般与接地网接死。其接地电阻与主接地网一同测量，主网接地电阻值应满足要求。

8. 避雷器

不论避雷器内部受潮，还是避雷器电阻片老化，都反应在运行中避雷器泄漏电流增加，所以需在运行中进行仔细检查和试验发现早期故障。避雷器运行维护应注意下列几点。

(1) 新投运和运行中的避雷器按规程规定项目定期做试验。

(2) 检查运行中避雷器接地引下扁钢连接是否良好。

(3) 定期清扫避雷器的电瓷外绝缘的污秽。

(4) 雷雨季节，注意巡视放电计数器的动作情况，并记录动作次数。

9. 接地装置

接地装置的运行维护应注意下列事项。

(1) 检查设备接地引下线与设备接地构架连接是否良好。用螺栓连接时，应有防松帽或防松垫片，焊接搭接长度为扁钢宽度的2倍。接地引下线在地面上的部分到地面下几厘米处，应有完善的防腐措施。

(2) 用导通法检查接地线的通断。电气设备与接地装置的电气连接应良好，定期检查接地引下线靠近地表层部分的腐蚀情况，必要时应更换接地引下线。

(3) 当系统短路容量增大或发现接地网导体已严重腐蚀时，需进行接地网接地电阻测量和导体截面热稳定校核，必要时适当增加接地网导体的截面积。

(4) 运行中定期测量接地装置的接地电阻。

第四节 雷电防护安全技术

雷电是自然界的一种自然放电现象。雷电袭击发电厂、变电所及人们的生活设施时，将造成厂房、设备损坏和发生人身伤亡事故，故电力工程必须充分研究雷电的形成及特点，提出预防措施。本节着重讨论雷电对电力系统、人身的危害，以及防止发生雷电事故的措施。

一、雷电及其危害

(一) 雷电放电及其特点

随着空中云层电荷的积累，其周围空气中的电场强度不断加强。当空气中的电场强度达到一定程度时，在两块带异号电荷的雷云之间或雷云与地之间的空气绝缘就会被击穿而剧烈放电，出现耀眼的电光，同时，强大的放电电流所产生的高温，使周围的空气或其他介质发生猛烈膨胀，发出震耳欲聋的响声，这就是我们通常所说的雷电。

雷电放电在本质上与一般电容器放电现象相同，是两个带有异号电荷的极板发生电荷的中和，所不同的是作为雷电放电的两个极板，大多是两块并不是良导体的雷云，或一块雷云对大地；同时，极板间的距离要比电容器极板间的距离大得多，通常可达几公里至几十公里。因此，雷电放电可以说是一种特殊的电容器放电现象。

雷电放电多数发生在带异号电荷的高空雷云之间，也有少部分发生在雷云与大地之间。雷云与地面间的空气绝缘被击穿而发生雷云对地的放电现象，就是所谓的落地雷。雷电对电气设备和人身的危害，主要来源于落地雷。

落地雷具有很大的破坏性。当雷击地面电气设备时，雷电流通过电气设备泄入地中，高达几十千安甚至数百千安的雷电流通过设备时，必然在其电阻（设备的自身电阻和接地电阻）上产生压降，其值可高达数百万伏甚至数千万伏，这一压降称为“直击雷过电压”。若雷电并没有直击设备，而是发生在设备附近的两块雷云之间或雷云对地面的其他物体之间，由于电磁和静电感应的作用，也会在设备上产生很高的电压，这称为感应雷过电压。

（二）雷电的危害

雷电对设备和建筑物放电时，即使时间非常短暂，强大的雷电流也能在电流通道上产生大量的热量，使温度上升到数千度，在电气设备上产生过电压，对电气设备和建筑物造成巨大的破坏，对人身构成巨大的威胁。它的危害来源于以下几个方面。

1. 雷电产生的过电压

雷击电力系统电气设备或输电线路时，产生的直击雷过电压幅值高，陡度大，足以使其绝缘损坏，造成事故；感应过电压虽然其幅值有限，但也对设备和人身安全构成严重的威胁，所以，对直击雷、感应雷都必须采取相应的防护措施。

2. 雷电的高温效应

雷电流流过电气设备、厂房及其他建筑物时，尽管持续时间短，但功率大，其热效应足以使可燃物迅速燃烧起火；当雷击易燃易爆物体，或雷电波入侵有易燃易爆物体的场所时，雷电放电产生的弧光与易燃易爆物接触，会引起火灾和爆炸事故。

3. 雷电的机械效应

雷击建筑物时，雷电流流过物体内部，使物体及附近温度急剧上升，由于高温效应，物体中的气体和物体本身剧烈膨胀，其中的水分和其组成物质迅速分解为气体，产生极大的机械力，加上静电排斥力的作用，将使建筑物造成严重劈裂，甚至爆炸变成碎屑。雷击树木造成树木劈裂、雷击无避雷针的烟囱使其坍塌就是很好的例证。

4. 雷电放电的静电感应和电磁感应

雷云的先导放电阶段，虽然其放电时间较长，放电电流也较小，也并没有击中建筑物和设备，但先导通道中布满了与雷云同极性的电荷，在其附近的建筑物和设备上感应出异号的束缚电荷，使建筑物和设备上的电位上升。这种现象叫雷电放电的静电感应。由静电感应产生的设备和建筑物的对地电压，可以击穿数十厘米的空气间隙，这对一些存放易燃易爆物质的场所来说是危险的。另外，由于静电感应，附近的金属物之间也会产生火花放电，引起燃烧、爆炸。

当输电线路或电气设备附近落雷时，虽然没有造成直击，但雷电放电时，由于其周围电磁场的剧烈变化，在设备或导线上产生感应过电压，其值最大可达500kV。这对于电压等级较低、绝缘水平不高的设备或输电线路是非常危险的。在引入室内的电力线路或配电线路上产生过电压，不仅会损坏设备，而且会造成人身伤亡事故。

5. 雷电对人身的伤害

人体若直接遭受雷击，其后果是不言而喻的。多数雷电伤人事故，是由于雷击后的过电压所产生的。过电压对人体伤害的形式，可分为冲击接触过电压对人体的伤害、冲击跨步过电压对人体的伤害及设备过电压对人体的反击三种。

雷击物体时，强大的雷电流沿着其接地体流入大地，雷电冲击电流向大地四周发散所形成的散流，使接地点周围形成伞形分布的电位场，人在其中行走时两脚之间出现一定的电位差，即冲击跨步电压。雷电流通过设备及其接地装置时产生冲击高压，人触及设备时手脚之间的电位差就是冲击接触电压。反击伤害是指避雷针、架构、建筑物及设备等遭受雷击，雷电流流过时产生很高的冲击电位，当人与其距离足够近时，对人体产生放电而使人体受到的伤害。为了防止雷电对人身伤害事故的发生，《电业安全工作规程》规定，电气运行人员在巡视设备时，雷雨天气不得接近避雷针及其引下线 5m 之内。

另一个不可忽视的问题是，沿线路入侵的大气过电压对人体的反击伤害。这种伤害主要发生在雷电波沿低压配电线路入侵室内的时候。资料表明，在雷害较多的我国江南地区，由于雷击输配电线路造成的雷电波侵入室内，导致的雷害事故占整个雷害事故的 44%。雷电波入侵造成的反击伤害事故往往是严重的。某地区统计的 50 起雷击架空线路事故中，竟有 210 多人死亡。雷击架空线路时的过电压可高达 2000～3000kV，例如，某灯光球场的吊灯距地 4m，雷电波入侵后发生对地放电；某宿舍的配电线路上落雷，宿舍共有 9 处放电，还将灯下 0.4m 处的人击倒。事故调查分析表明，发生这类事故的用户进线大部分是木电杆，且绝缘子的铁脚没有接地。将绝缘子的铁脚接地后，事故率会大大下降。

二、电力系统的防雷保护

电力系统的防雷措施主要是装设防雷装置。一方面，防止雷直击导线、设备及其他建筑物；另一方面，当雷击产生过电压时，限制过电压值，保护设备和人身安全。

防雷装置主要有避雷针、避雷线、避雷网、避雷带及避雷器等。避雷针、网、带主要用于露天的变配电设备保护；避雷线主要用于保护电力线路及配电装置，避雷网、带主要用于建筑物的保护。避雷器主要用于限制雷击产生过电压，保护电气设备的绝缘。

（一）避雷针

为了防止建筑物和露天的变配电设备遭受直击雷的袭击，装设避雷针是最有效的方法。避雷针的保护原理就其本质而言，并非“避雷”，而是“引雷”。当雷云接近地面时，雷电放电朝着电场强度大的方向发展。避雷针利用在空中高于其被保护对象的有利地位，把雷电引向自身，将雷电流引入大地，而达到使被保护物“避雷”的目的。

避雷针由三部分组成：雷电接收器、接地引下线和接地体。

1. 雷电接受器

雷电接收器也叫接闪器，是指避雷针耸立天空的“针”的部分，装在整套装置的最上面，用以引雷放电。接闪器一般由镀锌或镀铬的圆铜或钢管制成，长1～2m，圆钢的直径不小于25mm，钢管的直径不小于40mm，壁厚不小于2.75mm。

2. 接地引下线

接地引下线是避雷针的中间部分，其作用是将雷电流引到地下，引下线的截面积不但应根据雷电流通过时的短时发热稳定条件计算，而且要考虑其机械强度。一般引下线可采用载流量较大，且熔化温度较高的多股钢绞线，也可采用价格便宜，截面不小于48mm^{2}的扁钢。若采用钢筋混凝土杆或钢铁钩架时，也可采用钢筋或钢铁构架作引下线。引下线入地前2m的一段应加以保护，以防腐蚀和机械损伤。

为了减小阻抗，接地引下线应选择最短的路径敷设，敷设时应避免转角或尖锐的弯曲，要使引下线到接地体之间形成一条平坦的通道。若中间必须弯曲时，应减小弯曲半径，否则，将使引下线电抗增大，雷电流流过时，产生大的压降，造成反击事故。

3. 接地装置

接地装置即接地体，避雷针的最低部分。接地体的作用不仅是将雷电流安全地导入地中，而且还要进一步将雷电流均匀地散开，不至于在接地体上产生过高的压降。因此，避雷针的接地装置所用材料的最小尺寸，应稍大于其他接地装置所用材料的最小尺寸，以求得较小的接地电阻。

避雷针的接地采用人工接地体。一般用直径为40～50mm的钢管，40mm×40mm×4mm或50mm×50mm×5mm的角钢、圆钢、扁钢等制成。接地体可垂直埋设或水平埋设，垂直埋设的接地装置一般以2根以上约2.5m长的角铁或钢管打入地下，并在上端用扁钢或圆钢将它们连成一体，接地体可以成排放置，也可以环形布置。水平埋设的接地装置一般在多岩地区使用，可呈放射形，也可以成排或环形布置。

在一定高度的避雷针下面，有一个安全区，在这个区域中的物体基本能保证不受雷击，这个安全区即避雷针的保护范围。被保护物必须都在避雷针的保护范围中，才可能避免遭受直击雷的袭击。同时，避雷针与被保护设备及其接地装置的距离不能太近，以防避雷针落雷时对设备造成反击。

避雷针的接地装置与发电厂、变电所接地装置的地中最近距离S_d，以及避雷针与被保护配电装置、设备、构架之间的最小空气距离S_k如图3-15所示，应满足下列要求：

$$S_d \geqslant 0.3R_{ch}$$

$$S_k \geqslant 0.3R_{ch} + 0.1h$$

式中 S_d——地中距离，m；

S_k——空气中的距离，m；

R_{ch}——独立避雷针的冲击接地电阻，Ω；

h——被保护物的高度，m。

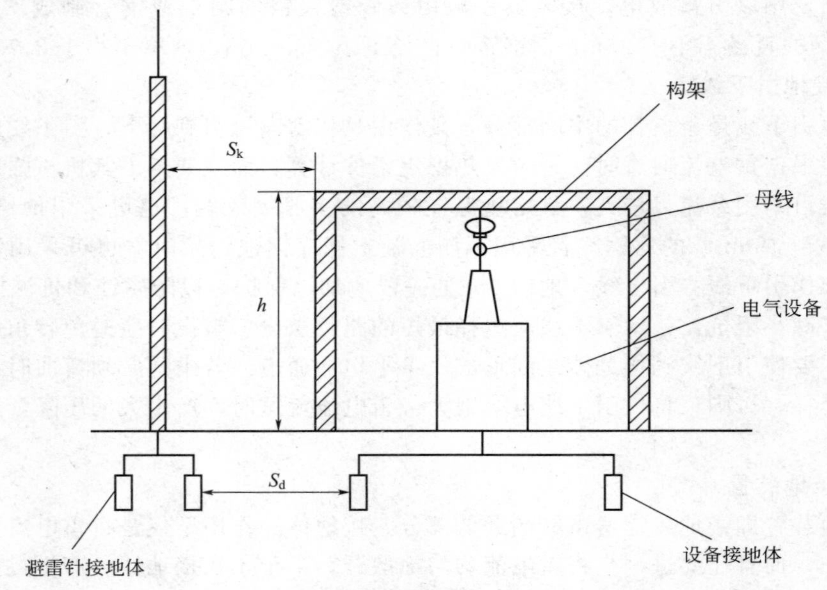

图 3-15 独立避雷针与配电构架的距离

（二）避雷线

避雷线由架空地线，接地引下线和接地体组成。架空地线是悬挂在空中的接地导体，其作用和避雷针一样，对被保护物起屏蔽作用，将雷电流引向自身，通过引下线安全地泄入地下。因此，装设避雷线也是防止直击雷的主要措施之一。

避雷线的保护范围是带状的，对伸长的被保护物最为合适，同时，由于避雷线对输电线路有屏蔽、耦合、对雷电流有分流的作用，可以有效降低输电线杆塔遭受雷击时的过电压的幅值和陡度，限制沿输电线入侵到发电厂、变电所的雷电波，故它主要用于输电线路的防雷保护。当建筑物、配电装置面积较大，用避雷针保护不经济时，也可用避雷线拉成网状，组成避雷带、避雷网保护。

避雷线保护输电线路时，避雷线对外侧导线的保护作用通常用保护角来表示，保护角愈小，其可靠程度就愈高；保护角愈大，雷电绕过避雷线路直击于输电线路即绕击的可能性就愈大。对于雷电活动频繁、电压等级较高的输电线路可以用双避雷线保护。经验证明，保护角在 20°～25°以下时，绕击的概率能够下降到很低的程度。

（三）避雷器

避雷器是电力系统广泛使用的防雷设备，它的作用是限制过电压幅值，保护电气设备的绝缘。避雷器与被保护设备并联，当系统中出现过电压时，避雷器在过电压作用下，间隙击穿，将雷电流通过避雷器、接地装置引入大地，降低了入侵波的幅值和陡度；过电压之后，避雷器迅速截断在工频电压作用下的电弧电流即工频续流，而恢复正常。

电力系统所使用的避雷器主要有管型避雷器、阀型避雷器和氧化锌避雷器三种。

1. 管型避雷器

管型避雷器由产气管、产气管内的间隙和外部间隙等三部分组成。产气管内的产气材料与电弧接触时，能产生气体。过电压时，管型避雷器的内、外部间隙相继击穿，雷电流通过间隙接地装置流入大地，将过电压降到一定的数值，达到保护设备绝缘的目的。当过电压过去之后，通过放电间隙的是电力系统的工频接地短路电流，其数值相当大，在管子内部间隙之间产生强烈的电弧，管子材料气化，压力升高，气体从管口喷出，纵吹灭弧，电弧熄灭，使管型避雷器接地部分与系统断开，恢复正常运行。

管型避雷器的伏秒特性较陡，动作后产生截波，对有绕组的设备（例如发电机、变压器）的绝缘不利，故一般用于输电线路的防雷保护。

2. 阀型避雷器

阀型避雷器的基本元件是火花间隙（或称放电间隙）和非线性特性的电阻片（俗称阀片，由 SiC 为主要原料绕结而成）。它们串联叠装在密封的瓷套管内，上部接电力系统，下部接接地装置。

当电力系统中出现危险的过电压时，火花间隙很快被击穿，大的冲击电流通过阀片流入大地。由于阀片电阻的非线性特性，通过大的冲击电流时，阀片的电阻变小，在阀片上产生的冲击压降较低，与被保护设备的绝缘水平相比，尚留有一定的裕度，使被保护物不致为过电压所损坏。过电压过去以后，避雷器处于电网额定电压下工作，冲击电流变成工频续流，其值较雷电冲击电流小得多，阀片电阻升高，进一步限制工频续流，在电流过零时熄弧，系统恢复正常状态。阀型避雷器主要分为普通阀型避雷器和磁吹阀型避雷器。阀型避雷器具有较好的保护特性，故作为发电厂、变电所的发电机、变压器等电气设备的主要防雷设备。

阀型避雷器在泄放雷电流时，由于阀片还有一定的电阻，在其两端仍会产生较高的电压，在这个高电压下会发生绝缘的击穿，对附近的工作人员产生伤害，且对于存在缺陷的避雷器，在雷雨天气还有爆炸的可能性，故工作人员应注意对避雷器危险性的防护。

3. 氧化锌避雷器

氧化锌避雷器是一种新型避雷器。这种避雷器的阀片以氧化锌（ZnO）为主要原料，附加少量能产生非线性特性的金属氧化物，经高温焙烧而成。

氧化锌阀片具有理想的非线性特性，当作用在阀片上的电压超过某一值（此值称为动作电压）时，阀片电阻很小，相当于导通状态。导通后的氧化锌阀片上的残压与流过它的电流基本无关，为一定值。而在工作电压下，流经氧化锌阀片的电流很小，仅为 1mA，实际上相当于绝缘，不存在工频续流；同时，这样小的电流不会使氧化锌阀片烧坏。因此，氧化锌避雷器的结构简单，不需要用串联间隙来隔离工作电压。

氧化锌避雷器具有优良的非线性特性、无续流、残压低、无间隙、体积小、重量轻、通流能力较强，可以用于直流系统，因此，氧化锌避雷器有很大的发展前途，将逐步取代有间隙的普通阀型避雷器。

三、雷电触电的人身防护

发电厂、变电所、输电线路等电力系统的电气设备及建筑物、配电装置等，都安装了尽可能完善的防雷保护，使雷电对电气设备及工作人员的威胁大大减小。考虑电力系统运行特点，工作人员及人们的正常生活的特殊性，根据雷电触电事故分析的经验，还必须注意雷电触电的防护问题，以保证人身安全。

（1）雷暴时，发电厂、变电所的工作人员应尽量避免接近容易遭到雷击的户外配电装置。在进行巡回检查时，应按规定的路线进行。在巡视高压屋外配电装置时，应穿绝缘鞋，并且不得靠近避雷针和避雷器。

（2）雷电时，禁止在室外和室内的架空引入线上进行检修和试验工作，若正在做此类工作时，应立即停止，并撤离现场。

（3）雷电时，应禁止屋外高空检修、试验工作，禁止户外高空带电作业及等电位工作。

（4）对输配电线路的运行和维护人员，雷电时，严禁进行倒闸操作和更换保险的工作。

（5）雷暴时，非工作人员应尽量减少外出。如果外出工作遇到雷暴时，应停止高压线路上的工作，并就近进入下列场所暂避：

① 有防雷设备的或有宽大金属架或宽大的建筑物等内；

② 有金属顶盖和金属车身的汽车、封闭的金属容器等；

③ 依靠建筑物屏蔽的街道，或有高大树木屏蔽的公路，但最好要离开墙壁和树干 8m 以外。

进入上述场所后，切不要紧靠墙壁、车身和树干。

（6）雷暴时，应尽量不到或离开下列场所和设施：

① 小丘、小山、沿河小道；

② 河、湖、海滨和游泳池；

③ 孤立突出的树木、旗杆、宝塔、烟囱和铁丝网等处；

④ 输电线路铁塔，装有避雷针和避雷线的木杆等处；

⑤ 没有保护装置的车棚、牲畜棚和账棚等小建筑物和没有接地装置的金属顶凉亭；

⑥ 帆布篷的吉普车，非金属顶或敞篷的汽车和马车。

（7）在旷野中遇着雷暴时，应注意：

① 铁锹、长工具、步枪等不要扛在肩上，要用手提着；

② 不要将有金属的伞撑开打着，要提着；

③ 人多时不要挤在一起，要尽量分散隐蔽；

④ 遇球雷（滚动的火球）时，切记不要跑动，以免球雷顺着气流追赶。

(8) 雷暴时室内人员应注意以下事项。

① 应尽量远离六线：电灯线、电话线、有线广播线、收音机一类的电源线和电视机天线等。

② 不工作时，少打电话，不要戴耳机看电视。

③ 在无保护装置的房屋内，尽量远离梁柱、金属管道、窗户和带烟囱的炉灶。

④ 要关闭门窗，防止球雷随穿堂风而入。

第五节　电力线路工作安全技术

电力线路是电力系统的重要组成部分，它是发电厂与用户之间的重要桥梁，是输送和分配电能的纽带。电力线路的工作是电业工作的主要内容之一，它包括电力线路的运行维护、线路检修和架设。电力线路的运行维护有线路的巡视检查、运行线路的测量和试验，以及对电力线路事故的预防。电力线路的检修有停电登杆检查清扫、杆塔基础检修、杆塔检修、拉线检修、导线及避雷线检修、绝缘子及金具检修。电力线路的安装包括新线路的架设、旧线路的拆除及运行线路倒杆后的恢复。本节主要介绍电力线路的安全要求、电力线路的架设和电力线路运行维护、检修等工作安全技术。

一、电力线路的作用及安全要求

(一) 电力线路的作用

电力线路分为输电线路和配电线路。输电线路指升压变电站与一次降压变电站之间的线路，或一次降压变电站与二次降压变电站之间的线路，而二次降压变电站至用户间的线路称为配电线路。

电力线路按架设形式的不同，又分为架空输电线路和地下电缆线路。目前高压输电和乡村配电都采用架空线路，而地下电缆线路只用于高压引入线、水下线路、发电机出线和城市配电线路。

发电厂生产的电能与用户的用电是随时平衡的，发电厂生产的电能必须通过不同电压等级的变电站和输、配电线路，将电能送至用户。

由于发电机的机端电压一般为 10～20kV，为了减少电能在输送过程中的损失，根据用户的远近，将机端电压升高到 35、66、110、220、330、500、750(kV) 及以上，通过超高压输电线路把电能送到几百公里、千余公里之外的用电中心变电站，之后，又将电压降低至 66kV 或 35kV，分别通过高压输电线路送到用户附近的变电站，再把电压降低至 10kV，用高压配电线路把电能分配给各用户点的变电站，经过配电变压器将电压降低至 380V/220V，用低压配电线路分配给动力和照明用户。

由上述电能的输送和分配过程可知，电力线路起着输送和分配电能的作用。它把强大的电力输送到工矿、企业、城市和农村，以满足工农业生产和人民生活的需要。同时，通过输电线路把各区域电网连接起来，形成全国电网或跨国电网，这就大大提高供电可靠性；其次，由于区域电网的建立，使水电与火电、核电密切配合，取得最经济的运行方式，使供电更为经济。

（二）电力线路的安全要求

1. 架空线路安全要求

架空线路由基础、杆塔、导（地）线、绝缘子、金具和接地装置组成。它在安全方面的要求如下。

（1）绝缘强度。架空线路必须有足够的绝缘强度，应能满足相间绝缘及对地绝缘之要求。架空线路的绝缘除能保证正常工作外，要能满足接地过电压及各种操作过电压的要求，特别是要能经受大气过电压的考验。为此，架空线路应保持足够的线间距离，并采用相应电压等级的绝缘子予以架设。

任何情况下，线路的绝缘水平必须与电压等级相适应。户外架空线路，只要满足规定的安全距离，可采用裸导线，而户内线路，除工业企业厂房可采用裸导线外，一般不得采用裸导线，而应采用良好的绝缘线。

（2）机械强度。架空线路的机械强度很重要，它不但要能担负它本身质量所产生的拉力，而且要能经得起风、雪、覆冰等负荷，以及由于气候影响，使线路驰度变化而产生的内应力。为此，架空线必须有足够大的截面，导线的机械强度安全系数不低于2.5～3.5。应当注意，移动设备一定要采用铜芯软线，而进户线和用绝缘支持件敷设的导线一般不应采用软线。

（3）导电能力。按导电能力的要求，导线的截面必须满足运行发热和运行电压损失的要求。前者主要受最大持续负荷电流的限制，如果负荷电流太大，导线将过度发热，可能引起导线熔断停电或着火事故。后者主要是指线路运行时消耗在线路上的电压降，如果线路电压降太大，则用电设备将得不到合格的电压，不能正常运行，也可能因此造成事故。为此，线路运行时，应监视其运行温度，使其运行温度不超过规定值（一般裸导线、橡皮绝缘导线不超过70℃，塑料绝缘导线不超过65℃）。

2. 电缆线路安全要求

（1）电缆金属外表应两端接地。单芯电缆由于涡流和磁滞损耗的影响使电缆发热较大，影响功率的传输。因此，其外表不装钢铠，而采用铅包。若铅皮对地绝缘，则运行时铅皮将由静电电荷产生高电压，这种高电压有对人造成触电伤害的危险。为了消除单芯电缆铅皮上的静电电荷，铅皮应接地。单芯电缆一般采取两端同时接地，这是因为，当一端接地时，距接地端愈远的地方，铅皮上感应的电压愈高，这不仅危及人的安全，而且，电缆的铅皮与铅皮之间，电缆铅皮与地之间发生偶然的接触，将产生电弧，使铅皮损坏。但是，单芯电缆两端同时接地，电缆铅皮上将有感应电流流过，这样使电能损失增加，电缆温度升高，影响电缆的输送能力。

三芯电缆外表一般有钢铠，当电缆绝缘损坏时，电缆的外皮、钢铠及接头盒上都可能呈现电压，因此，两端电缆的外皮、钢铠和终端盒应可靠接地。为了保证接地可靠，在安装中间接线盒和终端接线盒时，要特别注意接线盒的外皮和电缆外皮有可靠的电气连接。对于低压电缆一般不考虑接地，只是在潮湿、有腐蚀气体、高温或有接地良好的金属物件等场所中才进行接地。

（2）电缆支架应接地。当电缆的外皮是非金属的，如塑料、橡胶或类似材料的外皮，则其支架必须接地。金属外皮电缆与大地一般有良好的接触，其支架不需接地。

（3）电缆隧道中应避免有接头。电缆接头是电缆中绝缘最薄弱的地方，大部分电缆故障也都发生在接头处。为防止电缆故障引起火灾，应避免在电缆隧道中做接头，如果必须在隧道中安装中间接头，则应采取防火隔离措施，将电缆接头与其他电缆隔开。

（4）电缆应有双重称号。电缆线路的名称应用双重称号，以便查明该线路的方向与用途。如在发电厂中，某电缆的双重称号为：1号炉甲送风机至6kV一段。它表明了该电缆的用途是用于1号炉甲送风机，该电缆的走向是从1号炉甲送风机至6kV一段的配电柜（配电柜上标有该设备的名称）。在敞开敷设的电缆线路上，除了在电缆两端挂双重称号的标示牌外，在电缆线路上，每隔20～30m挂双重称号的标示牌。

二、架空线路架设安全技术

架空线路勘测设计完毕后进入施工架设阶段，架空线路施工架设的一般程序是：线路分坑复测；线路器材的大、小运输；杆塔基础的挖坑或基础浇灌；立杆或立塔；放线及紧线：安装杆上附件；砍伐沿线临近树木；检查验收。

在线路施工架设过程中，由于种种原因和各种因素，经常有设备事故和人身事故的发生，因此，在架空线路的施工过程中，应注意下述几方面的安全工作：

① 线路器材的安全运输；

② 杆塔基础的安全挖坑；

③ 杆塔分解组立和整体组立；

④ 安全放线和紧线；

⑤ 杆上安全作业。

（一）线路器材的安全运输

架空线路施工架设时，线路器材，如杆材、塔材、导、地线、金具、绝缘子等，均需由基地运往施工线路沿线的各指定地点（即大运），然后再由人工或运输工具将线路器材运往各杆塔基础附近（即小运）。在线路器材大、小运过程中，常出现客货混装、酒后开车、夜间行车等情况，并发生碰伤、砸伤、扭伤，乃至人身死亡事故。为避免人身伤亡和器材损坏事故，线路器材的运输应遵守下列规定。

(1) 杜绝客货混装，防止运输过程中引起线路器材砸伤或砸死客货混装人员。

(2) 杜绝酒后开车。酒后开车，汽车司机神志不清，最容易出车祸。另外，同车人员也不得与司机闲谈，以免分散其注意力而引起车祸。

(3) 装车牢固，严禁超高。汽车运送线路塔材时，塔材应绑扎牢固，防止塔材运输途中绑扎松脱造成事故，装车高度不能超过规定高度，超高将引起事故。

(4) 运装汽车抛锚用汽车牵引时，工作人员必须站在牵引绳长度之外，防止牵引绳断脱回弹伤人。

(5) 人工搬运线路器材时，人员要足够，有统一指挥和采取预防伤人措施。

(二) 杆塔基础的安全挖坑

挖坑是架空线路施工架设中的一项基本工作，杆塔基坑是否符合要求，直接关系杆塔基础的稳固性。为保证杆塔基坑的开挖质量和挖坑人员的人身安全，以及不发生与开挖基坑相关的其他事故，挖坑时的安全注意事项如下。

1. 土坑的挖掘

(1) 保护好地下设施。《电业安全工作规程》规定，挖坑前，必须与有关地下管道、电缆的主管单位取得联系，明确地下设施的确切位置（如水、热、油、气管道及电信电缆等，在地下的确切方位、深度、尺寸、走向，并画出有关纵横面草图），做好防护措施。对外单位施工人员，在开工前应将有关情况交待清楚，并派技术人员在现场进行指导和监督。

(2) 挖掘土坑时，其坑壁应有适当的坡度，以便于测量、立杆和回填土工作。坑的坡度是由土壤的安息角决定的，挖出的土壤应堆在离坑边 0.5m 以外，同时不得妨碍测量工作和基础施工及杆塔的起立等工作，但也不要堆积太远，以免回填土时多费工作量。

(3) 在超过 1.5m 深的坑内工作时，抛土要特别注意，防止土石回落坑内。当坑深超过 1.5m 时，向外抛土较为困难，而且坑沿积土较多，容易引起土石回落伤人，因此，无论土坑或石坑，抛出的土石都应运出坑沿 0.3m 以外。

(4) 在松软土地挖坑时，应有防止塌方措施，如加挡板、撑木等，禁止由下部掏挖土层。在松软土质挖坑，坑深超过一定高度后，坑壁容易坍塌，所以，每掘进一定深度即应加挡木板或打撑木，采取防塌方措施。注意不得在松软土质的基坑中掏底，挖成口小底大的深坑。在线路经过有流沙和淤泥的地区时，泥沙和淤泥的基坑开挖比较困难，坑壁极易坍塌，一边挖坑，一边应装设挡土板。

(5) 在居民区及交通道路附近挖基坑时，因行人及车辆来往频繁，可能发生伤人及交通事故，所以，应加装牢固的坑盖或设置可靠的围栏，夜间应挂红灯。在农村及市郊有行人的道路上挖坑时，还应设置适当标志，并通报周围居民，以免引起人身伤亡。

2. 硬质土壤或石坑的挖掘

(1) 进行石坑、冻土坑打眼时，应检查锤把、锤头及钢钎子。打锤人应站在扶钎人侧面，严禁站在对面，并不得戴手套，扶钎人应戴安全帽。钎头有开花现象时，应更换修理。

（2）用爆破方法进行挖坑时，应熟悉爆破方法及遵守爆破有关注意事项。当线路基坑处于岩石地带时，必须采用爆破方法进行挖坑，为了加快施工进度，硬质土坑、冻土坑也可采用爆破方法。对于参加爆破挖坑的作业人员，必须掌握有关基本常识，熟悉爆破器材性质、性能和使用方法，并掌握爆破工作的有关要求和注意事项。

（三）杆塔分解组立

杆塔组立按施工方法的不同，可分为分解组立和整体组立两种。非拉线铁塔由于受铁塔基础形式和施工条件的限制，一般采用分解组立的方法装配铁塔，即装配铁塔时，先在地面将铁塔按节组装成片，然后从塔基开始，将塔片组装成一节整体，依此方式，按节在地面分片组装，并依次按节吊装塔片装配铁塔，直至塔体全部分解组立完毕。有关杆塔分解组立安全事项分述如下。

1. 地面组装

（1）平整组装场地，消除组装场地障碍物。

（2）组装塔片时，在成堆的角钢中选料应由上往下搬动，不得强行抽拉。

（3）组装断面宽大的塔身时，在竖立的构件未连接牢固前，应采取临时固定措施。

（4）组装时，严禁将手指伸入螺孔找正。

（5）组装时，传递小型工具或材料不得抛掷。

（6）分片组装铁塔时，塔片的带铁部件应能自由活动，螺帽应出扣；自由端朝上时，应绑扎牢固。

2. 杆塔分解组立

（1）吊装方案和现场布置应符合施工技术措施的规定；工器具不得超载使用。

（2）钢丝绳与铁件绑扎处应衬软物。

（3）塔片就位时应先低侧后高侧；主材和侧面大斜材未全部连接牢固前，不得在吊件上作业。

（4）组装铁塔用的抱杆提升前（组装一节提升一次），应将提升腰滑车处及其以下塔身的辅材装齐，并拧紧螺栓。

（5）铁件及工具严禁浮搁在杆塔及抱杆上。

（6）临时拉线的设置应遵守下列规定：

① 使用钢丝绳，单杆（塔）不少于 4 根，双杆（塔）不少于 6 根；

② 绑扎工作由技工担任；

③ 一根锚桩上的临时拉线不得超过二根；

④ 未绑扎固定前不得登高。

（7）钢筋混凝土门型双杆采用单杆起立时，临时拉线的布置不得妨碍另一根杆的起吊，也不得妨碍高处组装横担。

(8) 用外拉线抱杆组立铁塔应遵守下列规定：

① 升降抱杆必须有统一指挥，四侧临时拉线应均匀放出并由技工操作；

② 抱杆垂直下方不得有人，塔上人员应站在塔身内侧的安全位置上；

③ 抱杆根部应与塔身绑扎牢固，抱杆倾斜角不宜超过15°；

④ 起吊和就位过程中，吊件外侧应设控制绳。

(9) 用悬浮内（外）拉线抱杆组立铁塔应遵守下列规定：

① 提升抱杆应设置两道腰环，采用单腰环时，抱杆顶部应设临时拉线控制；

② 起吊过程中腰环不得受力，控制绳应随时放松；

③ 抱杆拉线应绑扎在塔身节点下方，承托绳应绑扎在节点上方，且紧靠节点处；

④ 双面吊装时，两侧荷重、提升速度及摇臂的变幅角度应基本一致。

(10) 用坐地式摇臂抱杆组立铁塔应遵守下列规定：

① 抱杆组装应正直，连接螺栓的规格必须符合规定，并应全部拧紧；

② 抱杆应坐落在坚实稳固的地基上；

③ 提升抱杆不得少于两道腰环，腰环固定钢丝绳应呈水平并收紧；

④ 用两台绞磨时，提升速度应一致；

⑤ 每提升一次，抱杆倒装一段，不得连装两段；

⑥ 抱杆升降过程中，杆段上不得有人；

⑦ 抱杆吊臂上设保险钢丝绳，停工或过夜时，吊臂应放平；

⑧ 吊装时，抱杆应由专人监视和调整；

⑨ 拆除抱杆应事先采取防止拆除段自由倾倒的措施，然后逐段拆除，严禁提前拧松或拆除部分连接螺栓。

(四) 杆塔整体组立

钢筋混凝土电杆和窄身拉线铁塔一般采用整体组立。

当电杆或铁塔在地面组装完毕整体立杆时，要做好各方面的准备工作和安全工作，它关系到立杆的速度、质量及安全，现场施工人员必须有足够的认识。

1. 起立杆塔的准备工作

(1) 立杆前应选择具有足够强度，操作灵活，使用方便，且合格的立杆设备和工具，如地锚、抱杆、牵引设备（如绞磨）、滑轮、钢丝绳、U形环、制动器、锹、镐等，立杆所必需的设备和工具，使用时严禁过载。

(2) 立杆前，每基杆坑应开好“马道”，立杆用的地锚坑按要求尺寸挖掘好，与地锚横木接触的坑壁应保持垂直，其下部挖一个放置地锚横木的土槽，埋入地锚应保持与牵引力方向垂直，其引出钢绳套之“马道”一般不应小于45°，双杆两个“马道”的深度和坡度应一致。

(3) 立杆用的人字抱杆长度及根开（根开指人字抱杆两抱杆脚之间的距离），根据现场实际情况确定，以起立过程抱杆与杆身不碰撞为原则，但两根抱杆的根部应保持在同一水平上；抱杆支立在松软土质处时，其根部应有防沉措施，抱杆支立在坚硬地面上时，其根部有防滑措施。

在地势不好的情况下立杆时，为防止抱杆左右倾斜，应在抱杆帽上加装两条拉线，以此稳定抱杆。为防止抱杆移动，在抱杆根部地面挖20～30cm小坑，或采用钢丝绳和双钩紧线器等工具加以固定，使抱杆受力均匀。抱杆脱帽绳应穿过脱帽环由专人控制其脱落。

（4）用抱杆立杆、撤杆时牵引地锚距杆塔基础中心的距离，一般为杆塔高度的1.2～1.5倍，而且要保证底滑轮、中心桩、制动器三点成一直线（即保证主牵引绳、杆塔中心、尾绳、抱杆顶在一条直线上）。

（5）制动器要求操作灵活方便，制动绳应固定在电杆根部，并且应和杆身保持平行，以免电杆弯曲变形或造成裂纹。

（6）在杆塔上系好晃绳和尾绳，防止立杆过程中杆塔的斜倒。

（7）起吊前杆塔螺栓必须紧固，受力部位不得缺少铁件。无叉梁或无横梁的门形杆塔起立时，应在吊点处进行补强，两侧用临时拉线控制。

2. 立杆过程中安全注意事项

参加立杆作业的人员较多且分散，设备器材使用情况不一，故不安全的因素较多，为防止立杆过程中发生人身伤害事故，当采用抱杆立杆时，凡参加立杆作业的人员应注意下列安全事项。

（1）杆塔起立准备工作完成之后，在杆塔整体起立之前，应严格检查杆塔的组装质量，起立工具、设备安放位置是否符合要求，施工人员应明确分工，详细交待工作任务、操作方法及注意事项，立杆作业人员均匀分配在电杆两侧。

（2）立杆作业人员应穿工作服，戴安全帽，穿工作鞋。

（3）整体立杆的所有施工人员，必须听从专人的统一指挥。整体立杆不仅工序、技术实施复杂，劳动强度大，器材部件沉重庞大，而且组立杆塔需要立、撤抱杆，使用承力工具和机械牵引设备，多种工序和环节的工作同时铺开，需要多工种人员同时作业，施工场面大，作业人员战线长，距离较远，因此，整体立杆的安全问题显得尤为突出。其关键在于施工现场的严密组织和统一指挥，所以立杆（或撤杆）作业应设置专人统一指挥，在统一指挥下，使整个施工过程由指挥人全盘把握，使全体人员能密切配合，这样，既保证施工安全，又提高了工作效率。为保证立杆（或撤杆）施工的安全，在居民区和交通道路上立杆（撤杆）时，还应设专人看守，必要时应设遮栏或其他明显标志。

（4）立杆及修理杆坑时，应有防止杆身滚动、倾斜的措施，如采用顶、叉杆和绳控制等。顶杆及叉杆只能用于竖立轻的单杆，当顶杆或叉杆临时缺少时，不得用铁锹、桩柱等代用。

（5）使用人字抱杆立杆时，应检查总牵引地锚、制动系统中心、抱杆顶点及杆塔中心四点应在一条直线上。抱杆应受力均匀，两侧拉绳应拉好，不得左右倾斜。固定临时拉绳时，不得固定在有可能移动的物体上，或其他不可靠的物体上。

（6）杆塔起立离地后，杆塔顶部吊离地面约0.8m时，应停止起立，进行冲击试验，对各受力部位做一次全面检查，尤其对绳扣部分的检查更应注意，经检查确认无问题后方可继续起立。

（7）杆塔侧面设专人监视，传递信号应清晰。杆根监视人站在杆根侧面，下坑操作时应停止牵引。

（8）当杆塔起立至30°、40°、50°时，应分别检查杆根是否对准底盘圆槽，如有偏斜应及时调整杆根及制动设备。当倒落式抱杆脱帽时，杆塔应及时带上反向拉绳，随起立速度适当放出。当杆塔起立至70°时，应减缓起立速度，注意各侧拉绳，此时，应拴好反向拉绳（尾绳），当杆塔起立至80°～85°时，应停止起立，利用临时拉绳将杆塔调正、调直，最后固定好拉绳（晃绳）。

（9）在杆塔起立过程中，反向拉绳、两侧拉绳及正向牵引绳一定要相互配合，两侧拉绳要随时调节，使杆顶在牵引直线上，防止杆塔向两侧倒杆，杆塔起立至80°～85°时，反向拉绳一定要拉牢，防止正向倒杆。

（10）在立杆过程中，杆坑内严禁有人工作，除指挥人员及指定人员外，其他人员必须远离杆下1.2倍杆高的距离以外，当抱杆失效时，不许将杆塔放下。

（11）已经立起的杆塔，在做好攀线后或杆基回土夯实完全牢固后，方可撤去拉绳。

如果使用吊车立杆（或撤杆）时，应将钢丝绳套在被吊电杆的适当位置，避免头重脚轻，防止电杆突然倾倒。撤杆时，拆除杆上导线之前，应先检查杆根，做好防止倒杆措施，在挖坑前应先绑好拉绳。

（五）架空线路的放线和紧线

当线路的杆塔立完之后，紧接着进行导、地线的放线和紧线作业。导、地线的展放有非张力放线和张力放线两种，下面介绍有关架空线路的放线和紧线安全问题。

1. 非张力放线

非张力放线即地面放线，是指导、地线展放作业时，根据每个线盘导线长度和放线控制距离，合理布线并设置放线条件，放线时采用人力、畜力或拖拉机牵引，在地面展放导线的作业方法。其特点如下。

① 主要依靠人力作业，施工方案充分考虑了线路地段的运输条件和复杂地形，针对性强，放线灵活，但费时间，效率低，沿线青苗赔偿费多。

② 由于采用人力、畜力或拖拉机牵引，导、地线在地面拉动，导、地线磨损较大，甚至发生导、地线打劲钩、松股而损坏导、地线的现象。

（1）非张力放线的准备工作

① 放线之前，应合理布线。其原则是：导线接头应避开高压线路交叉跨越挡、性质重要的弱电线路及通航河流等；布线时，为便于集中处理导线接头，应将长度相等的导线、地线尽量布置在同一区段，对不同长度线长的线盘，应针对不同耐张段的长度布设。

② 选择导线展放点，并将导、地线线盘运至展放点。采用人、畜力牵引放线

时，为减少牵引功率，应尽量将放线场地布置在地势较高处，同时线盘的布置点最好选择在两种线盘（导、地线）线长的中间。如果采用固定于一端的机械（非行走机械）进行放线时，则应将线盘布置在一端，以便向另一端牵引展放。

③ 平整导、地线展放点的地面，将线盘轴心穿入钢管，并将钢管两端架在放线架上，以便放线时让线盘转动。线盘离地不宜过高，防止线盘移动或滚动伤人。

④ 清除导线所经沿线的障碍，确保导、地线在放线过程中不磨损和损坏。

⑤ 线路跨越各种线路、铁路、公路、河流时，应先取得有关部门的同意，做好安全措施，搭好可靠的跨越架。跨越架应满足下列要求。

a. 跨越架的搭设宽度应比所跨越线路的两边各宽出 1.5m，跨越架应与线路中心对称，并且用较其宽度宽出 3m 的杉木，封住顶部并牢固绑扎。对比较高大的跨越架，必要时应增加斜撑杆，以防其侧向倾斜，保证整个跨越架结构稳固。

b. 跨越架与被跨物之间的距离应不低于下列数值：

- 跨越架与被跨铁路中心之间的水平距离应不小于 3m；
- 跨越架距铁路轨面的垂直距离不小于 6.5m；
- 跨越架与公路边侧、通信线路及低压配电线路的最小水平距离不小于 0.6m；
- 跨越架距公路路面的垂直距离不小于 5.5m。

c. 跨越架跨越高压线路时，跨越架与带电线路的最小安全距离应满足表 3-1 的要求。

表 3-1 跨越架与带电线路的最小安全距离

项目	被跨越高压线路电压等级/kV				
	10 及以下	35	63～110	154～220	330
架面与导线的水平距离/m	1.5	1.5	2.0	2.5	3.5
封顶杆与导线的垂直距离/m	2.0	2.0	2.5	3.0	4.0
封顶杆与地线的垂直距离/m	1.0	1.0	1.5	2.0	2.5

（2）非张力放线时的安全措施及注意事项

① 放线时，因作业人员多，工作范围广，有时地形复杂，为保证放线安全应设专人指挥。

② 放线开始后，领线人应对准前方走向，领线向前行走不得偏斜，掌握行走速度，随时注意信号联系。若放线沿途各处（各基杆塔、交叉跨越处）监视人员发现导、地线发生磨损、跳槽、放线滑轮转动不灵，以及压接管被卡等现象时，应立即发出停止放线信号。

③ 对展放的导、地线应加强保护。放线时，不要使导、地线与岩石直接摩擦，当导、地线经过岩石、坚硬石棱等地段时，应采取各种铺垫措施，防止导、地线磨损。当导、地线在各放线滑轮中通过时，不得垂直下拉，防止弯曲过度而松股。

④ 放线时，线路沿途各处应设监护人，控制放线速度，防止跑偏，并监视导、地线受损情况，发现导、地线有缺陷，应在该处扎结绳头标记，以便处理辨认。

⑤ 放线过程中，护线人员和杆塔处的监护人员必须离开导线5m以外，并不许横跨导、地线，以免导、地线将人弹伤。如果导、地线被物挂住，则排除人员一定要站在被挂导、地线角度外侧，防止导、地线脱落后碰伤排除人员。

2. 张力放线

张力放线是指导线在展放悬挂过程中，使用预先布设在特定场地的张力机、牵引机、钢丝重绕机、导线线盘支架拖车、各种滑轮（放线专用滑轮、开口压线滑轮、铝接地滑轮等）、导线走板等系统配套的机械设备放线的方法。放线时，导线被牵引机牵引，产生一个恒定的张力，使导线始终处于悬空状态，免除了导线与地面、被跨物体的直接接触，所以，与非张力放线相比，张力放线有如下优点。

① 避免导线磨损，提高了放线质量，从而减轻线路运行中的电晕及其损耗。

② 张力放线采用了配套机械，作业程序流水化，极大地减轻作业人员的劳动强度，而且放线速度快，一次可牵引展放2～4根导线，并且放线区段可达5～7km，紧线或挂线能采用简捷方法进行，提高了施工效率。

（1）张力放线基本步骤。张力放线有以下4个基本步骤。

① 展放导引绳。导引绳就是人力拖地展放的较细的绳。它是为引带牵引绳而沿全线展放的。展放导引绳时需多人肩扛导引绳，并沿线路将其从每基杆塔的放线滑轮中穿过，直至到达牵引机端。此时，将导引绳扯离地面一定高度，在始端（张力场端）和终端（牵引场端）临时用锚固定。

② 展放牵引绳。牵引绳是在导线展放时用于引带导线的。展放牵引绳时，如果牵引绳较细，则可不必展放导引绳，而像展放导引绳一样，只展放牵引绳，将牵引绳拖地展放一次到位。展放牵引绳时，在张力场端张力机上的牵引绳与导引绳一端连接，在牵引场端将导引绳端与小牵引机连接，待准备工作完毕后，开动小牵引机和小张力机，用导引绳将牵引绳引带展放到各杆塔的放线滑轮中，牵引绳展放完毕后再临时用锚固定。

③ 展放导线。把牵引绳由内向外绕在牵引机的绕线轮上，顺槽绕满后，按照上进上出或上进下出的关系，将牵引绳头引出来与绕线盘固定牢靠。张力场端导线的引带则是先用尼龙绳绕在张力机上，尼龙绳另一端与导线连接，缓慢开动张力机即可带动导线，并将其绕在张力轮上。此时，再将张力轮上引出的导线端与牵引板牢固连接，至此，牵引绳与张力场端张力机上的导线头，与牵引场端牵引机上的接头均分别接好。

④ 检查各绳及设备完好，缓慢操纵牵引机使牵引绳受力绷紧，然后拆除临时桩锚，对两侧放线张力和牵引张力予以调整，待所牵各根导线平衡一致后，就可正式操纵牵引机和张力机展放导线于各放线滑轮之中。

（2）张力放线安全措施及注意事项。张力放线作业战线长，作业人员多，为确保安全和质量，张力放线应注意以下安全事项。

① 在各主要设备、杆塔、滑轮及跨越架等设备处，配置护线人员进行专门监视。在放线牵引过程中，一旦发现导线、牵引绳、牵引板或抗扭锤等在放线滑轮上卡住、跳槽或跑偏时，应立即发信号通知指挥人员停止放线并处理。放线全区段应保持良好的通信联系，当发生意外应立即停止放线并采取措施。

② 灵活掌握牵引板通过滑轮的速度，通过直线塔时，滑轮可不减速；通过转角塔时，滑轮应减速。应根据现场实际随时调整各根导线张力，使牵引板保持水平。牵引板经过滑轮发生翻转时，应立即停机。

③ 避免导线磨损。当导线通过跨越架顶时，应设置朝天滑轮，使其从中通过；可能触及地面及棱角等处时，应铺放胶垫，导线压接管钢甲护套外应包缠黑胶带，以防止放线过程中对相邻导线的鞭击损伤。放线完毕进行卡线时，导线尾部应包缠保护层，防止被钢丝绳磨损。对导线进行压接时应采取相应措施，防止导线被脏污或碰伤。

④ 宜选用合理的张力。应采用先放中相后放边相的放线顺序，以免拉断导线。开机时，应先启动张力机，待运转正常后再开牵引机；停机时，先停牵引机，再停张力机。

⑤ 应掌握并控制放线速度。牵引开始时，速度应缓慢，加速应均匀，走板通过滑轮时应减速。

⑥ 张力放线区段若与高压运行线路平行时，则存在感应电压危险。在牵引场地、张力场地、导线压接操作场地等处，应分别在牵引绳或导线上安装接地滑轮，使导线实现良好接地。为避免磨损导线，应使用铝质滑轮，但地线及牵引绳等应使用钢质滑轮。

⑦ 适当控制张力放线区段的长度。为避免通过滑轮磨损导线，一般限制导线通过滑轮次数不宜超过 16 个，区段长度约在 5～7km。

⑧ 根据线路工程技术要求，在大跨越挡距中不允许有导线接头，与重要线路交跨的挡距，不能作为牵引及张力场地。直线杆塔不能用锚固定导、地线的挡距，也不能成为牵引、张力场地。牵引、张力场地应尽量选在导线正下方处或有上升处，地形应平坦开阔，能满足机具布置占用面积要求，且交通运输便利。

3. 紧线作业安全措施及注意事项

导、地线放线完毕，还需要紧线，使导、地线完全脱离地面，并按线路张弛度要求，将导、地线收紧固定。按张弛度要求收紧导、地线时，应采取的安全措施及注意事项如下。

（1）紧（撤）线前，应先检查拉线、拉桩及杆根。若不能适应紧线要求，应加设临时拉绳加固。如在紧线段的耐张杆塔上补强拉线（在耐张杆塔横担的两端及地线支架上各打补强拉线一条）。

（2）紧线前要指定专人检查导、地线是否有未清除的绑线，放线时挂住的杂物，导、地线被障碍物拉住及损坏处未处理的情况。

（3）紧线前应检查紧线设备和工具是否齐全、可靠，操作是否灵活，以免紧线时发生事故。

(4) 采用拖拉机作牵引动力时，应选好牵引道路，牵引方向最好顺线路方向，如受地形限制，用滑轮改变牵引方向时，不许使导线横担受到过大的侧拉力。

(5) 紧线时应设专人统一指挥、统一信号，沿线联系信号始终保持畅通。在各杆塔处、在跨越物、障碍物及地形恶劣等可能磨伤、碰坏导线的地方，要设置观察和护线人员，各杆塔观察员应注意压接管（接头）、导线在滑轮中无卡住、跳槽或跑偏现象。若发生此况，应停止紧线并处理。

(6) 紧线过程中应检查导线牵紧受力状态。任何工作人员不得跨在导线上或站在导线内角侧，以防跑线伤人。应通过压线滑轮缓慢控制导线收紧升空速度，避免猛烈跃升或较大波动引起跳槽。

(7) 随时对杆塔拉线、杆根、地锚、临时锚线等进行监视，一旦发现变形或异常时，应立即停止紧线并根据现场实际情况处理，或回松牵引，对有关部位受力予以加固。需撤去有关拉线、锚线时，也应按同样方法进行。严禁采用突然剪断导、地线的做法松线。

(8) 当线路穿过高压线时，要严防被紧的导、地线弹起，碰触带电的高压线，必要时应联系高压线路停电，防止紧线过程中工作人员触电。

（六）杆上安全作业

导、地线紧完后，各杆塔导、地线的悬挂点必须固定装好，即在瓷瓶的下方，装好线夹，将导、地线装入线夹中固定，同时，在瓷瓶两侧的导、地线上装防震锤，线路大跨时，在跨越挡瓷瓶外侧装阻尼线等，这就是紧线后的附件安装。

杆上附件安装作业属高空作业，高空作业时，杆下应有人监护配合，防止事故发生。

1. 登杆作业前的安全检查

(1) 检查杆基、拉线是否牢固。遇有杆塔歪斜，拉线松动应调整拉线，直至符合要求后再登杆。遇有冲刷、起土、上拔的电杆，应先培土加固，或支好架杆，或打临时拉绳后，再行上杆。当回填未实或混凝土强度未达到标准前严禁攀登电杆。

(2) 登杆前应检查登杆工具，如脚扣、升降板、安全带、梯子等是否完整、合格。

(3) 登杆前要拧紧杆塔上下的踏脚钉，以便安全上下。

上述检查工作非常重要，根据线路施工记载，由于未做上述检查工作，曾出现倒杆丧命或倒杆造成作业人员终身残废的事故。

2. 登杆时的安全注意事项

(1) 用脚扣登杆。用脚扣登杆的安全注意事项如下。

① 根据电杆的粗细，选择大小合适的脚扣，脚扣可以牢靠地扣住电杆，可防止从高空滑下。

② 穿脚扣时，脚扣带的松紧要适当，防止脚扣在脚上转动或脱落。

③ 登杆时，用手掌抱着电杆（切不可用手臂搂着电杆），上身挺直，臀部要下

坐，先抬一只脚，将脚扣扣住电杆后用力往下蹬，使脚扣与电杆扣牢，然后抬另一只脚，这样依次上升，步子不宜过大。

④ 快到杆顶时，要防止头碰横担。

(2) 用踏板登杆。用踏板登杆的安全注意事项如下。

① 上杆前扎好安全带，将一踏板背在肩上，用右手拿住一踏板的绳子端（距铁钩约 5cm 处），并将绳子铁钩从杆后甩绕过来，同时右手用绳子套住铁钩，并使铁钩把绳子向上扣紧，此时右手抓住靠近铁钩的绳子，手心向外，同时用左手按住踏板的左边并向下压。

② 将右脚踏在踏板的右边，脚尖靠紧杆身，右手用力拉，左手用力压，左脚用力往地上一蹬，使身体自然上升。

③ 身体上升后，左脚从左侧绳子外边踏上踏板，脚尖靠紧杆身，膝盖挺直，然后取下背在肩上的踏板，按上述方法上升一步。

④ 在身体上升过程中，用左脚斜踏电杆，将下方踏板的绳子向左拨动，并弯下腰用左手解下铁钩，将踏板取下背在肩上，此时右手拉紧，左脚一蹬，使身体再次上升，左脚仍由左绳外踏上踏板。

⑤ 如上述，依次循环上升，直至杆顶。

(3) 攀登铁塔。登铁塔时应注意下列安全事项。

① 安全带绳在腰上系好，要防止腰绳在蹬塔过程中突然挂在塔钉或螺钉上。

② 蹬塔时，手要握紧踏脚钉或杆塔构件，手握好后，才能移动脚步。

3. 杆上作业安全注意事项

(1) 杆上作业前严禁饮酒，休息充足，精神状态良好。

(2) 杆上作业时，必须使用安全带。安全带应系在电杆及牢固的构件上，应防止安全带从杆顶脱出。杆上作业转位时，不得失去安全带的保护。如有人在杆上作业时，将安全带系在固定双钩的铁丝上，铁丝穿过杆塔构件上的螺孔固定双钩，由于双钩受力将铁丝拉断，结果，安全带失去固定点，人从高空的杆塔上摔下来，造成身体致残，有的造成丧命。所以，杆上作业，系安全带的部位应正确，禁止将安全带系在杆上的临时拉线上或绝缘子（因金属缺陷绝缘子可能脱落）。

(3) 使用梯子时，要有人扶持或绑牢。

(4) 上横担时，应检查横担腐蚀锈蚀情况，检查时，安全带应系在主杆上。

(5) 作业人员应戴安全帽，穿胶底鞋。无论杆上或杆下作业人员均需要戴安全帽，杆上人员应防止物件坠落，使用的工具、材料应用绳索传递，不得乱扔。杆下应防止行人逗留。

三、电力电缆敷设安全技术

电力电缆按绝缘材料可分为油浸纸绝缘电缆、塑料绝缘电缆、橡胶绝缘电缆等，下面介绍电力电缆敷设有关安全技术问题。

（一）电力电缆敷设方式及一般规定

1. 敷设方式

电力电缆的敷设方式按工作场所和工作条件，可分为以下三种方式：

① 电缆隧道敷设；

② 穿管敷设；

③ 直埋敷设。

2. 一般要求

(1) 电缆敷设应整齐美观，横看成线，纵看成行。引出方向一致，避免交叉压叠。

(2) 在下列地点电缆应穿入管内：

① 电缆引入及引出建筑物、隧道、沟道处；

② 电缆穿过楼板及墙壁；

③ 引至电杆上或沿墙敷设的电缆离地面 2m 的一段；

④ 室内电缆可能遭受机械损伤的地方，室外电缆穿越道路，以及室内行人容易接近的电缆距地面 2m 高的一段。

(3) 电缆留有余度，用以补偿因温度变化引起变形，以及重作电缆头和电缆接头之用。

(4) 电缆敷设应保持规定的弯曲半径。即最小弯曲半径与电缆外径的比值满足：

① 纸绝缘多芯电缆不小于 15，单芯电缆不小于 25；

② 橡皮或塑料绝缘不小于 10；

③ 纸绝缘控制电缆不小于 10；

④ 橡皮或塑料绝缘铠装电缆不小于 10，无铠装电缆不小于 6。

（二）电缆直埋地下的规定

(1) 直接埋在地下的电缆，一般应使用铠装电缆。只有在修理电缆时，才允许使用短段无铠装电缆，但必须外加机械保护。

(2) 在选择直埋电缆线路时，应注意直埋电缆的周围泥土，不含有腐蚀电缆金属包皮的物质（如烈性的酸碱溶液、石灰、炉渣、腐殖物质及有机物渣滓等）；还应注意虫害及严重阳极区。

(3) 电缆埋置深度，电缆之间的净距，与其他管线间接近和交叉的净距，应符合下列规定。

① 电缆对地面和建筑物的最小净距：

a. 直埋电缆的埋置深度（由地面至电缆外皮）0.7m，如电缆穿越农田，可适当加深；

b. 电缆外皮至地下建筑物的基础 0.6m（或按当地城市建设局的规定，但最小不得小于 0.3m）。

② 电缆相互水平接近时的最小净距：

a. 控制电缆不作规定；

b. 电力电缆相互间，或与控制电缆间，10kV 及以下为 0.1m，10kV 及以上为 0.25m；

c. 不同部门使用的电缆（包括通信电缆）相互间为 0.5m，如电缆用隔板隔开时，可降低为 0.1m，穿入管中时不作规定。

③ 电缆相互交叉时的最小净距为 0.5m。电缆在交叉点前后 1m 范围内，如用隔板隔开时，可降低为 0.25m，穿入管中不作规定。

④ 电缆与地下管道间接近和交叉的最小净距：

a. 电缆与热力管道（包括石油管道）接近时的净距为 2m；

b. 电缆与热力管道（包括石油管道）交叉时的净距为 0.5m；

c. 电缆与其他管道接近或交叉时的净距为 0.5m。

上列 a、b 两项要求的热力管，视现场情况而采取必要措施，使埋置电缆周围的土壤的温升在任何情况下不超过 10℃；c 项如有保护措施时，则净距不作规定。禁止将电缆平行敷设在管道的上面或下面。

（4）电缆与树木主干的距离，一般不小于 0.7m。如因城市绿化，个别地区达不到上述距离时，可采取措施，由双方协商解决。

（5）电缆与城市街道、公路或铁路交叉时，应敷设于管中或隧道内。管的内径不应小于电缆外径的 1.5 倍，且不得小于 100mm。管顶距路轨底或公路路面的深度不应小于 1m，电缆不能在公路中央埋设，要在距公路两旁排水沟外侧 1m 处进行。电缆距城市街道路面的深度不应小于 0.7m，管长除跨越公路或轨道宽度外，一般应在二端各伸出 2m，在城市街道，管长应伸出车道路面。当电缆和直流电气化铁路交叉时，应有适当的防蚀措施。

（6）电缆沿铁路敷设时，最小允许接近距离应符合下列规定：

① 电缆与普通铁路路轨为 3m；

② 电缆与电气化铁路路轨为 10m，电缆与有轨电车轨道为 2m。

以上距离不能满足要求时，应将电缆穿入管中，还应采取适当的防腐措施。如果没有特殊防腐措施，不允许用金属管穿电缆，而应采用水泥管、陶瓷管穿电缆。

（7）电缆铅包对大地电位差不宜大于正 1V，并且应符合当地地下管线预防电蚀管理办法的规定。

（8）从铠装电缆铅包流入土壤内的杂散电流密度，不应大于 $1.5\mu A/cm^2$。

（9）直埋电缆沟底必须具有良好的土层，不应有石块或其他硬质杂物，否则应铺以 100mm 厚的软土或砂层。电缆敷设时，不要使电缆与地面摩擦，摆放电缆时，电缆不宜过直，按规定留有 0.5%～1.0%波形余度，以防温度骤降造成电缆收缩而产生过大拉力。电缆敷设好后，上面应铺以 100mm 厚的软土或砂层，然后盖以混凝土保护板，覆盖宽度应超出电缆直径两侧各 50mm，但在不得已的情况下，也允许用砖代替混凝土保护板。

（10）直埋电缆自土沟引进隧道、人井及建筑物时，应穿在管中，并在管口加以堵塞，以防漏水。

（11）电缆从地下或电缆沟引出地面时，距地面上2m的一段应用金属管或罩加以保护，其根部应伸入地面下0.1m。在发电厂、变电站内的铠装电缆，如无机械损伤的可能，可不加保护，但对无铠装电缆，则应加以保护。

（12）地下并列敷设的电缆，其中间接头盒位置必须相互错开，接头间距为2m左右；中间接头盒外面应有防止机械损伤的保护盒，塑料电缆中间接头例外。

（13）在回填土的同时，应在下列各处埋设地面标志牌或标志碑，以表示电缆走向：

① 所有转弯处；

② 建筑物的引入口处；

③ 电缆线路与铁路、公路交叉处的两侧；

④ 安装电缆的中间接头处；

⑤ 直线段每隔100m处。

（三）电缆安装在沟内及隧道内的规定

敷设在电缆沟内、隧道内及室内的电缆，应采用裸铠装或非易燃性外护层的电缆。在电缆沟或隧道中敷设电缆，可参照直埋电缆的方法进行敷设，但应注意下列安全事项。

（1）电缆沟和隧道内应有防水措施和排水道。排水道坡度不小于0.5%，沟底应有流水槽和坡度。

（2）沟底应平坦无障碍物，电缆支架及隧道内的照明，应在电缆敷设前安装完毕。不允许在施放好电缆之后再补焊电灯支架，以防烧伤裸铅包电缆的封包。当需要补焊时，应采取遮盖措施。

（3）沟内电缆的布置，应满足下列要求。

① 沟壁之两侧都装设电缆支架时，两架横撑（横托）间的最小距离不小于300mm，1kV以下和1kV以上的电缆分别装在两侧，或上下留有一定间距或用隔板隔开。

② 在任何情况下，操作电缆必须在电力电缆的下面（与直埋电缆相反）。当操作电缆与1kV以上电缆平行且净距小于250mm时，应采用石棉板或水泥板隔离。重要电缆（1kV以上电缆）应分别敷设在不同层次横架上，以减少它们之间的互相影响。

③ 在可能积水、积尘、积油的电缆沟中，电缆应敷设于支架上。

（4）电缆中间接头用石棉板等托住，并与其他电缆隔开。

（5）同一根电缆，其中一段为直埋，一段为敷设在沟内时，外护层（如浸沥青黄麻）在沟内之一段应剥掉，以防火灾。反之，如没有浸沥青黄麻保护的铠装电缆，应在直埋段缠以浸沥青的黄麻，以防铠装受腐。

（6）电力电缆除按规定挂电缆牌外，还应标示出电压等级。

（7）电缆沟道内的电缆，应在所有拐弯处加以固定，直线部分每隔10个支架固定一次。

（8）控制电缆的间距不作规定，可互相平行敷设。

（9）裸铅包电缆与横架之间应加衬垫，防止铅包损伤。

（10）电缆敷设完毕，应整理卡固，将电缆沟内的杂物清除干净，并盖上盖板。

（四）室内电缆敷设安全事项

在发电厂及变电站内，有很大部分电缆在室内敷设，一般厂矿企业的生产厂房内，也有很多电缆线路。室内电缆敷设可沿墙壁、构架、天花板及地板沟等进行敷设。室内敷设时，应注意下列安全事项。

（1）在敷设较长的电缆时，可按电缆的实际走径从一端放到另一端。在放线过程中，一定要按断面图规定的位置进行，随时注意交叉处的穿越。电缆拐弯处的弯曲半径应符合规定。

（2）在沿天花板等较高处放电缆时，可用梯子或人字梯，必要时搭脚手架，应注意梯子的防滑措施。

（3）电缆穿越墙壁、楼板及管道时，其上、下两侧，应各设一人看护；垂直敷设电缆时，一般将电缆吊至上部，由上往下敷设；若只能由下往高处敷设时，应严防电缆下落伤人。

（4）敷设时，相邻电缆之间，电缆与照明线之间，应保持规定的距离。

（5）电缆与热力管道、热力设备、蒸汽管道和热液体管道、大电流母线之间的净距不小于1m，否则采取隔热措施。

（6）电缆由支架引向设备或配电盘时，应使电缆与地面垂直，并将电缆的弯曲段加以固定。

（7）控制电缆与电力电缆同支架敷设时，控制电缆应在电力电缆的下边。

（8）电缆由直埋进入室内，电缆外表易燃防护层应全部剥去并涂刷防腐漆。

（9）电缆敷设完毕，室内与室外沟道之间的孔洞应全部埋塞。

（10）下列地点应牢固固定：垂直敷设或超过45°角倾斜敷设的所有支点；水平敷设的两端点；电缆转弯处的两支点，电缆中间接头两侧的支持物上；电缆终端头颈端；与伸缩缝交叉的电缆距缝的中心两侧各0.75～1.0m处。

（11）在下列各处电缆应挂牌：改变线路方向处；从一个平面跨越到另一个平面；穿越楼板及墙壁之两侧；电缆中间接头两侧和终端头处；基础沟道及管子的出入口处；直线段不作规定，酌情处理。

四、电力线路运行维护、检修安全技术

（一）架空线路的运行维护与检修

1. 巡线分类及巡线内容

高压架空线路运行时，应经常对线路进行巡视和检查，监视线路的运行状况及周围环境的变化，以便及时发现和消除线路缺陷，防止线路事故的发生，保证线路安全运行，并确定线路的检修内容。

架空线路的巡视（巡线），根据工作性质、任务及规定的时间和参加人员的不同，分为定期巡线和不定期巡线。

（1）定期巡线。定期巡线由专责巡线员对架空线路定期的进行巡视和检查。高压线路根据线路环境、设备情况及季节性变化，一般每月巡线一次，必要时，可增加巡线次数。通过定期巡视检查，经常掌握架空线路各部件运行情况及沿线情况。定期巡线的内容如下。

① 沿线情况。沿线情况包括以下内容。

a. 应消除的物体。如防护地带内的草堆、木材堆、垃圾堆等；在倒下时可能损伤导线的树枝和天线。

b. 应查明的各种异常现象和正在进行的工程，如：在防护区内栽植树木、灌木等；杆塔基础周围情况；在防护区内进行的土方工程、建筑工程及其附近进行的爆炸工程；在防护区内的地下电缆、架空线路及高压管道（水管、瓦斯管、石油管等）的敷设；在线路附近修建道路、码头、卸货场、射击场等；其他不正常现象：河流泛滥、山洪、流冰、杆塔被淹、线路下出现可移动的设施（如风力水车的布翼、畜力水车的草棚）等。

② 道路与桥梁。巡线及检修用的道路、桥梁和便桥的情况。

③ 杆塔。杆塔的巡视内容如下。

a. 杆塔应无倾斜或倾斜不超过规定值，杆塔的横担应端正无扭曲。

b. 杆塔及拉线基础完好。基础周围边缝处土壤无凸起、裂纹的沉陷显示，护基设施无沉陷塌滑，无基础上拔，卡盘及拉线盘、桩腿无冲刷外露，基础地脚螺栓无松动。

c. 杆塔各部件无锈蚀、变形和丢损、主材无弯曲。检查塔材、螺栓、螺帽有无缺损、松动、焊缝有无开裂，所有缺陷应做详细记录。

d. 检查杆塔上有无搭挂外物或鸟巢，防鸟设施是否损坏、短缺或失效，杆塔周围是否存在对运行有妨碍的障碍物。

e. 对水泥电杆应注意检查有无裂纹及原有裂纹的变化，是否有露筋、混凝土剥落，弯曲度是否超过规定，脚钉是否丢失。

f. 杆塔上应有正确、清晰的标示线路双重名称、杆塔号、相位标志符号及禁止攀登等内容的警示牌。

g. 木电杆上木件无腐朽、开裂、烧焦，梆桩应无松动，各部件紧固完好。

④ 导、地线及其固定与连接。导、地线应无锈蚀、断股、损伤、闪络烧伤，连接处接触良好；导、地线的线夹应无锈蚀、缺螺钉及垫圈、螺帽松脱、开口销子缺少或脱出；连接器应无锈蚀过热及导线拔出痕迹；线夹的压条无脱出；导线在线夹内无滑动；跳线无歪曲变形或距杆塔本体过近；各相张弛度应平衡；防震装置应正常，防震锤无跑动、无偏斜，防震锤钢丝无断股，护线条、阻尼线无松脱和变形；导线对杆塔、地面或导线上下方交叉跨越线路的防护安全距离应符合规定。

⑤ 绝缘子。绝缘子应无损伤、裂纹、闪络放电、脏污、金具生锈、开口销子

缺少或脱出、圆头销弯曲或脱出。

⑥ 拉线。杆塔拉线应无锈蚀、松弛、断股、张力分配不均；紧线夹、花篮螺钉、连接杆、抱箍应无锈蚀松动。

⑦ 接地装置。接地引线有无丢失、断股或断线，引下线与接地体的连接处是否牢固。

（2）不定期巡线。不定期巡线分为特殊巡线、夜间巡线及故障巡线三种。

① 特殊巡线。特殊巡线是在导线结冰、大雾、大雪、冰雹、洪水、大风、解冻等季节性气候急剧变化及森林起火、地震等发生后，需立即对架空线路的全线、某几段或某些元件进行特殊巡视检查。巡视检查时，应详细查勘，以发现损坏程度并及时处理。

② 夜间巡线。夜间巡线是为了检查导线接头及绝缘子缺陷。夜间巡线可发现白天不能发现的缺陷，如放电，导线过热发红。夜间巡线一般在高峰负荷期间进行，巡视时应选在没有月光的夜间进行。夜间巡线每年至少进行一次。

③ 故障巡线。当线路发生故障时，需要进行故障巡线，以查明故障原因，找出故障地点及故障。无论线路是否重合良好，均应在事故跳闸或发现有接地现象后，进行检查。事故巡线时，除了应注意线路本身设备元件有无损坏以外，还应注意沿线附近的环境，如树木、建筑物和其他临时性的障碍物，它们有可能触及线路而引起故障。

2. 巡线要求及注意事项

（1）巡线工作应由有电力线路工作经验的人担任，一般不少于 2 人。新参加工作的人员不得 1 人单独巡线。偏僻山区和夜间巡线必须由 2 人进行，暑天、大雪天，必要时由 2 人以上进行。巡线时应携带望远镜，以便观察看不清楚的地方。巡线工作要求巡线人员能够及时发现设备的异常运行情况，如绝缘子破裂、闪络烧伤，导、地线损伤，金具锈蚀，木质杆塔构件腐朽，外物接近或悬挂危及线路安全运行、线路或杆塔四周有威胁安全的施工等。在巡视中，一旦遇到紧急情况，能按有关规定正确处理。

（2）单人巡线时，禁止攀登电杆和铁塔。若发现杆塔上某部件有缺陷，但在地面上无法看清时，也绝对禁止攀登杆塔，因为无人监护，单人登杆时无法掌握自己与带电部分的距离，容易造成触电事故。

（3）夜间巡线时，应携带必要的照明工具。夜间巡线时应沿线路外侧进行，防止万一发生断线事故危及人员安全。

（4）大风巡线时（指 6 级及以上大风）巡线人员应沿线路外侧的上风方向巡线，以防大风吹断导线而坠落在自己身上，同时，可使视线清楚，以免迷眼。

（5）事故巡线时应始终认为线路带电，即使明知该线路已停电，也应认为线路随时有恢复送电的可能。

（6）巡线时若发现导线断落地面或悬挂空中，所有人员应站在距故障 8m 以外的地方，并设专人看管，绝对禁止任何人走近故障地点，以防跨步电压危及人身安全，并迅速报告领导，等候处理。

3. 架空线路带电测量及安全规定

架空线路带电测量工作有：在带电线路上测量导线弛度和交叉跨距；在线路带电的情况下测量杆塔、配电变压器和避雷器的接地电阻；线路带电时测量杆塔的倾斜度；带电测量连接器（导线接头）的电阻等。架空线路带电进行测量工作时，应遵守下列规定。

（1）测量人员应具备安全工作的基本条件，要求他们技术能力合格，并有实际测量的工作经验，有自我保护的能力。

（2）电气测量工作，至少应由两人进行，一人操作，一人监护。夜间进行测量工作，应有足够的照明。

（3）测量人员必须了解仪表的性能、使用方法、正确接线，熟悉测量的安全措施。

（4）严格执行《电业安全工作规程》规定，必须做好保证测量工作安全的各项措施，包括按规定办理工作票及履行许可监护手续。对于重要的测量项目或工作人员未经历的测量项目，工作之前均应针对实际制定切实的操作步骤和安全实施方案。如测杆塔接地电阻时，解开或恢复接地引线时，应戴绝缘手套，严禁接触与地断开的接地线；用钳形电流表测量电流时，不要触及带电部分，防止相间短路等。

（5）在带电条件下进行电气测量，特别是工作总人数只有两人而测量又需要人员协助时，为防止失去监护人监护，必须首先落实各项安全技术措施，包括在防止误接近的安全距离处，设置临时围栏或用实物分界隔离；保证仪器仪表的位置布置正确；检查连接线的绝缘完好；安全距离等项内容符合要求。

（6）在带电线路上测量导线张弛度和交叉跨越距离时，严禁使用夹有金属丝的皮尺、线尺，若用抛挂法进行简易测量时，所用绳子必须是专用的测量绳或是能直接辨认的干燥的绝缘绳索。

4. 架空线路沿线树木砍伐

在高压线路下和线路通道两侧砍伐超过规定高度的树木，是运行维护的工作内容之一。砍伐树木时，树木倒落可能损坏杆塔，砸断导线，发生重大停电事故，为此，在高压线路下和通道两侧砍伐树木，应遵守的安全事项如下。

（1）在线路带电情况下，砍伐靠近线路的树木时，工作负责人必须在工作开始前，向全体人员说明：电力线路有电，不得攀登杆塔；树木、绳索不得接触导线。

（2）严格保持与带电导线的安全距离。砍伐时，砍伐人员和绳索与导线应保持安全距离，树木与绳索不得接近至该距离之内。

（3）采取防止树木（树枝）倒落在导线上的措施。应设法用绳索将其拉向与导线相反的方向，绳索应有足够的长度，以免拉绳的人员被倒落的树木砸伤。树枝接触高压带电导线时，严禁用手直接去取。

（4）防止发生摔伤和砸伤事故。上树砍伐树木时，应使用安全带；不应攀抓脆弱和枯死的树枝，不应攀登已经锯过的或砍过的未断树木；注意马蜂袭击，防止发生高空摔伤事故；砍剪的树木下和倒树范围内应有人监护，不得有人逗留，防止砸伤行人。

5. 架空线路的检修

（1）高压架空线路停电检修安全措施。当线路需要停电检修时，为保证检修人员的人身安全，必须做好下列安全措施。

① 填用第一种工作票。

② 办理工作许可手续。工作票填好经签发人签发，并经工作许可人许可后方可开工。

③ 线路停电。停电检修的线路由发电厂或变电站进行停电，这是保证检修人员安全的重要技术措施。

④ 线路验电。对停电线路进行验电，以检查线路确实无电压。

⑤ 在线路上挂接地线。线路验明无电压后，在线路两端挂接地线，凡有可能送电到停电线路的各分支线上也要挂接地线。这是防止突然来电，保证人身安全的最可靠的技术措施。线路停电后，仍有突然来电的可能，下列因素均是引起突然来电的原因之一：

a. 交叉跨越处，另一条带电线路发生断线而造成搭连；

b. 隔离开关拉开后，由于定位销子未插牢，又未加锁，在振动或其他外力作用下，隔离开关因重力而自行闭合；

c. 值班人员误操作对停电线路误送电；

d. 用户自备电源误向该线路倒送电；

e. 双电源用户当第一电源因线路检修停电，合第二电源时，因闭锁装置失灵或误操作，向停电的线路反送电；

f. 由电压互感器向停电设备反送电；

g. 由交叉跨越平行线路和大风引起的感应电；

h. 远方落雷造成停电线路带电。

基于上述原因，在停电的线上，按要求均应挂接地线。

⑥ 必须有工作监护人监护。线路检修时，工作监护人必须始终在工作现场，对工作人员的安全进行认真监护。

⑦ 工作间断恢复工作时，应先检查接地等各项安全措施完整后方可开工。

⑧ 工作完毕时，应办理工作结束手续。工作许可人在接到所有工作负责人的完工报告后，办理工作结束手续，所有工作人员已撤离线路，接地线已拆除，并记录核对无误，可下令拆除发电厂、变电站线路侧安全措施，恢复线路送电。

（2）停电检修线路邻近或交叉其他电力线路工作的安全措施。邻近或交叉其他电力线路，是指停电检修的线路与另一条带电线路相交叉或接近，以致工作时可能与带电导线相接触或接近至表 3-2 所示的安全距离以内（危险距离）。

表 3-2　邻近或交叉其他电力线路工作的安全距离

电压等级/kV	安全距离/m	电压等级/kV	安全距离/m
10 及以下	1.0	1.54～220	4.0
20～44	2.5	330	5.0
60～110	3.0	500	6.0

当停电检修线路邻近或交叉其他电力线路而进行检修工作时，除本线路做好停电安全措施外，还应做以下安全措施。

① 将邻近或交叉的带电线路停电并予接地，接地线可以只在工作地点附近安装一组即可。

若邻近或交叉带电线路与停电检修的线路属同一单位，则两线路的停电和接地可办理一张第一种工作票，否则，应分别申请办理。在确实看到邻近或交叉线路已接地后，方可开始工作。

② 本线路在检修过程中，应采取防止损伤配合停电的另一回线的措施。

③ 如邻近或交叉的线路不能停电时，应遵守以下规定。

a. 在带电的电力线路邻近进行工作时，有可能接近带电导线至危险距离以内，此时，必须做到以下要求：

• 采取一切措施，预防与带电导线接触或接近至危险距离以内，牵引绳索和拉绳等至带电导线的最小距离应符合表 3-2 的规定；

• 作业的导、地线还必须在工作地点接地，绞车等牵引工具必须接地。

b. 在交叉挡内放落、降低或架设导、地线工作，只有停电检修线路在带电线路下面时才可进行，但必须采取防止导、地线产生跳动或过牵引，而与带电导线接近至危险范围以内的措施。

c. 停电检修的线路如果在另一条线路的上面，而又必须在该线路不停电情况下进行放松或架设导、地线，以及更换绝缘子等工作时，必须采取安全可靠的措施。安全措施应由工作人员充分讨论后经工区批准执行。安全措施应能保证：

• 检修线路的导线、地线牵引绳索等与带电线路的导线，必须保持足够的安全距离；

• 要有防止导、地线脱落、滑跑的后备措施。

d. 在发电厂、变电站出入口处或线路中间某一段有两条以上的相互靠近的（100m 以内）平行或交叉线路上，要求做到：

• 做判别标识、色标或采取其他措施，以使工作人员能正确区别哪一条线路是停电线路；

• 在这些平行或交叉线路上进行工作时，应发给工作人员相对线路的识别标记；

• 登杆塔前经核对标记无误，验明线路确已停电并挂好地线后，方可攀登；

• 在这一段平行或交叉线路上工作时，要设专人监护，以免误登有电线路杆塔。

(3) 同杆多回路部分线路停电工作的安全措施。

① 在同杆共架的多回线路中，部分线路停电检修，应在工作人员确认带电导线最小距离不小于表 3-3 规定的安全距离时，才能进行。

表 3-3 带电导线最小安全距离

电压等级/kV	安全距离/m	电压等级/kV	安全距离/m
10 及以下	0.7	154	2.0
20～35	1.0	220	3.0
44	1.2	330	4.0
60～110	1.5	500	5.0

② 遇有 5 级以上的大风时，严禁在同杆塔多条线路中进行部分线路停电检修工作，以防使用工具、绳索被风吹接近危险距离。

③ 工作票中应准确填写停电检修线路的双重称号。同杆多条线路都有正确命名，若命名不当，会给检修、运行调度带来很多不便，甚至造成听觉和记录错误，导致发生误听、误操作、误调度、误登带电设备的事故，所以，安全规程规定，线路停电检修时，工作票签发人和工作负责人对停电检修的一条线路的正确标号应特别注意。多条线路中的每一条线路都应有双重称号，即：线路名称+左线或右线和上线或下线的称号（面向线路杆塔号增加的方向，在左边的线路称为左线，在右边的线路称为右线）。工作票中应填写停电检修线路的双重称号。

④ 工作负责人在接受许可开始工作的命令时，应向工作许可人问明哪一条线路（左、右线或上、下线）已经停电接地，同时，在工作票上记下工作许可人告诉的停电线路的双重称号，然后核对所指的停电的线路是否与工作票上所填的线路相符。如不符或有任何疑问时，工作负责人不得进行工作，必须查明已停电的线路确实是哪一条线路后，方能进行工作。

⑤ 在停电线路地段装设的接地线，应牢固可靠，防止摆动，防止因距离不够引起放电接地。当某线段断开引线时，应在断引线的两侧接地。如在绝缘架空地线上工作时，应先将该架空地线接地，然后才能工作。

⑥ 工作开始以前，工作负责人应向参加工作的人员指明停电和带电的线路，并交待工作中必须特别注意的事项。

⑦ 为了防止在同杆塔架设多条线路中误登有电线路，还应采取如下措施：

a. 各条线路应有标识、色标或其他方法加以区别，使登杆塔作业人员能在攀登前和在杆塔上作业时，明确区分停电和带电线路；

b. 应在登杆塔前发给作业人员相对线路的识别标记；

c. 作业人员登杆塔前核对标记无误，验明线路确已停电并挂好地线后，方可攀登；

d. 登杆塔和在杆塔上作业时，每基杆塔都应设专人监护。

⑧ 在杆塔上进行工作时，严禁进入带电侧的横担，或在该侧横担上放置任何物件。

⑨ 绑线要在下面绕成小盘再带上杆塔使用，严禁在杆塔上卷绕绑线或放开绑线。

⑩ 向杆塔上吊起或向下放落工具、材料等物件时，应使用绝缘无极绳圈传递（绝缘绳首、尾两端连成一圈，以免使用时另一端飘荡到带电导线上），保持表 3-2 的安全距离。

⑪ 放线或架线时，应采取措施防止导线或架空地线由于摆动或其他原因，而与带电导线接近至危险范围以内。在同杆塔架设的多条线路上，下层线路带电、上层线路停电作业时，不准做放、撤导线和地线的工作。

⑫ 绞车等牵引工具应接地，放落和架设过程中的导线也应接地，以防止带电的线路发生接地短路时产生感应电压。

6. 在带电线路杆塔上工作的安全规定

在带电杆塔上工作时，如刷油漆、除鸟窝、拧紧杆塔螺钉、检查架空地线（不包括绝缘架空地线）、查看金具或绝缘子等，应做好如下安全措施。

(1) 填用第二种工作票，并履行工作票有关手续。

(2) 作业时，作业人员活动范围及其所携带的工具、材料等，与带电导线的最小距离不得小于表 3-3 的规定。

(3) 进行上述工作时，必须使用绝缘无极绳索、绝缘安全带，风力应不大于 5 级。

(4) 进行上述作业时，应有专人监护。

(5) 在 10kV 及以下的带电杆塔上进行工作，工作人员距最下层高压带电导线垂直距离不得小于 0.7m。

（二）电缆的运行维护与检修

1. 电缆的巡视与检查

(1) 巡查周期

① 敷设在土中、隧道中，以及沿桥梁架设的电缆，每三个月至少一次。根据季节及基建工程特点，应增加巡查次数。

② 电缆竖井内的电缆，每半年至少检查一次。

③ 水底电缆线路，由现场根据具体需要规定，如水底电缆直接敷于河床上，可每年检查一次水底路线情况。在潜水条件允许下，应派遣潜水员检查电缆情况，当潜水条件不允许时，可测量河床的变化情况。

④ 发电厂、变电站的电缆沟、隧道、电缆井、电缆架及电缆线段等的巡查，至少每三个月一次。

⑤ 对挖掘暴露的电缆，按工程情况，酌情加强巡视。

⑥ 电缆终端头，由现场根据运行情况，每 1～3 年停电检查一次。

(2) 电缆巡查注意事项

① 对敷设在地下的每一电缆线路，应查看路面是否正常，有无挖掘痕迹，以及路线标桩是否完整无缺等。

② 电缆线路上不应堆置瓦砾、矿渣、建筑材料、笨重物件、酸碱性排泄物或砌堆石灰坑等。

③ 对于通过桥梁的电缆，应检查桥墩两端电缆是否拖拉过紧，保护管或槽有无脱开或锈烂现象。

④ 若井内电缆铅包在排管口及挂钩处，不应有磨损现象，需检查包铅是否失落。

⑤ 检查电缆终端头是否完整，电缆引出线的接点有无发热现象和电缆漏油。

⑥ 多根并列电缆要检查电流分配和电缆的外皮温度，防止因接点不良引起电缆过负荷或烧坏接点。

⑦ 隧道内的电缆要检查电缆位置是否正常，接头有无变形漏油，温度是否正常，构件是否失落，通风、排水、照明等设施是否完整，特别要注意防火设施是否完善。

2. 电缆的维护

(1) 电缆沟的维护

① 检查电缆沟的出入通道是否畅通，沟内如有积水应加以排除，并查明积水原因，采取堵漏措施，沟内脏污应加以清扫；

② 检查支架有无脱落现象，检查电缆在支架上有无硌伤或擦伤，并采取措施；

③ 检查接地情况是否良好，必要时应测量接地电阻；

④ 检查防火及通风设备是否完善并处理，记录沟内温度。

(2) 户内电缆头的维护

① 检查电缆头有无电晕放电痕迹，并清扫电缆头；

② 检查电缆及电缆头是否漏油并处理；

③ 检查电缆头引线接触是否良好，有无过热现象并处理；

④ 核对线路铭牌及相位颜色；

⑤ 检查电缆头支架及电缆铠装的油漆防腐层是否完好；

⑥ 检查电缆头接地线及接地是否完好并处理。

(3) 户外终端头的维护。其维护工作除上述外，还应做好以下几点：

① 清扫终端盒及瓷套管，检查壳体及瓷套管有无裂纹现象；

② 检查铅包是否龟裂、铅包是否腐蚀；

③ 检查终端盒内是否缺胶及有无水分，如缺胶应及时补充。

3. 电缆的检修

电缆的故障绝大多数发生在终端头上，也有发生在电缆线路上及电缆中间接头的绝缘击穿。下面介绍电缆检修有关安全问题。

(1) 电缆停电检修安全措施。电缆的检修工作，不论是移动位置、拆除改装，还是更换接头盒及重做电缆头等，均应在停电的情况下进行。

电力电缆停电检修应填用第一种工作票，工作前，必须详细核对电缆名称标示牌是否与工作票所写的符合；确定安全措施正确可靠后，方可工作。

如图 3-16 所示，电缆停电检修的安全措施如下。

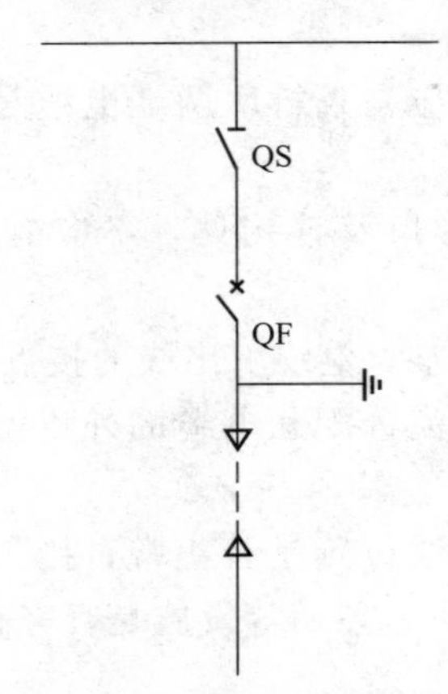

图 3-16 电缆停电检修的安全措施

① 断开电缆线路的电源断路器 QF；

② 拉开电缆线路的电源隔离开关 QS；

③ 断开 QF 的控制电源及合闸电源；

④ 在 QF 及 QS 的操作把手上挂“禁止合闸，有人工作”标示牌；

⑤ 对电缆验电确定无电后，挂接地线（接地线挂在电缆与断路器连接处的断路器侧）。

检修电缆时，工作人员只有在接到许可工作的命令后才能进行工作。在工作负责人未检查电缆是否确已停电和挂接地线之前，任何人不准直接用手或其他物件接触电缆的钢铠和铅包。

（2）锯断待修电缆安全注意事项。为防止错锯带电电缆而发生人身、设备事故，特别是多根电缆并列敷设情况下，应准确查明哪根电缆是需要检修的电缆，为此，应于开工前做好下列安全事项。

① 工作负责人应仔细核对工作票中所填电缆的名称、编号和起止端点，应与现场电缆标示牌上的名称等内容完全一致，以确定所需锯断的电缆及区间应正确。如果某一项有误，则应核对图纸，无误后做好应锯断电缆的记号。

② 验电。利用仪器检测，确切证实需锯断电缆线芯无电。

③ 将需锯断电缆放电并接地。验明电缆线芯无电后，用接地的带木柄的铁钎钉入电缆线芯导电部分，使电缆线芯残余电荷放尽并短路接地。

④ 电缆钉铁钎时，扶木柄铁钎的人，手戴绝缘手套，脚站在绝缘垫上。这是为了防止电缆残电及被钉入铁钎的电缆带高电压，必须要求扶木柄铁钎人员戴绝缘手套，双脚站在绝缘垫上，以免发生电击人体。

(3) 挖掘电缆安全注意事项。挖掘电缆应注意下列安全事项。

① 挑选有电缆实际工作经验的人员担任现场工作指挥。工作前应根据电缆敷设图纸在电缆沿线标桩，确定出合适的挖掘位置。

② 做好防止交通事故的安全措施。在马路或通道上挖掘电缆，先需开设绕行便道，在挖掘地段周围装设临时围栏，绕行道口处设立标明施工禁行内容的告示牌。晚间还应根据情况设立灯光警戒指示。电缆沟道上应用结实牢固的铁板或木板覆盖，防止发生交通事故。

③ 电缆沟挖开后沟边应留有走道，堆起的土堆斜坡上，不得放置任何工具、材料等杂物。严防杂物滑入沟内砸伤工作人员和电缆。

④ 电缆沟挖到一定深度后，要及时采取防止塌滑、挤压的措施。挖到电缆护管或护板时，应及时报告工作负责人，在有经验人员指导下继续挖掘，防止挖坏电缆。

⑤ 电缆或电缆接头盒挖出后，应防止电缆弯曲损伤电缆绝缘结构，接头盒不可受拉形成缺陷。为此，电缆被挖掘出来后，应采用绳索悬吊牢靠，并置于同一水平上，悬吊点间距不宜过大，保持在1.0～1.5m范围内；电缆接头盒挖出后，应特别注意保护，悬吊时应平放，接头盒不要受拉。

(4) 使用喷灯安全注意事项。电缆施工或检修都要使用喷灯，正确使用喷灯对保证工作人员的安全有重要作用。使用喷灯时应注意下列安全事项。

① 使用喷灯之前，对喷灯应进行各项检查，并拧紧加油孔盖，不得有漏气、漏油现象，喷灯未烧热之前不得打气。

② 喷灯加油和放气时，应将喷灯熄灭，并应远离明火地点，同时，油面不得超过容积的3/4。

③ 点燃喷灯时，气压不得过大，在使用或递喷灯时，应注意周围设备和人身的安全。火焰与带电部分的距离不得小于下列值：

a. 电压在10kV及以下者，不得小于1.5m；

b. 电压在10kV以上者，不得小于3m。

工作中，工作人员不得在带电导线、带电设备、变压器、油断路器等易燃物品附近点燃喷灯。

④ 夏季使用喷灯时应穿工作服。

(5) 绝缘材料及焊接材料加热安全注意事项

① 电缆绝缘胶（油）加热时，工作人员应穿长袖衣裤、穿戴帆布围裙、帆布手套和鞋套。

② 电缆绝缘胶（油）应放在有盖且有嘴的铁桶内，放在火炉上加热。禁止将密封未开盖的绝缘胶（油）桶放在火炉上加热，绝缘胶桶不准许仅给容器底面一侧加热（防止爆炸）。

③ 加热后的锡缸、铅缸、绝缘油和绝缘胶桶等，取下及搬运时应戴帆布手套，传递时应相互呼应好，不准直接手对手地传递，应在传递人放在地上后，接的人再

提起。

④ 搅拌或舀取溶化了的绝缘胶或铅锡，必须用预先加热过的金属棒，或用金属勺子，以免含有水分使绝缘胶或焊锡溅出。

⑤ 绝缘胶（油）加热时，禁止用圆铁棍架绝缘（油）桶。容器内的绝缘胶（油）应不超过容器体积的3/4。

⑥ 高处灌绝缘胶（油）时，下面不准站人，工作人员应站在上风头。

⑦ 电缆绝缘胶（油）加热应有专人看管，应检查周围情况，加热点应远离易燃易爆物品和带电设备，并做好防火措施。

(6) 制作环氧树脂电缆头时预防人体毒害安全措施。环氧树脂电缆头成品无毒，但配方制剂中，胺类硬化剂乙二胺为有毒物品，且挥发性较大，应采取如下预防措施。

① 在制作电缆头的工作过程中，工作人员应穿工作服，戴塑料手套、防毒口罩和护目眼镜，必要时可使用防毒面具。

② 工作间隙或工作结束时均应用肥皂水洗手，若工作人员的手、脸上粘有环氧树脂或硬化剂时，应及时用酒精棉纱或柠檬酸擦手，然后用肥皂洗涤。擦干后涂上盐酸苯海拉明冷霜膏。

③ 工作服及手套等防护器具穿用后，要用温肥皂水洗净，保持清洁并存放在固定地点。严禁将它们穿离工作区，以免造成污染。

④ 妥善保存硬化剂等原料放在无人和通风良好的地方。

⑤ 工作场所应注意通风，严禁工作现场吸烟和饮食。

(7) 进入电缆沟井工作安全注意事项。电缆沟、井内空间小，照度低，易潮湿积水，并存在产生有害气体的可能，在工作人员进入电缆沟、井内工作之前，应做好如下安全措施。

① 首先排除电缆沟、井内的污浊空气和有害气体。在工作人员进入电缆沟、井之前，应先行通风，排除有害气体，并合理配备工作人员。

② 做好防火、防水和防止高空落物等安全措施。

③ 工作人员应戴安全帽，防止落物和在井内传递材料时碰伤人和设备。

④ 电缆井盖开启后，应在地面设围标与警示牌，并由专人看管。夜间应在电缆井口设置红灯警示标志。

第六节　带电作业安全技术

本节主要介绍带电作业的一般规定及安全技术措施；介绍等电位作业，带电接、断导线，带电短接设备，带电水冲洗，带电爆炸压接，高架绝缘斗臂车带电作业，带电气吹清扫，感应电防护，带电检查绝缘子，低压带电作业，带电作业工具的保管与试验等有关的规定、安全措施及注意事项。

一、带电作业一般规定及安全措施

（一）带电作业

带电作业是指在没有停电的设备或线路上进行的工作，例如，在带电的电气设备或线路上，用特殊的方法（如用绝缘杆、等电位、水冲洗等操作方法）进行测试、维护、检修和个别零部件的拆换工作。

带电作业按作业人员是否直接接触带电导体，可分为直接作业和间接作业；按作业人员作业时所处的电位高低，可分为等电位作业、中间电位作业和间接带电（地电位）作业。目前带电作业采用的主要方式有：

① 间接作业；

② 等电位作业；

③ 沿绝缘子串进入强电场作业；

④ 分相作业；

⑤ 全绝缘作业。

间接带电作业也称地电位作业，是指作业人员站在地上或站在接地物体（如铁塔、杆塔横担）上，与检修设备带电部分保持规定的安全距离，利用绝缘工具对带电导体进行的作业。地电位作业时，有泄漏电流流过人体，流过人体泄漏电流的路径是：地→人→绝缘工具→带电导体。由于人体的电阻很小，绝缘工具的电阻很大，流过人体的泄漏电流主要取决于绝缘工具的绝缘电阻，故要求绝缘工具的绝缘电阻越大越好。

中间电位作业是指人体站在绝缘站台或绝缘梯上，或站在绝缘合格的升高机具内，手持绝缘工具对带电体进行的作业。中间电位作业也属间接作业范围。这种作业的泄漏电流路径是：地→绝缘站台（梯）→人→绝缘工具→带电导体。中间电位作业时，人处于带电体与绝缘站台之间，人体对带电体、地分别存在电容。由于电容的耦合作用，人体具有一定的电位，此时，人体电位高于地电位而低于带电体电位，因此作业时作业人员应穿屏蔽服和遵守有关规定。

等电位作业就是使作业人员各部位的电位与带电体的电位始终相等的作业。等电位作业是带电作业中直接作业的方式之一，它包括等电位作业、全绝缘作业、分相接地作业等方式。等电位作业时，作业人员穿着全套屏蔽服，借助各种绝缘安全用具进入强电场进行操作。在等电位状态下，人体已与地面完全绝缘而与带电体处于相同电场之中，人体与带电体之间不存在电位差。由于作业人员身体处于屏蔽服保护下，通过人体的电流为零，因此，作业人员可直接接触带电体进行工作。

（二）带电作业一般规定

（1）带电作业人员必须经过培训，考试合格。凡参加带电作业的人员，必须经过严格的工艺培训，并考试合格后才能参加带电作业。

（2）工作票签发人和工作负责人必须经过批准。带电作业工作票签发人和工作负责人应具有带电作业实践经验，熟悉带电作业现场和作业工具，对某些不熟悉的带电作业现场，能组织现场查勘，作出判断和确定作业方法及应采取的措施。工作票签发人必须经厂（局）领导批准，工作负责人可经工区领导批准。

（3）带电作业必须设专人监护。监护人应由有带电作业实践经验的人员担任。监护人不得直接操作。监护的范围不得超过一个作业点。复杂的或高杆塔上的作业应增设塔上监护人。

（4）应用带电作业新项目和新工具时，必须经过科学试验和领导批准。对于比较复杂、难度较大的带电作业新项目和研制的新工具，必须进行科学试验，确认安全可靠，编出操作工艺方案和安全措施，并经厂（局）主管生产领导（总工程师）批准后方可使用。

（5）带电作业应在良好天气下进行。如遇雷、雨、雪、雾等天气，不得进行带电作业；风力大于5级时，一般不宜进行带电作业。

雷电时，直击雷和感应雷都会产生雷电过电压，该过电压可能使设备绝缘和带电作业工具遭到破坏，给作业人员人身安全带来严重危险；雨、雾天气，绝缘工具长时间在露天中会受潮，使绝缘强度明显下降；高温天气时，作业人员在杆塔、导线上工作时间过长会中暑：严寒风雪天气，导线张弛度减小，应力增加，此时作业会加大导线荷载，甚至发生导线断线；当风力大于5级时，空中作业人员会出现较大的侧向受力，工作稳定度差，给作业造成困难，监护能见度差，易引起事故。

在特殊情况下，必须在恶劣天气下进行带电作业时，应组织有关人员充分讨论，采取必要可靠的安全措施，并经厂（局）主管生产的领导（总工程师）批准后方可进行。

（6）带电作业必须经调度同意批准。带电作业工作负责人在带电作业工作开始之前，应与调度联系，得到调度的同意后方可进行，工作结束后应向调度汇报。

（7）带电作业时应停用重合闸。带电作业有下列情况之一者应停用重合闸，并不得强送电：

① 中性点有效接地（直接接地）的系统中，有可能引起单相接地的作业；

② 中性点非有效接地（中性点不接地或经消弧线圈接地）的系统中，有可能引起相间短路的作业；

③ 工作票签发人或工作负责人认为需要停用重合闸的作业。

严禁约时停用或恢复重合闸。

（8）带电作业过程中设备突然停电不得强送电。如果在带电作业过程中设备突然停电，则作业人员仍视设备为带电设备。此时，应对工器具和自身安全措施进行检查，以防出现意外过电压，工作负责人应尽快与调度联系，调度未与工作负责人取得联系前不得强送电。

以上规定适用于在海拔1000m及以下、交流10～500kV的高压架空线、发电厂和变电站电气设备上，采用等电位、中间电位和地电位方式进行的带电作业及低压带电作业。

（三）带电作业一般技术措施

（1）保持人身与带电体间的安全距离。作业人员与带电体间的距离，应保证在电力系统中出现最大内外过电压幅值时不发生闪络放电，所以，在进行地电位带电作业时，人身与带电体间的安全距离（带电作业的最小安全距离）不得小于表 3-4 的规定。

35kV 及以下的带电设备，不能满足表 3-4 的最小安全距离时，必须采取可靠的绝缘隔离措施。

表 3-4　人身与带电体的安全距离

电压等级/kV	10	35	63(66)	110	220	330	500
距离/m	0.4	0.6	0.7	1.0	1.8	2.6	3.6⁺

① 因受设备限制达不到 1.8m 时，经厂（局）主管生产领导（总工程师）批准，并采取必要的措施后，可采用 1.6m。

② 由于 500kV 带电作业经验不多，此数据为暂定数据。

（2）将高压电场场强限制到对人身无损害的程度。如果作业人员身体表面的电场强度短时不超过 200kV/m，则是安全可靠的。如果超过上述值，则应采取必要的安全技术措施，如对人体加以屏蔽。

（3）制定带电作业技术方案。带电作业应事先编写技术方案，技术方案应包括操作工艺方案和严格的操作程序，并采取可靠的安全技术措施。

（4）带电作业时，良好绝缘子数应不少于规定数。带电作业更换绝缘子或在绝缘子串上作业时，良好绝缘子片数不得少于表 3-5 的规定。

表 3-5　良好绝缘子最少片数

电压等级/kV	35	63(66)	110	220	330	500
良好绝缘子/片	2	3	5	9	16	23

如 110kV 架空线路，直线杆塔绝缘子一般 7 片，其中良好绝缘子不少于 5 片。在绝缘子串上带电作业或更换绝缘子时，必然要短接 1～3 片绝缘子，由此引起绝缘子串上分布电容的变化，其电压分布也随之改变，短接部位不同时，电压改变也不同，特别是绝缘子两端引起的电压变化更为悬殊。由于每片绝缘子耐压能力的限制，为保证短接后剩余绝缘子串能可靠承受最大过电压，并保持有效安全距离，各电压级线路良好绝缘子片数不少于规定数。

（5）带电更换绝缘子时应防止导线脱落。更换直线绝缘子串或移动导线的作业，当采用单吊线装置时，应采取防止导线脱落时的后备保护措施。

更换绝缘子串或移动导线均需吊线作业，此时，大多数使用吊线杆、紧线拉杆、平衡式卡线器、托瓶架等专用卡紧装置，在工作过程中，当松开线夹或摘开绝缘子串的挂环时，导线即与杆塔脱开，此时导线仅通过装置控位，若装置机械部分缺陷，导线与装置脱开，则会发生严重的飞线事故，因此，为防止导线脱开飞线事故，应采取后备保持措施，如采用两套绝缘紧线拉杆或结实的绝缘绳，预先将导线紧固在杆塔上适当位置，以免作业时导线脱开。

（6）采用专用短线（或穿屏蔽服）拆、装靠近横担的第一片绝缘子。在绝缘子串未脱离导线前，拆、装靠近杆塔横担的第一片绝缘子时，必须采用专用短接线或穿屏蔽服，方可直接进行操作。

在拆、装靠近横担的第一片绝缘子时，要引起整串绝缘子电容电流回路的通断。由于绝缘子串电压呈非线性分布，通常第一片绝缘子上的等效电容相对较大。作业人员如果直接用手操作，人体虽有电阻，但仍有较大电流瞬间流过人体而产生刺激，出现动作失常而发生危险。接触靠横担的第一片绝缘子，还有一稳定电流流过人体，电流大小由绝缘子串表面电阻、分布电容及绝缘子脏污程度决定，严重时可达数毫安，对人体造成危害，所以，在导线未脱离之前，应采用专用短接线可靠地短接该第一片绝缘子放电，或穿屏蔽服转移流经人体的暂稳态电容电流。

（7）带电作业时应设置围栏。在市区或人口稠密的地区进行带电作业时，带电作业工作现场应设置围栏，严禁非工作人员入内。

二、等电位作业

（一）等电位作业基本原理及适用范围

根据电工原理，电场中的两点，如果没有电位差，则两点间不会有电流。等电位作业就是利用这个原理，使带电作业人员各部位的电位与带电体的电位始终相等，两者之间不存在电位差，因此，没有电流流过作业人员的身体，从而保证作业人员的人身安全。

由于63(66)kV及以通电压等级电力线路和电气设备的相间，以及相与地之间的净空距离较大，所以，等电位作业一般适用于63(66)kV及以下电压等级的电力线路和电气设备。而35kV及以下线路和设备的相间、相与地（相与杆塔构架、相与设备外壳）之间的净空距离较小，加之人体着装屏蔽服后在设备上工作占有一定空间，使上述净空距离更小，所以，35kV及以下线路和电气设备不适于等电位作业。若必须在35kV及以下电压等级采用等电位作业，应采取可靠的绝缘隔离措施，在措施可靠的条件下才能进行等电位作业。

（二）屏蔽服及其使用

在实际作业中，并不能简单地按等电位原理进行作业，还必须解决许多实际问题，如人体进入强电场接近带电体时，带电体对人体放电，人体在强电场中身体各部位产生电位差等。人体虽具有电阻，但电阻值很小，与带电作业所用绝缘梯或空气的绝缘电阻相比，则微不足道，可以忽略，因而把人体看成导体。当作业人员沿着绝缘梯上攀去接触带电体进行等电位作业时，人沿梯级上攀相当于一个等效导体向上移动。由于梯级电位由下至上逐渐增高，所以，随着人体与带电体的逐步接近，人体对地电位也逐渐增高，人体与带电体间的电位则逐渐减小。根据静电感应原理，人体上的电荷将重新分布，即接近高压带电体的一端呈异性电荷。当离高压带电体很近时，感应场强很大，足以使空气电离击穿，于是带电体对人体开始放电。随着人体继续接近带电体，放电将加剧，并产生蓝色弧光和“噼啪”放电声，当作业人员用手紧握带电体时，电荷中和放电结束，感应电荷完全消失。此时，人体与带电体等电位，人体电位处于稳定状态，但是，人体与地，以及人体与相邻相导体之间存在电容，因此，仍有电容电流流过人体，但此电流很小，人体一般无感觉。

另外，当人体处在高压电场中时，虽然人体对地是绝缘的，但由于存在人体等效电容效应，使得人体各部位并未完全处于等电位状态，各部分之间电位差并不相同。当人体由地电位沿绝缘梯（或沿绝缘子串）过渡进入强电场时，均有较大的电位变化和电位差存在。当场强超过一定数值时，人体各部位之间将出现危险的电位差，人体表皮角质层也耐受不了强电场的作用。

为了消除在电位转移过程中的电容充放电现象，削弱高压电场对人体的影响，在高压带电体上进行带电作业时，人体必须穿屏蔽服。

屏蔽服是根据金属球置于强电场中，其内部电场为零的原理制成的，它用经纬布织均匀的蚕丝内包有金属丝（不锈钢或铜丝）的布料制成，它像一个特殊的金属网罩，依靠它可以使人体表面的电场强度均匀并减至最小，良好的屏蔽服屏蔽电场效率可达 99.9%，使作业时流经人体的电流几乎全部从屏蔽服上流过，实现了对人身的电流保护。在发生事故的情况下，穿着屏蔽服保护人身安全，对减轻电弧烧伤面积也起一定作用。

屏蔽服应能适应在各种自然气候条件下工作时穿着使用，因而衣型有单、棉之分。成套屏蔽服包括上衣、裤子、鞋子、短袜、手套、帽子，以及相应的连接线和连接头。由于具有不同的使用条件，国家带电作业标准化技术委员会规定：屏蔽服有 3 种型号。

（1）A 型屏蔽服。用屏蔽效率较高、载流量小（布样熔断电流在 5A 以上）的衣料制成，适合于 110～500kV 电压等级的带电作业使用。

（2）B 型屏蔽服。具有屏蔽效率高、衣服载流量较大的特点，适合于 35kV 以下电压等级，对地及线间距离窄小的配电线路和变电站带电作业时使用。

（3）C 型屏蔽服。具有通透性好、屏蔽效率较高及载流量较大的特点，布样熔断电流不小于 30A。

正确穿着和使用屏蔽服是保证带电作业安全的首要方面，必须认真对待，屏蔽服的穿着和使用注意事项如下。

① 所用屏蔽服的类型应适合作业的线路或设备的电压等级。根据季节不同，屏蔽服内均应有棉衣、夏布衣或按规定穿的阻燃内衣，冬季应将屏蔽服穿在棉衣外面。

② 使用屏蔽服之前，应用万用表和专用电极认真测试整套屏蔽服最远端点之间的电阻值，其数值应不大于 20Ω。同时，对屏蔽服外部应进行详细检查，看其有

无钩挂、破洞及断线折损处，发现后应及时用衣料布加以修补，然后才能使用。

③ 穿着时，应注意整套屏蔽服各部分之间连接可靠、接触良好，这是防止等电位作业人员触电的根本措施，绝对不能对任何部位的连接检查予以忽视。若屏蔽服与手套之间连接不妥的话，电位过渡时手腕易产生触电；若不戴屏蔽帽或衣帽之间接触不良时，在电位转移过程中，作业人员未屏蔽的面部很容易产生触电。

④ 屏蔽服使用完毕，应将屏蔽服卷成圆筒形存放在专门的箱子内，不得挤压，以免造成断丝。夏天使用后洗涤汗水时不得揉搓，可用放在较大体积的约 50℃左右的热水中浸泡 15min，然后用多量清水漂洗晾干。

（三）等电位作业的基本方式

等电位作业有如下几种基本方式。

(1) 立式绝缘硬梯（含人字梯、独脚梯）等电位作业。该方式多用于变电设备的带电作业。如套管加油、短接断路器、接头处理等。

(2) 挂梯等电位作业。该方式是将绝缘硬梯垂直悬挂在母线、杆塔横担或钩架上，多用于一次变电设备解接搭头的带电作业。

(3) 软梯等电位作业。该方式是将绝缘软梯挂在导线上，用来处理输电线路的防震锤和修补导线，该方法简单方便。

(4) 杆上水平梯等电位作业。该方式是将绝缘硬梯水平组装在杆塔上，作业人员进行杆塔附近的等电位作业。

(5) 绝缘斗臂上的等电位作业。该方式是在汽车活动臂上端的专用绝缘斗中进行带电作业。作业人员站在绝缘斗内，汽车活动臂将他举送到所需高度进行作业。

(6) 绝缘三角板等电位作业。适用于配电线路杆塔附近的等电位作业。

（四）等电位作业安全技术措施

等电位作业应采取以下安全技术措施。

(1) 等电位作业人员必须在衣服外面穿合格的全套屏蔽服（包括帽、衣、裤、手套、袜和鞋），且各部分应连接好，屏蔽服内还应套阻燃内衣。严禁通过屏蔽服断、接地电流、空载线路和耦合电容器的电容电流。

由于在等电位沿绝缘梯或沿绝缘子串，进入强电场的电位转移过程中，会产生电容充放电，高压电场对人体各部位间会产生危险电位差，为保证人身安全，作业人员不仅应屏蔽身体，而且还必须屏蔽人的头部和四肢，所以，作业人员应穿全套的屏蔽服。屏蔽服内的阻燃内衣，是防止电容充放电时将人体所穿的衣服燃烧着火而设置的。

(2) 等电位作业人员对地距离不应小于表 3-3 的规定，对邻相导线的最小距离不小于表 3-6 的规定。

表 3-6　等电位作业人员对邻相导线的最小距离

电压等级/kV	10	35	66	110	220	330	500
最小距离/m	0.6	0.8	0.9	1.5	2.5	3.5	5.0

(3) 等电位作业人员在绝缘梯上作业或沿绝缘梯进入强电场时，其与接地体和带电体两部分间所组成的组合间隙不得小于表 3-7 的规定。

表 3-7　组合间隙最小距离

电压等级/kV	35	66	110	220	330	500
最小距离/m	0.7	0.8	1.2	2.1	3.1	4.0

(4) 等电位作业人员沿绝缘子串进入强电场的作业，只能在 220kV 及以下电压等级的绝缘子串上进行。扣除人体短接的和零值的绝缘子片后，良好绝缘子片数不得小于表 3-4 的规定，其组合间隙不得小于表 3-7 的规定。若组合间隙不满足表 3-7 的规定，应加装保护间隙。

等电位作业人员沿绝缘子串进入强电场，一般要短接 3 片绝缘子，还应考虑可能存在的零值绝缘子，最少以 1 片计。110kV 直线杆绝缘子串共 7 片，扣除 4 片之后少于表 3-4 规定的良好绝缘子片数；而 220kV 直线杆绝缘子串为 13 片，扣除 4 片后，满足最少良好绝缘子 9 片的规定。

人体进入电场后，人体与导线和人体与接地的架构之间形成了组合间隙。用试验的方法将 9 片良好绝缘子串的工频放电电压，与上述组合间隙的工频放电电压作比较，发现后者要比前者弱得多。因此，等电位沿绝缘子串进入强电场作业时的安全程度，主要取决于该组合间隙的放电特性。据有关资料介绍，220kV 组合间隙两部分之和是固定值 1.35m，随人体在绝缘子串上短接的部位不同，工频放电电压特性曲线呈凹形，其最低值为 606kV，相当于 3 倍操作过电压幅值，比 1.35m 标准间隙的工频放电电压还低约 15%。可见达不到表 3-7 组合间隙最小距离 2.1m 的要求。所以，沿绝缘子串进入强电场的作业，要受限于 220kV 及以下电压等级的系统，良好绝缘子片数，不仅要满足表 3-4 的规定，而且，组合间隙距离也满足表 3-7 的规定。若组合间隙距离不满足表 3-7 的规定时，还必须在作业地点附近适当的地方加装保护间隙。

(5) 等电位作业人员在电位转移前，应得到工作负责人的许可，并系好安全带。转移电位时，人体裸露部分与带电体的距离不应小于表 3-8 的规定。

表 3-8　转移电位时，人体裸露部分与带电体的最小距离

电压等级/kV	35～63(66)	1105～220	3305～500
最小距离/m	0.2	0.3	0.4

(6) 等电位作业人员与地面作业人员传递工具和器材时，必须使用绝缘工具或绝缘绳索进行，其有效长度不得小于表 3-9 的规定。

(7) 沿导、地线上悬挂的软、硬梯或飞车进入强电场的作业应遵守下列规定。

① 在连续挡距的导、地线上挂梯（或飞车）时，其导、地线的截面不得小于：

- 钢芯铝绞线 $120mm^2$；

表 3-9　绝缘工具最小有效绝缘长度

电压等级/kV	有效绝缘长度/m	
	绝缘操作杆	绝缘承力工具、绝缘绳索
10	0.7	0.4
35	0.9	0.6
66	1.0	0.7
110	1.3	1.0
220	2.1	1.8
330	3.1	2.8
500	4.0	3.7

- 铜绞线 $70mm^2$；
- 钢绞线 $50mm^2$。

② 有下列情况之一者，应经验算合格，并经厂（局）主管生产领导（总工程师）批准后才能进行：

a. 在孤立挡距的导、地线上的作业；

b. 在有断股的导、地线上的作业；

c. 在有锈蚀的地线上的作业；

d. 在其他型号导、地线上的作业；

e. 二人以上在导、地线上的作业。

要保证在导、地线上挂梯或飞车作业的安全，必须使导、地线符合规定的综合抗拉强度。由于孤立挡距的两杆塔处承受力与直线杆塔有很大不同，需要对整体（含杆塔）承受的侧向力进行核算。导、地线有锈蚀或断股，会使原来的有效截面减小，抗拉能力降低。《电业安全工作规程》未予指明的其他型号导、地线，以及载荷增加超重和一切变动的因素、非一般情况等，都必须经过验算导、地线强度并证明合格后，方可挂梯作业。

③ 在导、地线上悬挂梯子前，必须检查本挡两端杆塔处导、地线的紧固情况。挂梯载荷后，地线及人体对导线的最小间距应比表 3-3 中的数值增大 0.5m，导线及人体对被跨越的电力线路、通信线路和其他建筑物的最小距离，应比表 3-3 规定的安全距离增大 1m。

在导、地线上挂梯，由于集中载荷的作用，必然使导线的张弛度增大。另外，工作中，人及梯子处于运动状态，考虑安全距离时应留有正常活动范围，以及人体进入强电场作业会引起作业地点周围电场分布发生变化，使空气绝缘的放电分散性增大。为保证工作时的人身安全，故作上述规定。

④ 在瓷横担线路上严禁挂梯作业，在转动横担的线路上挂梯前应将横担固定。

（8）等电位作业人员在作业中，严禁用酒精、汽油等易燃品擦拭带电体及绝缘部分，防止起火。

（五）等电位作业安全注意事项

等电位作业除了满足带电作业的一般规定外，还应注意下列事项。

（1）所穿屏蔽服必须符合要求。屏蔽服的技术指标（屏蔽效率、衣料电阻、熔断电流、耐电火花、耐燃、耐洗涤、耐汗蚀、耐磨等）、性能指标（衣服电阻、手套、短袜及鞋子电阻、戴帽后外露面部场强、整套屏蔽服连接后最远端间的电阻、人穿屏蔽服后流过人体电流、头顶场强、衣内胸前胸后场强及温升）均应满足规定要求。

（2）带电作业时未屏蔽的面部或颈部不得先接触高压带电体。当人体进行电位转移时，为防止电击，未屏蔽的面部或颈部不得先接触高压带电导体，应用已屏蔽的手先接触导体，且动作要快。

（3）带电作业时，不允许电容电流通过屏蔽服。在等电位作业断开或接通电气设备时，即使电容电流很小，也不允许电容电流通过屏蔽服。

（4）挂梯前，检查绝缘梯应完好。

三、带电断、接引线

（一）带电断、接引线的基本原则

（1）带电断、接引线必须在线路空载的条件下进行。

（2）严禁带负荷断、接线路的引线。当带负荷断、接引线时，在断、接点会产生异常强烈的电弧，该电弧会灼伤人的身体，甚至引起短路故障。

（二）带电断、接空载线路的规定

带电断、接空载线路，必须遵守下列规定。

（1）带电断、接空载线路时，必须确认线路的终端断路器或隔离开关确已断开，接入线路侧的变压器、电压互感器确已退出运行后，方可进行。

按照这种规定，线路的首端与电源相连，线路的终端及线路上均不接任何负载，线路完全处于空载状态，才进行带电断、接空载线路。

（2）带电断、接空载线路时，作业人员应戴护目镜，并应采取消弧措施，消弧工具的断流能力应与被断、接的空载线路电压等级及电容电流相适应。如使用消弧绳，则其断、接的空载线路的长度不应大于表 3-10 的规定，且作业人员与断开点应保持 4m 以上的距离。

表 3-10　使用消弧绳断、接空载线路的最大长度

电压等级/kV	10	35	63(66)	110	220
最大长度/m	50	30	20	10	3

注：线路长度包括分支在内，但不包括电缆线路。

当线路空载时，电源虽不供负荷电流，但向线路供电容电流，线路越长，电容电流越大。当带电断、接空载线路时，在断、接点会产生电容电流电弧，电容电流弧光对人的眼睛会造成伤害，故作业人员作业时，应戴护目镜，并采取消弧措施，消弧工具应能断开相应电压等级、相应长度空载线路的电容电流。

(3) 在查明线路确无接地、绝缘良好、线路上无人工作，且相别确定无误后，才可进行带电断、接引线。该项规定关系到带电断、接引线时的工作安全，也关系到系统的安全运行。其理由如下。

① 如果线路上有人工作，则带电断、接引线使线路上的工作人员极不安全，所以规程要求，要查明线路确实无人工作才带电断、接引线。

② 如果被引接的空载线路绝缘不良或存在接地，若线路为中性点直接接地系统，则带电引接时，将会引起或发生单相接地短路，在引接点会产生很大单相短路电弧，危及作业人员的安全；若线路为中性点不接地或经消弧线圈接地系统，一相接地后，虽可继续运行 2h，非接地相电压升高至线电压，线路绝缘受线电压作用，若在薄弱部位发生另一点接地，会形成相间短路，影响系统正常运行。如果出现电容电流很大的接地，则断、接引线时使用的消弧管容量有限，可能超过其容量而爆炸。

③ 带电引接线之前，必须核实线路的相别，不要把 A 相当成了 B 相或 C 相，未经定相核实相别即开始引接线，把相别搞错了，会在受端变电站操作接入电网时发生相间短路。如果直接接引两端带电设备，则会发生相间短路，造成人身及设备重大事故。

(4) 带电接引线时，未接通相的导线及带电断引线时，已断开相的导线将因感应而带电。为防止电击，应采取措施后才能触及。

也就是说，未接通相的导线及已断开相的导线均处于断开不带电状态，此时，因感应电压存在而不能随便触摸，必须采取措施（导线接地或穿屏蔽服）后才能触及，否则会遭受电击。

(5) 严禁同时接触未接通的或已断开的导线两个断头，以防人体串入电路。两根导线均处于断开不带电状态，作业人员不能同时接触两根导线的断头，否则人体将串入两根导线的断头之间，使人体流过感应电流而遭受电击。

(三) 带电断、接其他电气设备的规定

(1) 带电断、接耦合电容器时，应将其信号接地，接地刀闸合上，并应停用高频保护，被断开的电容器应立即对地放电。

在 220kV 及以上架空线路起端的一相导线上接有耦合电容器，该耦合电容用于线路的高频保护和电力载波通信。耦合电容的断接会影响线路高频保护信号通道的正常工作。对于某些类型的高频保护，当断开耦合电容器时，可能引起断路器误跳闸；对某些类型高频保护，在耦合电容器接上时，也可能发出异常冲击信号，引起保护误动而跳闸。因此，进行带电断、接耦合电容器之前，应将高频保护停用，并将信号接地，合上耦合电容器的保护接地开关。耦合电容器引线断开后，其上有残余电压，应将其对地放电至电压为零，以免残余电压对人造成触电伤害。

(2) 带电断、接耦合电容器（包括空载线路、避雷器等）时，应采取防止引流线摆动的措施。对引流流线采取固定措施，防止摆动，可避免因引流线摆动引起短路故障。

（3）严禁用断、接空载线路的方法使两电源解列或并列。电路的接通或断开，电源的解列和并列，都必须使用断路器，因为断路器能灭弧，所以两电源并列必须经同期并列。如果采用断、接空载线路的方法使两电源解列或并列，就会引起电弧短路和非同期并列的恶性事故。

四、带电短接设备

（一）带电短接断路器和隔离开关

用分流线短接断路器（开关）、隔离开关（刀闸）等载流设备时，必须遵守下列规定。

（1）短接前一定要核对相别。即，确定三相引线中哪根引线是A相、B相和C相，然后用分流线按相别短接，防止相别搞错而发生相间短路事故。

（2）组装分流线的导线处，必须清除氧化层，且线夹接触应牢固可靠。分流线用线夹固定接在被短接设备一相的两端，为了减小接触电阻，防止运行中接头处过热烧坏及运行可靠，分流线两端表面的氧化层应清除，两端牢固地固接在线夹内，线夹再牢固地固接在被短接设备一相的两端。

（3）35kV及以下设备使用的绝缘分流线的绝缘水平应符合表3-11的规定。绝缘分流线像其他绝缘工具一样，其绝缘性能应按绝缘工具的绝缘试验标准进行试验，其耐压性能符合要求方可使用。

表3-11 绝缘工具的试验项目及标准

额定电压/kV	试验长度/m	1min工频耐压/kV		5min工频耐压/kV		15次操作冲击耐压/kV	
		出厂及型式试验	预防性试验	出厂及型式试验	预防性试验	出厂及型式试验	预防性试验
10	0.4	100	45				
35	0.6	150	95				
66	0.7	175	175				
110	1.0	250	220				
220	1.8	450	440				
330	2.8			420	380	900	800
500	3.7			640	580	1175	1050

（4）断路器必须处于合闸位置，并取下跳闸回路熔断器（保险），锁死跳闸机构后，方可短接。在进行带电短接时，断路器必须处于合闸位置，而且短接过程中，不许断路器跳闸，故跳闸回路熔断器（即操作保险）应取下，而且还要将断路器的操作机构锁在合闸位，否则，在短接过程中，若断路器瞬间断开，将造成带负荷短接线，在接头处会产生很大的电弧，引起短路故障和人身伤亡。

（5）分流线应支撑好，以防摆动造成接地短路。如用绝缘线同相绑扎或作绝缘支撑固定。

（二）带电短接阻波器

带电短接阻波器应遵守以下规定。

（1）阻波器被短接前，严防等电位作业人员人体短接阻波器。阻波器是一个无铁芯的电感绕组，电力线路运行时，负荷电流经过阻波器送至用户，为了本端能接收对侧发来的高频保护及高频通信信号，必须设置阻波器，不让高频信号通过阻波器，而只能通过耦合电容器被终端设备接收。阻波器只通过工频电流，等电位作业时，在短接分流线未装好之前，作业人员不得碰触阻波器，避免出现阻波器全部或部分被人体短接；否则人体成为短接的导体，屏蔽服上将流过负荷电流，电流超过其耐受能力时，屏蔽服将冒火花或被烧坏，导致烧伤电击事故，故作业中，应防止人体短接阻波器。

（2）短接阻波器（或开关设备）的分流线截面和两端线夹的载流容量，应满足最大负荷电流的要求。

五、高架绝缘斗臂车带电作业

（一）高架绝缘斗臂车

高架绝缘斗臂车多数用汽车发动机和底盘改装而成。它安装有液压支腿，将液压斗臂安装在可以旋转360°的车后活动底盘上，成为可以载人进行升降作业的专用汽车。绝缘斗臂用绝缘性能良好的材料制成，采用折叠伸缩结构，电力系统借助高架绝缘斗臂车带电作业，减轻了作业人员的劳动强度，改善了劳动条件，并且使一些因间隔距离小，用其他工具很难实施的项目作业得以实现。

（二）高架绝缘斗臂车带电作业安全规定

用高架绝缘斗臂车进行带电作业时，应遵守下列安全规定。

（1）使用前应认真检查，并在预定位置空斗试操作一次，确认液压传动、回转、升降、伸缩系统工作正常，操作灵活，制动装置可靠，方可使用。

（2）绝缘臂的最小有效绝缘长度应大于表3-12的规定，并应在其下端装设泄漏电流监视装置。

表3-12　绝缘臂的最小有效绝缘长度

电压等级/kV	10	35～60(66)	110	220
长度/m	1.0	1.5	2.0	3.0

绝缘臂在荷重作业状态下处于动态过程中，绝缘臂铰接处结构容易被损伤，出现不易被发现的细微裂纹，虽然对机械强度影响不大，但会引起耐电强度下降，其表现在带电作业时，绝缘斗臂的绝缘电阻下降，泄漏电流增加。因此，带电作业时，在绝缘臂下端装设泄漏电流监视装置是很有必要的。在实际工作中，除严格执

行有关监视、检查的规定外，还应遵守表3-12的规定。

(3) 绝缘臂下节的金属部分，在仰起回转过程中，人身与带电体的距离应按表3-4的规定值增加0.5m。工作中车体应良好接地。

表3-4规定的人身与带电体应保持的安全距离是一个最小的静态界限，且间隙空气绝缘是稳定的。一般作业时，只要按章操作并严格监护，不会出现危险接近和失常的情况，而绝缘斗臂下节的金属部分，因外形几何尺寸与活动范围均较大，操作控制仰起回转角度难以准确掌握，存在状态失控的可能。绝缘斗体积较大，介入高压电场导体附近时，下部机车喷出的油烟会对空气产生扰动和性能影响，使间隙的气体放电电压下降，分散性变大。因而必须综合考虑绝缘斗臂下的金属部分对带电体的安全距离。按《安全规程》规定，该安全距离应比表3-4规定的最小安全距离大0.5m。

(4) 绝缘斗用于10～35kV带电作业时，其壁厚及层间绝缘水平应满足表3-11耐电压的规定。要将强电场与接地的机械金属部分隔开，绝缘斗及斗臂绝缘应有足够的耐电强度，要求与高压带电作业的绝缘工具一样，对斗臂和层间绝缘分别按周期进行耐压试验，试验项目及标准满足表3-11的规定。

(三) 操作绝缘斗臂车注意事项

操作绝缘斗臂车进行专业工作属于带电作业范畴，应与带电作业同样严格要求。故要求操作绝缘斗臂的人员应熟悉带电作业的有关规定，熟练掌握斗臂车的操作技术。由于操作斗臂车直接关系高空作业人员的安全，所以，操作斗臂车的人员应经专门培训，在操作过程中，不得离开操作台，且斗臂车的发动机不得熄火，防止意外情况发生时能及时升降斗臂，以免造成压力不足，机械臂自然下降而引发作业事故。

六、低压带电作业

低压是指电压在250V及以下的电压。低压带电作业是指在不停电的低压设备或低压线路上的工作。

对于一些可以不停电的工作，没有偶然触及带电部分的危险工作，或作业人员使用绝缘辅助安全用具，直接接触带电体及在带电设备外壳上的工作，均可进行低压带电作业。虽然低压带电作业的对地电压不超过250V，但不能理解为此电压为安全电压。实际上交流220V电源的触电对人身的危害是严重的，特别是低压带电作业使用很普遍，为防止低压带电作业对人身的触电伤害，作业人员应严格遵守低压带电作业有关规定和注意事项。

(一) 低压设备带电作业安全规定

在低压设备上带电作业，应遵守下列规定。

(1) 在带电的低压设备上工作，应使用有绝缘柄的工具，工作时应站在干燥的绝缘垫、绝缘站台或其他绝缘物上进行，严禁使用锉刀、金属尺和带有金属物的毛刷、毛掸等工具。使用有绝缘柄的工具，可以防止人体直接接触带电体；站在绝缘垫上工作，人体即使触及带电体，也不会造成触电伤害。低压带电作业时使用金属工具，金属工具可能引起相同短路或对地短路事故。

（2）在带电的低压设备上工作时，作业人员应穿长袖工作服，并戴手套和安全帽。戴手套可以防止作业时手触及带电体；戴安全帽可以防止作业过程中头部同时触及带电体及接地的金属盘架，造成头部接近短路或头部碰伤；穿长袖工作服可防止手臂同时触及带电和接地体引起短路和烧伤事故。

（3）在带电的低压盘上工作时，应采取防止相间短路和单相接地短路的绝缘隔离措施。在带电的低压盘上工作时，为防止人体或作业工具同时触及两相带电体或一相带电体与接地体，在作业前，将相与相间或相与地（盘构架）间用绝缘板隔离，以免作业过程中引起短路事故。

（4）严禁雷、雨、雪天气及六级以上大风天气在户外带电作业，也不应在雷电天气进行室内带电作业。雷电天气，系统容易引起雷电过电压，危及作业人员的安全，不应进行室内、外带电作业；雨雪天气，气候潮湿，不宜带电作业。

（5）在潮湿和潮气过大的室内，禁止带电作业；工作位置过于狭窄时，禁止带电作业。

（6）低压带电作业时，必须有专人监护。带电作业时由于作业场地、空间狭小，带电体之间、带电体与地之间绝缘距离小，或由于作业时的错误动作，均可能引起触电事故，因此，带电作业时，必须有专人监护；监护人应始终在工作现场，并对作业人员进行认真监护，随时纠正不正确的动作。

（二）低压线路带电作业安全规定

在 400V 三相四线制的线路上带电作业时，应遵守下列规定。

（1）上杆前应先分清火、地线，选好工作位置。在登杆前，应在地面上先分清火、地线，只有这样才能选好杆上的作业位置和角度。在地面辨别火、地线时，一般根据一些标志和排列方向、照明设备接线等进行辨认。初步确定火、地线后，可在登杆后用验电器或低压试电笔进行测试，必要时可用电压表进行测量。

（2）断开低压线路导线时，应先断开火线，后断开地线；搭接导线时，顺序应相反。三相四线制低压线路在正常情况下接有动力、照明及家电负荷。当带电断开低压线路时，如果先断开零线，则因各相负荷不平衡使该电源系统中性点会出现较大偏移电压，造成零线带电，断开时会产生电弧，因此，断开四根线均会带电断开。故应按《安全规程》规定，先断火线，后断地线；接通时，先接零线，后接火线。

（3）人体不得同时接触两根线头。带电作业时，若人体同时接触两根线头，则人体串入电路会造成人体触电伤害。

（4）高低压同杆架设，在低压带电线路上工作时，应先检查与高压线的距离，采取防止误碰带电高压线或高压设备的措施。在低压带电导线未采取绝缘措施时（裸导线），工作人员不得穿越。高低压同杆架设，在低压带电线路上工作时，作业人员与高压带电体的距离离不小于表 3-4 的规定，还应采取以下措施：

① 防止误碰、误接近高压导线的措施；

② 登杆后在低压线路上工作，防止低压接地短路及混线的作业措施；

③ 工作中在低压导线（裸导线）上穿越的绝缘隔离措施。

（5）严禁雷、雨、雪天气及六级以上大风天气在户外低压线路上带电作业。

（6）低压线路带电作业，必须设专人监护，必要时设杆上专人监护。

（三）低压带电作业注意事项

（1）带电作业人员必须经过培训并考试合格，工作时不少于2人。

（2）严禁穿背心、短裤，穿拖鞋带电作业。

（3）带电作业使用的工具应合格，绝缘工具应试验合格。

（4）低压带电作业时，人体对地必须保持可靠的绝缘。

（5）在低压配电盘上工作，必须装设防止短路事故发生的隔离措施。

（6）只能在作业人员的一侧带电，若其他还有带电部分而又无法采取安全措施时，则必须将其他侧电源切断。

（7）带电作业时，若已接触一相火线，则要特别注意不要再接触其他火线或地线（或接地部分）。

（8）带电作业时间不宜过长。

第四章 电力安全生产标准工作程序

Chapter 04

第一节 运行工作程序

电力生产中的发、供电各专业的运行工作，虽然规律性都比较强，但时刻在变化，又相互关联，无论是对设备的巡视、维护或者是操作，都必须按照规定进行工作，只要按照规定去开展工作，就能保证人身和设备的安全，以及电网的安全、稳定、经济运行。虽然在过去的生产运行中，有的工作早已按规定制定了程序（如倒闸操作），已收到了显著的安全效果，但如果按相关规程、标准、制度结合现场实际，都制定出标准工作程序，并按此开展工作，既提高了工作效率，也方便了现场运行人员，对安全生产也带来显著的效果。

一、运行值班、设备巡视及维护

（一）发电厂、有人值班变电所运行值班

（1）运行值班按批准的轮流值班表和规定的值班方式执行，不得任意调班。

（2）值班时统一着装、佩戴统一制作的在岗职务胸牌（职务标志）。

（3）值班期间全值的人员分工要明确，应有专人监视系统、设备运行状况，有专人负责，按规定时段对运行设备状态的参数做好抄表工作。

（4）按本单位制定批准的设备巡视路线图，根据本专业运行管理制度（管理工作规定）的要求，按时进行设备巡视。

（5）按本专业运行管理制度（管理工作规定）的要求，对运行设备及其辅助设施进行清扫、维护及定期切换轮流运转。

（6）按本专业运行管理制度（管理工作规定）的要求对工作场所进行清扫。

（7）若发现异常，按组织原则逐级及时汇报；事故处理，根据《调度规程》、《运行规程》、《电业安全工作规程》的规定，在当班主管调度、值班负责人（或值班工程师）的领导和指挥下进行。

（8）根据电网及本厂（所）工作需要，按照《调度规程》、《运行规程》、《电业安全工作规程》有关部分，以及省公司制定的《关于执行电气操作票和工作票制度的补充规定》的有关要求，执行操作任务。

(9) 根据电网及本厂（所）工作需要，按照《电业安全工作规程》有关部分，以及《关于执行电气操作票和工作票制度的补充规定》，对检修的电力生产设备开工前执行停电操作、布置安全措施、办理工作许可手续。

(10) 按时进行交、接班，并按《变电运行管理制度》或《水（火）电厂运行管理工作规定》，执行交接班中的各项要求，做好相关记录和办理交接班手续。

（二）设备巡视

(1) 电力生产设备运行中的巡视，检查重点和次数，以及巡视设备对人员的要求，按相关《运行管理制度》（工作管理规定）的有关要求执行。

(2) 巡视发电厂、变电所的设备，按本单位批准的《设备巡视路线图》执行。

(3) 巡视运行中的电力生产设备，不得进行与该项工作无关的事，不得任意触及运行中的设备。

(4) 巡视设备中发现异常，按规定逐级汇报。

(5) 巡视设备结束后应及时记录，对发现的异常现象，除在运行日志（或运行记录表）中记载外，还应按规定填写相关记录表。

（三）设备维护

(1) 发、输、变电运行设备的维护工作，分别按各自的专业运行管理制度（工作管理规定）、《现场运行规程》规定的周期和内容施行。

(2) 维护、清扫、检查、轮换运行设备，应遵照《电业安全工作规程》有关部分、《运行规程》、《管理制度》及相关技术标准的要求施行。

(3) 维护设备如需制定安全措施或办理工作许可手续，必须在相关的技术措施和组织措施完成后，方能开始工作。

(4) 设备的维护工作，应按相关规程和技术标准要求的工艺和质量标准执行。

(5) 维护设备工作完成后，应填写本单位规定的相关记录。

(6) 除应对经过了维护、清扫、检查、切换试验，或轮换运行的设备及其辅助部件做好记录外，还应在交接班中作为主要内容向下一班交接。

（四）运行值班的交接班

电力生产运行交接班工作程序如下。

(1) 交班前准备

① 对工作场所及值班室进行清扫、整理。

② 整理值班有关记录及应交的专业工作记录表，如做过的工作或发生的故障、对某些设备进行了检修或检验的工作记录表、继电保护及安全自动装置工作记事表、设备缺陷记录表、断路器跳闸次数记录表等。

③ 召开交班前会，研究交班内容、做好交班总结，并应按相关《运行管理制度》（管理工作规定）执行。

④ 交班时对口交接、配合接班人员检查的交班人员实行分工。

（2）接班前准备

① 接班人员准时进入现场（按规定的交接班时间提前15min），更换统一工作服装，佩戴值班职务胸牌。

② 按明确接班时到现场进行对口交接和检查人员的分工。

③ 明确接班注意事项后等待通知接班。

（3）正式实行交接班

① 由交班值班负责人向全体值班人员汇报交班总结。

② 交接双方按事前确定的对口交接分工，分头进行对口交接和到现场检查运行设备。

③ 对交班时交待的运行方式、施工未完设备（检修及试验或定检），及其正在执执行的操作票（指按预令填写而未执行操作的操作票；已进行了操作的操作票必须执行完毕才能交班）和工作票、运行设备维护清扫和其他工作核对无误后，准备接班。

④ 正式办理交接手续，交、接双方负责人在运行记录表（或交接记录表）上交交班总结后签字。

（4）接班后会议

① 根据当时电网、天气以及作业情况，对值班人员作出分工，并提出当值工作的重点和注意事项。

② 根据当时的具体情况做好事故预案。

③ 向主管调度的当班调度员汇报接班的运行情况及当时存在的薄弱环节。

二、发电厂、变电所运行设备的操作

（一）调度操作

1. 受理申请

（1）检修单位必须于预定开工前4天的12:00前（或按本系统的规定时间）向调度部门提出申请。

（2）受理检修单位的申请时，应审查工作的计划性和完整性，审查其工作内容是否与申请范围相符等；对于平行、共杆、交叉、跨越的线路检修，或检修中引起接线方式变化的解、搭头工作，必须要求检修单位报送停电区域图。

2. 改变运行方式的批复

（1）根据各检修单位的申请工做内容做好综合平衡，尽量考虑各检修单位之间的配合，以减少设备的重复停电。

（2）在运行方式批签前，应由管电网运行方式的负责人，考虑系统运行方式变化后潮流及电压的调整、负荷的倒换；由负责电网继电保护装置专责人，考虑改变了电网运行方式后，对继电保护及安全自动装置，哪些整定值应作调整，哪些由停止运行改投入运行；对通信和自动化的影响及事故处理原则，也应由相关专责人予以考虑。

3. 拟写操作指令票

（1）调度操作指令票应由有权填写的值班调度员进行，拟写调度操作指令票必须符合《电业安全工作规程》有关规定和《电网调度管理规程》的要求；简明整洁，字迹清楚，不得涂改；使用统一调度术语；操作任务中使用双重的设备名称和调度编号。

（2）拟写调度操作指令票，必须以检修卡、运行方式变更联系单或上级调度指令为依据。拟写操作指令票前，应认真核对系统结线模拟图板和现场实际运行方式。必要时，可参照历史操作票或典型操作票拟写。

4. 审查操作指令票

（1）调度操作指令票需经调度值班负责人审核，审核必须逐字、逐句、逐项进行；审核无误后，调度值班负责人与拟票人共同对照系统接线模拟图板预演，再复核无误，预演完毕，然后将系统结线模拟图板上的相关设备恢复到原运行实际状况。

（2）调度操作指令票一般由值班调度负责人审核。

5. 向执行操作的发电厂（变电所）预发操作指令

（1）预发操作指令票前，应对已拟好的操作指令票进行认真审核，确认其操作内容及操作程序准确无误后，方可下达到运行现场。

（2）调度操作指令一般应提前一天（或按本系统的规定时间）预发到操作单位，以便运行现场提前拟写倒闸操作票。

（3）预发操作指令时，发、受令双方均应进行录音、执行复诵，并应记录发令人、受令人的姓名。

6. 执行操作

（1）操作指令的执行应遵守发令、复诵、录音、记录、汇报等制度。

（2）操作指令票各项操作内容，要按逐项发令、逐项执行、逐项汇报的原则，严禁发违反原则操作令或越项操作令。

（3）操作过程中如发生疑问，应立即停止操作，弄清情况后方可继续执行。

（4）当调度专用通信通话困难，如长途电话也无法接通时，调度可委托所属调度对象代为转达调度指令，但三方均应做好详细记录，复诵无误并录音。

（5）尽量避免在交接班、高峰负荷和恶劣天气情况下进行操作。

7. 操作中或操作完毕的执行情况汇报

（1）听取操作对象汇报执行情况时，应将汇报人姓名、汇报时间和受理汇报人的姓名逐项做好记录，上、下项相同的内容不得以省略号代替。

（2）对于现场操作完毕的汇报，受理人应复诵，并录音。

（3）完成了全部操作指令后，应将执行情况写入有关记录，并在操作（指令）票上加盖“已执行”印章。

（二）发电厂、变电所电气设备的倒闸操作

1. 受理操作指令

（1）值班人员接受调度指令时，应录音，并做好记录，经复诵无误后，详细报告值班负责人。

（2）根据现场设备实际运行情况，核对指令的正确性。

（3）采用计算机管理的发电厂或变电所，记录调度指令时，因不能及时输入计算机，必须采用正规记录本记录调度指令，此原始记录本必须保存一年。

2. 倒闸操作票的填写、审查

（1）填写操作票时，应根据操作任务和现场设备实际运行情况，由有资格执行操作的当班值班人员填写。

（2）填写好的操作票交监护人或值班负责人审查。

（3）特别复杂的操作，还应事先组织讨论。

（4）不允许用未按正规要求，且未履行正式审查的操作票草稿执行操作。

3. 倒闸操作准备

（1）由监护人或操作人做好操作准备工作，包括断路器、隔离开关、间隔、高压室门锁的钥匙（含微机防误钥匙）、操作用具和安全工具的准备。

（2）以上的准备工作，由操作监护人按本次操作的实际需要进行一次复查。

（3）钥匙由监护人掌管。

4. 在系统接线模拟图板上进行演习

（1）操作前，监护人和操作人根据所拟操作票顺序，对照系统接线模拟图板做好操作演习。

（2）按照监护人所发操作令，操作人先进行复诵，得到监护人的同意后，操作人对系统接线模拟图板上相关断路器或隔离开关模拟进行操作；虽然是模拟演习，同样要执行由监护人唱票（即发操作令）、操作人复诵制度，演习无误后，操作人、监护人、值班负责人分别在操作票的最后一页上履行签名手续，由监护人填写操作开始时间。

（3）凡已装设微机防误装置的，应按微机防误装置的运行管理规定正确使用，严禁无故解锁操作。

5. 执行倒闸操作

（1）进入操作现场后，操作人和监护人应共同核对设备名称、编号和位置是否与操作任务相符，否则应予纠正。

（2）核对无误后，由监护人将钥匙交给操作人（副值长及以上人员）开锁，监护人按操作票项目顺序相继唱票（即逐项发操作预令），操作人复诵，监护人确认无误后，再发出“对！……执行”的动作口令；每操作完成一项，监护人要检查其操作内容是否正确，操作人所执行操作项目无误后，监护人才可以在操作票上该项序号前打“√”。

（3）执行完一项操作项目后，监护人对已操作后的设备进行检查，复核其是否操作到位，无误后方能继续进行下一项操作。

（4）凡调度要求记录操作时间的项目，在执行完后，立即在该操作项目后由监护人记上执行的时间。

6. 向值班调度员汇报

（1）全部操作完毕后，由监护人和操作人共同对操作票上的项目进行仔细核对，确认是否已全部执行完毕，复查无误后由监护人填写操作终了时间。

（2）操作完毕后，由操作人员或值班负责人及时向当班调度发令人汇报操作情况及终了时间，并录音，经发令人认可后，在操作票上盖“已执行”图章，然后由操作人员或值班负责人将汇报情况记入操作记录表或运行记录表内。

（三）锅炉的启、停操作

大机组的启动可按冲转前汽轮机金属温度和停机时间长短来划分，以其金属温度划分（具体按制造厂规定），一般分为冷态启动、温态启动、热态启动（有时还分极热态启动）。按停机时间划分：停机超过 72h，金属温度已下降至其额定负荷值的 40%以下为冷态启动；停机在 10～72h 之间，金属温度已下降至其额定负荷值的 40%～80%之间为温态启动；停机在 1h 以内，金属温度仍维持或接近其额定负荷值为极热态启动。冷态启动或热态启动均可采用滑参数形式或定压形式进行，我国的大机组多采用滑参数启、停。

1. 冷态启动

（1）准备工作

① 按运行规程要求进行相关的试验，且合格，有关联锁保护（安全阀等）已投入；

② 按运行规程进行全面检查，锅炉本体、热工和电气系统、阀门、烟气挡板等状况正常，开关位置正确；

③ 备足合格的除盐水。

（2）锅炉进水

① 根据锅炉管道连接情况确定进水管线和使用水泵方式。

② 进水前，汇报值班负责人（值长或值班工程师，以下简称值长）、联系汽轮机值班人员，告知进水方式，以便共同作好安全措施和进水等工作。

③ 冷态锅炉进水前应将各膨胀指示器校正到零位，并做好记录。

④ 启动上水泵（或给水泵）向锅炉进水，进水时应注意：

a. 进水温度要符合运行规程要求，水温与锅炉汽包壁温差不得大于 40℃；

b. 进水速度要缓慢、均匀，并应随季节、天气、气温等情况有所不同，主要要保证水温与锅炉汽包壁温差不超过规定值。

⑤ 进水至锅炉汽包规定水位时（如要做水压试验时则要过热器进满水），开启省煤器再循环阀门，停止进水，并将进水时所操作的阀门恢复到原有位置。

⑥ 通知热工工作人员，冲洗电触点水位计和水位保护测量筒。

⑦ 停止进水后，应校对各水位计，其指示应基本一致。

⑧ 锅炉进水后对各膨胀指示值抄录一次。

⑨ 为加快锅炉启动速度，可用邻近锅炉（或启动锅炉）的蒸汽从水冷壁管下联箱进入，以加热炉水。

⑩ 采用炉水加热时，应注意：

a. 加热或升压过程应缓慢均匀，应按规定控制炉水升温速度，控制锅炉汽包壁温差不大于40℃；

b. 炉水加热过程中应按规定保持好水位；

c. 炉水加热前、后应抄录各膨胀指示值，以监视锅炉汽包、水冷壁管的膨胀情况；

d. 加热结束时应对炉水取样进行化验，以保证启动时炉水质量符合要求。

(3) 锅炉点火。点火前的准备包括以下工作：

① 值长应通知有关值班人员做好锅炉启动准备，通知点火时间；

② 投入锅炉总联锁开关，按运行规程规定启动回转式预热器（有回转式预热器锅炉），启动引、送风机，对炉膛通风吹扫；

③ 投入烟气温度测量装置，检查风门、点火油枪；

④ 进行自动或手动点火；

⑤ 点火后应就地或从火焰监视装置的显示器画面上，观察油枪着火情况及火焰分布状况；

⑥ 如有回转式预热器，应投入其吹灰程序控制设施；

⑦ 投入连续排污、加药、取样系统，化学工作人员对炉水质量进行监督和调节；

⑧ 应按规定控制炉膛出口烟气温度，防止再热器等超过其额定温度；

⑨ 应及时投用灰渣泵。

(4) 锅炉升压及机组并网

① 逐步增加锅炉燃料进量和进风量，按锅炉启动曲线升温、升压；

② 升压过程必须缓慢、平稳，并应符合汽轮机要求；

③ 升温、升压过程，应控制过热蒸汽和再热蒸汽的升温速度，一般应不大于2.5℃/min；

④ 升温、升压过程中，应控制锅炉汽包壁温差不大于40℃；

⑤ 升温、升压过程中，必须监视各受热面的管壁温度、炉膛出口烟气温度偏差，各部件特别是水冷壁管的膨胀量，使其不超过限额；

⑥ 当锅炉汽包压力达到现场热紧螺钉规定值时，应对水位计、热工仪表管道进行冲洗，检查人员应进行热态紧螺钉，投入旁路系统；

⑦ 根据排烟温度情况，投入电除尘器连续振打装置；

⑧ 根据锅炉汽包水位情况，启动给水泵向锅炉进水，关闭省煤器再循环阀门；

⑨ 当汽温、汽压达到规定值后，各设备运行正常时，可将辅助汽源切换至新蒸汽；

⑩ 当二次风温度达到一定值时（运行规程规定），按规定逐步启动制粉系统，此时应控制三次风量和注意锅炉内燃烧状况；

⑪ 制粉系统投入后，捞渣机系统投入运行；

⑫ 主蒸汽和再热蒸汽参数达到汽轮机冲转要求时，且蒸汽品质合格，锅炉汽包水位正常，可联系汽轮机值班人员进行汽轮机冲转，应注意锅炉燃烧情况，调整燃料进入量，稳定汽轮机冲转参数；

⑬ 汽轮机冲转后，关闭过热器出口和再热器出口疏水阀，此时应注意蒸汽温度不能下降；

⑭ 机组并网发电后，逐步关小旁路阀，同时退出烟气温度探针；

⑮ 锅炉根据化学值班人员要求进行一次定期排污后，关闭锅炉下部放水阀，适当开大连续排污阀。

（5）升负荷

① 配合汽轮机进行低负荷暖机；

② 升负荷中，逐步增加锅炉的给水流量、燃料量、风量，调整燃烧，按规程规定控制升温、升压速度；

③ 当煤粉仓有一定粉位时，可逐步投入给粉机向炉膛内进粉，此时应注意炉膛内煤粉燃烧情况，力求燃烧稳定、火焰充满炉膛，防止火焰偏斜冲刷水冷壁管；

④ 当负荷升到一定值后，对过热器减温水系统和再热器事故喷水系统，进行反冲洗后投入备用；

⑤ 当排烟气温度达到规定值后，电除尘器投入运行；

⑥ 高压锅炉当负荷升至30%左右时，开大连续排污系统进行洗硅，化学值班人员取样化验炉水含硅量，整个升负荷过程中都必须保持炉水含硅量合格；

⑦ 按旁路设备容量，当机组负荷达到旁路设计容量时，应将旁路退出，作为备用；

⑧ 单元机组负荷约升至额定值的50%时，可联系汽轮机值班人员启动第二台给水泵；

⑨ 视燃烧稳定情况，逐步增加煤粉量，退出全部油枪；

⑩ 回转式空气预热器连续吹灰退出，受热面自动吹灰系统投入；

⑪ 根据设备和锅炉运行情况，一次风控制、制粉系统控制、燃料控制、锅炉主控制等自动装置可逐步投入；

⑫ 负荷升至额定值后，应对锅炉本体及辅助设备系统进行一次全面检查。

2. 热态启动

（1）锅炉点火前，对锅炉及辅助设备进行一次检查，并参照冷态启动做好锅炉点火准备。

（2）点火后即联系汽轮机值班人员投入旁路系统，以保证过热器和再热器的冷却。

（3）点火后的升温、升压、升负荷，根据当时参数在启动曲线上找到相应的升温、升压起始点，然后按照此点的曲线进行升温、升压。

(4) 其他操作参照锅炉冷态启动进行；汽轮机冲转根据当时汽轮机气缸温度确定。

3. 锅炉停止运行操作

锅炉停运可分为滑参数停止运行、高参数停止运行及故障停止运行三种形式。滑参数停止运行，应尽量将停炉参数滑低，这样可缩短停炉后的冷却时间。高参数停炉，通常停炉最终参数不低于下次启动（热态启动）的汽轮机冲转参数。故障停止运行，即紧急停炉，这种停炉降温、降压速度很快，对锅炉寿命有一定影响，只在危及设备或人员安全时采用。

(1) 停炉准备

① 得到值长停炉通知，了解停炉原因和方式，通知各岗位值班人员做好停炉准备，并与汽轮机、电气、热工、化学及燃料运输等有关值班人员联系；

② 对锅炉机组所有设备和系统进行一次全面检查，详细登记各项缺陷；

③ 冲洗锅炉汽包水位计，并校对上、下水位；

④ 对各受热面进行一次全面吹灰；

⑤ 油枪试投，确保各油枪和整个燃油系统完好备用；

⑥ 根据锅炉停止运行原因和停止运行天数，确定是否将仓内原煤和煤粉烧光。计划性锅炉停止运行 2 天以上应将煤粉烧光，停止运行 7 天以上或按规定将原煤仓存煤和煤粉仓煤粉都烧光。

(2) 停炉操作

① 滑参数停炉

a. 按运行规程规定控制汽压、汽温下降速度。

b. 停炉过程中，根据汽轮机要求在某些阶段稳定参数和负荷，负荷下降率由汽轮机控制。

c. 根据降温、降压要求，从上排开始逐渐对角停止火嘴运行，制粉系统陆续停止运行，逐渐减少风量，燃烧不稳时及时投油稳燃，投油后空气预热器连续吹灰装置立即投入。

d. 投油后，待烟气温度下降到规定值时，通知电除尘器值班人员将电除尘器电场电源退出运行，并将振打机切换至手动连续振打。

e. 根据自动装置工作情况，锅炉主控制、燃料控制、制粉系统控制、一次风控制等自动装置逐步退出。

f. 根据蒸汽温度下降情况，退出调节温度自动装置，逐步关小、直至关闭减温水。

g. 负荷降至一定值时，联系汽轮机值班人员停一台给水泵，此时要特别注意锅炉汽包水位和蒸汽温度的波动。

h. 负荷降至额定值 30%左右时，制粉系统应全部停止运行。

i. 负荷降至一定值时，给粉机全部停止运行，改为全部用油燃烧。给粉机全停且一次风管已吹扫干净后，确认一次风门已关闭，燃烧器角度调整至水平位置，同时联系汽轮机值班人员投入旁路系统。

j. 主蒸汽压力、主蒸汽温度和再热蒸汽温度降至规定值后，即将负荷降至0，解列发电机，将给水自动调节切换至手动调节。

k. 如果停炉后再热器采用干式保养，则在汽轮机停止后，投入炉膛出口烟气温度探针，锅炉继续运行一定时间以烘干再热器。开启再热器各疏水阀和空气阀，以排除再热器内余汽。

l. 如果停炉后再热器进行湿式保养，则在汽轮机停机后即可停止锅炉运行。

m. 接到值长锅炉熄火命令后，停止全部运行油枪，吹扫2min后退出，关闭燃油跳闸阀门和全部燃油阀门，退出炉前油系统（如全厂锅炉均停止运行，可通知燃油泵房燃油泵停止运行），检查炉膛内确已熄火。

n. 锅炉熄火后，联系汽轮机值班人员关闭旁路系统，要防止参数回升和管壁超过额定温度，否则再适当开启疏水阀。

o. 保持30%的额定风量、炉膛维持一定的负压力进行5min左右的炉膛吹扫，然后停一组送、引风机，将风量减至额定值的10%，维持炉膛压力－50～－20Pa进行通风冷却。

p. 同时控制给水流量，维持锅炉汽包一定水位，然后关闭全部给水阀，停给水泵。

q. 熄火后的冷却：

ⓐ 自然冷却：

• 待空气预热器进口烟气温度下降至一定值时，将送、引风机和空气预热器停止运行，任其自然冷却；

• 当炉膛出口温度降至规定值时，方可停止探头冷却风机，退出烟气温度探针；

• 整个冷却过程都必须保持汽包的高水位，当水位低至0以下时，及时联系汽轮机值班人员送水，确保锅炉汽包任意两点间壁温差不大于40℃；

• 滑参数停炉后采用自然降压，并按照不同的要求分别进行不同的操作：若采用充氮保养或余热烘干保养法，当锅炉压力降至规定值时，可进行带压放水；停炉检修时，水温降至一定值时可放掉炉水；进行放炉水时，必须开启锅炉汽包空气阀（0.2MPa时）；实施溢流保养时，不放炉水，按要求实行保养。

ⓑ 强制冷却；基本过程与自然冷却相同，不同的是在确保锅炉汽包壁温差不大于40℃的前提下，采用下列强迫冷却手段：

• 适当开启出口疏水阀，加快降压速度；

• 保持高水位的同时，增加进水、放水次数来加快冷却；

• 空气预热器进口烟气温度降至一定值时，空气预热器可停止运行，仍保留引、送风机运行，继续通风冷却直至最终。

② 热备用停炉

a. 停炉过程和操作方法与滑参数停炉基本相同，不同的是随着热负荷的降低，汽轮机调节门逐渐关小，尽量维持高参数；

b. 蒸汽温度尽量维持在额定值，在解列减温器后仍维持不了时，可任其自然下降，但必须保证其规定的过热度，主蒸汽压力也不能降得超过现场运行规程规定值；

c. 锅炉熄火吹扫后，待空气预热器进口烟气温度降至规定值时，将引风机和空气预热器停止运行，紧闭各门孔，关闭各风、烟挡板，使风、烟系统处于密闭状态；

d. 当汽、水系统压力不再自行回升后，关闭各疏放水阀、取样阀、排污阀等，使汽、水系统密闭，但必须密切注视管壁温度应不超过限额值；

e. 始终维持锅炉汽包水位正常；

f. 停炉后在锅炉压力尚未降至0、炉水未放掉之前，必须保持各种电源、监视仪表、保护装置正常工作，仍应有专人对机组进行严格监控。

(3) 停炉保养

锅炉停止运行后，应根据停炉时间长短，按 SD 2236—1987《火力发电厂停(备)用热力设备防锈蚀导则》进行保养。

4. 汽轮机的启、停操作

(1) 汽轮机冷态启动

① 机组启动前的检查和准备

a. 在接到调度员的机组启动命令后，值长应立即将有关情况汇报上级领导，通知各相关部门，并告知汽轮机值班负责人及司机本次启动的目的、时间、要求及注意事项；

b. 准备好机组启动时所需的工具、仪器仪表、各种记录表（纸）等；

c. 检查汽轮发电机组所有检修工作是否已完成，工作票已办理终结手续，为检修所设置的安全措施已拆除，场地已清理，并对本次停机过程中检修过的设备与系统进行重点检查；

d. 检查汽轮机主油箱、A 及 B 气动给水泵小汽轮机油箱、发电机冷却介质氢气侧密封油箱、抗燃（以下简称 EH）油箱油位正常，确认其油质合格；

e. 联系热工工作人员送上汽轮机数字电液控制系统（以下简称 DEH）、分散控制系统（以下简称 DCS）、数字采集系统（以下简称 DAS）、气动给水泵小汽轮机数字电液控制系统（以下简称 MEH）、汽轮机紧急跳闸保护系统（以下简称 ETS）、汽轮机安全监测仪表（以下简称 TSI），以及所有热工自动保护装置的电源，并确认其工作正常；

f. 接上所有电动、气动阀门的电源，进行阀门开、关试验正常；

g. 检查各水泵、油泵及油箱、排烟风机联锁已退出，6kV 电动机在试验位进行静态试验正常后合上电源，合上各 350V 电动机电源；

h. 检查汽轮机气缸金属温度，确认机组的启动状态和冲转参数；

i. 按照《汽轮机阀门操作卡》，将机组各系统阀门置于启动前状态。

② 机组系统和辅助设备的启动

a. 启动循环水泵，将循环水系统投入运行；

b. 启动空气压缩机，将厂用压缩空气系统投入运行；

c. 与化学值班人员联系启动除盐水系统，对凝汽器、补充水箱、闭式水箱、定子冷却水箱、除氧器、真空泵汽水分离器进行冲洗和充水；

d. 启动 EH 油泵，投入 EH 油系统；

e. 启动主机交流润滑油泵，将主机润滑油系统投入运行，主机盘车装置投入运行；

f. 启动空、氢气侧交流密封油泵，将发电机密封油系统投入运行，并通知电气检修人员进行发电机的气体置换工作；

g. 启动内冷水泵，将发电机定子冷却水系统投入运行；

h. 启动 A、B 气动给水泵小汽轮机交流工作主油泵，将小汽轮机润滑油系统、小汽轮机盘车装置投入运行；

i. 启动闭式水泵，将闭式水系统投入运行；

j. 启动凝结水泵，对凝结水管道进行冲洗，然后将凝结水系统投入运行；

k. 将除氧器进水至正常水位；

l. 将辅助蒸汽系统投入运行；

m. 将除氧器加热；

n. 启动开式水泵，将开式水系统投入运行；

o. 启动电动给水泵，对给水系统进行冲洗，然后将锅炉进水至正常水位；

p. 检查汽轮机组启动前的各项试验是否已按《汽轮机启动前试验册》的要求完成；

q. 开启轴封，送蒸汽，抽真空；

r. 开启主再热蒸汽管道疏水和汽轮机本体及蒸汽管道疏水阀进行疏水；

s. 当锅炉汽包压力达 0.2MPa 时，投入汽轮机旁路系统；

t. 高压加热器水侧投入运行；

u. 检查汽轮机组的各保护除低真空、汽轮机联锁锅炉的停炉外均已投入。

③ 汽轮机冲转与升速

a. 检查汽轮机的各项参数已符合冲转条件，经请示值长，并得到值长下令后方可进行汽轮机冲转；

b. 启动密封备用油泵；

c. 退出汽轮机高、低压旁路，注意蒸汽再热器内气压应降至零或负压；

d. 汽轮机挂闸冲转，注意汽轮机冲转升速率应为 100r/min；

e. 当汽轮机转速达到或高于 3r/min 时，检查主机盘车装置是否已自动退出，否则手动退出；

f. 将低压加热器的汽侧投入运行；

g. 当机组给定转速值高于实际值时，开启高压排汽逆止门；

h. 当汽轮机转速高于 200r/min 时，顶轴油泵应自动停止运行；

i. 当汽轮机转速达 600r/min 时，应暂时停止升速，并进行如下检查工作：

- 就地检查汽轮发电机组的转动部分声音是否正常；
- 确认低压缸喷水已自动开启，低压缸排汽温度低于 79℃；
- 确认顶轴油泵已自动停止运行，否则手动停止运行；
- 检查各道轴承振动，检查所有轴承回油、润滑油压和油温等参数均应正常。

j. 汽轮机 600r/min 检查结束后，继续升速至制造厂提供的启动曲线中速暖机转速，当汽轮机达到规定转速时，进行中速暖机，并应注意如下事项：

- 中压主气门前进汽温度达 260℃时，中速暖机方开始计时；
- 中速暖机时间应按机组启动前高压转子金属温度，从“冷态启动转子加热曲线”中查出的最长加热时间，且任何情况下不得缩短中速暖机时间；
- 检查汽轮发电机组转动部分是否正常；
- 就地检查气缸膨胀是否正常；
- 主机润滑油温高于 40℃时，启动冷油器供水水泵，将主机润滑油冷却水系统投入运行。

k. 汽轮机中速暖机结束后，继续升速至 2940r/min，进行由主汽阀控制到调节阀控制的阀门切换；

l. 将主汽阀控制到调节阀控制的阀门切换完毕后，升速至 3000r/min 额定转速运行；

m. 将汽轮机打闸试验一次；

n. 汽轮机重新挂闸冲转、升速至 3000r/min 额定转速运行，将汽轮机联锁锅炉的停炉保护投入运行；

o. 将发电机氢气冷却器的冷却水及励磁机空气冷却器的冷却水投入运行；

p. 将密封备用油泵及主机交流润滑油泵停止运行。

④ 并网与带负荷

a. 将发电机、升压变压器组出口主断路器合上与电网并列后，应立即带上机组额定值的 5%初负荷暖机；

b. 投入高压加热器的汽侧运行，投入低真空保护；

c. 机组负荷达额定功率的 10%时，检查并关闭电压主蒸汽阀门前所有疏水门；

d. 机组负荷达额定功率的 15%时，检查低压缸喷水是否已自动关闭；

e. 机组负荷达额定功率的 20%时，检查并关闭中压主蒸汽阀门后所有疏水门，将高压加热器启动疏水切换至正常疏水，除氧器汽源切换至四段抽汽供给；

f. 机组负荷达额定功率的 1/3 时，将辅助蒸汽联箱汽源切换至汽轮机高压气缸排汽（即锅炉再热器进汽）供给，启动两台气动给水泵至 3000r/min 高速暖机；

g. 机组负荷达额定功率的 50%时，将两台气动给水泵并列运行，电动给水泵退出旋转备用；

h. 机组负荷达额定功率的60%时，将电动给水泵停止运行作为备用，投入机组协调方式运行；

i. 投入主机轴封自密封运行；

j. 检查机组所有热工自动、保护装置均应已投入运行。

⑤ 机组冷态启动过程中的注意事项

a. 机组在冲转前至少连续盘车4h及以上；

b. 机组在临界转速区域内禁止停留或挂闸；

c. 在升温、升压过程中，应确保主、再热蒸汽升温率小于或等于2℃/min，气缸金属温度升温率小于或等于1.5℃/min；

d. 机组在整个启动、升负荷过程中，应严密监视并控制：主蒸汽、再热蒸汽的汽温及汽压，汽轮机上、下气缸温度差，气缸的膨胀、胀差，凝结器真空，汽轮机各道轴承的垂直、水平振动，汽轮机的轴向位移，汽轮机轴承润滑油的温度、油箱的油温和抗燃油的油压及油温，发电机冷却介质氢气的压力和温度、空气侧和氢气侧密封油的油压及油温等参数，均在运行规程的允许范围内。

（2）汽轮机热态启动

① 机组启动前的检查与准备

a. 在接到调度员的机组启动命令后，值长应立即将有关情况汇报上级领导，通知各相关部门，并告知汽轮机司机或班负责人机组本次启动的目的、时间、要求及注意事项；

b. 准备好机组启动前的工具、仪器仪表、各种记录表（纸）等；

c. 检查汽轮发电机组所有检修工作是否已完成，工作票已办好终结手续，为检修设置的安全措施已拆除，场地已清理，对本次停机过程中检修过的设备与系统应进行重点检查；

d. 检查汽轮机主油箱、A及B气动给水泵小汽轮机油箱、发电机冷却介质氢气侧密封油箱、电液控制系统的EH油箱油位正常，确认其油质合格；

e. 确认DEH、DCS、DAS、MEH、ETS、TSI，以及所有热工自动保护装置的电源已接上，并工作正常；

f. 检查所有电、气动阀门的电源并确认已接上；

g. 检查所有电动机电源并确认已接上；

h. 检查汽轮机气缸金属温度，确认机组的启动状态和冲转参数；

i. 按照《汽轮机阀门操作卡》，将机组各系统阀门置于启动前状态。

② 机组系统和辅助设备的启动

a. 检查并确认循环水系统运行正常；

b. 检查并确认厂用压缩空气系统运行正常；

c. 联系化学值班人员启动除盐水系统，对凝汽器、补充水箱、闭式水箱、定子冷却水箱、除氧器、真空泵、汽水分离器进行冲洗和充水；

d. 检查并确认EH油系统运行正常；

e. 检查并确认主机润滑油系统及主机盘车装置运行正常；

f. 检查并确认主机密封油系统运行正常，氢气压力、温度正常，氢气纯度、湿度合格；

g. 检查并确认发电机定子冷却水系统运行正常；

h. 检查并确认A、B气动给水泵小汽轮机润滑油系统，以及小汽轮机盘车装置运行正常；

i. 启动闭式水泵，将闭式水系统投入运行；

j. 启动凝结水泵，对凝结水管道进行冲洗，然后将凝结水系统投入运行；

k. 将除氧器进水至正常水位；

l. 辅助蒸汽系统投入运行；

m. 除氧器加热投入；

n. 启动开式水泵，将开式水系统投入运行；

o. 启动电动给水泵对给水系统进行冲洗，然后将锅炉进水至正常水位；

p. 汽轮机热态启动时，一般不进行各项试验工作，特殊情况下需进行的试验一般应在锅炉点火前完成；

q. 开启轴封，送蒸汽，抽真空；

r. 开启主蒸汽、再热蒸汽管道疏水和汽轮机本体及蒸汽管道疏水阀进行疏水；

s. 当汽包压力达0.2MPa时，投入汽轮机旁路系统；

t. 将高压加热器水侧投入运行；

u. 检查汽轮机的各保护设施，除低真空、汽轮机联锁锅炉的停炉外均已投入。

③ 汽轮机冲转与升速

a. 检查汽轮机的各项参数已符合冲转条件，经请示值长并得到值长下令后方可进行汽轮机冲转；

b. 启动密封备用油泵；

c. 退出汽轮机高、低压旁路系统，注意再热器内蒸汽压力应降至零或负压；

d. 汽轮机挂闸冲转，注意汽轮机冲转升速率应为200～300r/min；

e. 当汽轮机转速达到或高于3r/min时，主机盘车装置应自动退出，否则手动退出；

f. 将低压加热器的汽侧投入运行；

g. 当机组转速给定值高于实际值时，开启高压排汽逆止门；

h. 当汽轮机转速高于200r/min时，检查顶轴油泵已自动停运；

i. 当汽轮机转速达600r/min时，应暂时停止升速，并进行如下检查工作：

- 就地检查汽轮发电机组的转动部分声音应正常；
- 确认低压缸喷水已自动开启，低压缸排汽温度低于79℃；
- 确认顶轴油泵已自动停止运行，否则手动停止运行；
- 检查各轴承振动、轴承回油、润滑油压及油温等参数均正常。

j. 汽轮机600r/min检查结束后，继续升速至制造厂提供启动曲线的中速暖机转速，汽轮机达到规定转速时，应暂时停止升速，对机组进行全面检查，无异常时方可继续升速；

k. 主机润滑油温高于40℃时，启动冷油器供水水泵，投入主机润滑油冷却水系统；

l. 汽轮机组继续升速至2940r/min，进行由主蒸汽阀控制至调节阀控制的阀门切换；

m. 将主蒸汽阀控制至调节阀控制的阀门切换完毕后，升速至3000r/min额定转速运行；

n. 汽轮机打闸试验一次；

o. 汽轮机重新挂闸冲转、升速至3000r/min额定转速运行，投入汽轮机联锁锅炉的停炉保护；

p. 将发电机氢气冷却器冷却水及励磁机空气冷却器冷却水投入运行；

q. 将空气、氢气密封备用油泵及主机交流润滑油泵停止运行。

④ 机组并网与带负荷

a. 发电机、升压变压器组出口主断路器合上并网后，应尽快接上与气缸金属温度匹配的初负荷暖机；

b. 投入高压加热器汽侧运行、投入低真空保护；

c. 机组负荷达额定功率的10%时，检查并关闭中压主蒸汽阀门前所有疏水阀门；

d. 机组负荷达额定值的15%时，检查低压气缸喷水应已自动关闭；

e. 机组负荷达额定值的20%时，检查并关闭中压主蒸汽阀门后所有疏水阀门，将高压加热器启动疏水切换至正常疏水，将除氧器汽源切换至四段抽气供给；

f. 机组负荷达额定功率的1/3时，将辅汽联箱汽源切换至汽轮机高压气缸排汽（即锅炉再热器进汽）供给，启动两台气动给水泵至3000r/min高速暖机；

g. 机组负荷达额定值的50%时，将两台气动给水泵并泵，将电动给水泵退出旋转备用；

h. 机组负荷达额定值的60%时，将电动给水泵停下备用，投入机组协调方式运行；

i. 投入主机轴封自密封运行；

j. 检查机组所有热工自动、保护装置应已投入运行。

⑤ 机组热态启动过程中的注意事项

a. 机组在冲转前至少连续盘车4h及以上；

b. 机组在临界转速区域内禁止停留或挂闸；

c. 在升温、升压过程中，应确保主蒸汽、再热蒸汽温升率小于或等于2℃/min，气缸金属温度温升率小于或等于1.5℃/min；

d. 机组在整个启动、升负荷过程中，应严密监视并控制：主蒸汽、再热蒸汽的汽温及气压，汽轮机上、下气缸温度差，气缸的膨胀、胀差，凝结器真空汽轮机各道轴承的垂直、水平振动，汽轮机的轴向位移，汽轮机轴承润滑油的温度，油箱的油温和抗燃油的油压、油温，发电机冷却介质氢气的压力和温度，以及空气侧和氢气侧密封油的油压、油温等参数，均应在运行规程的允许范围内。

（3）汽轮机辅机启动操作

① 电动给水泵启动操作；

② 气动给水泵启动操作；

③ 凝结水泵启动操作；

④ 循环水泵启动操作；

⑤ 除氧器投运操作。

以上辅助设备的启、停操作，按各单位的现场运行规程中的有关规定进行。

（4）汽轮机的停机操作

① 停机前的准备工作

a. 接到值长的停机命令后，汽轮机主控制室值班负责人应了解停机目的，确定本次停机方式：

- 停机热备用，选择定压—单阀控制方式停机；
- 停机对辅助设备检修，选择滑压—单阀控制方式停机；
- 停机大修、汽轮机本体检修，选择滑压—顺序阀控制方式停机。

（注：机组在最初 6 个月运行周期内，不宜采用此停机方式。）

b. 汽轮机控制室值班负责人带领机组值班人员做好停机准备工作，其具体如下。

- 做好停机时所需的工具、用具、停机操作票；
- 与电气主控制室联系，进行交、直流润滑油泵（含小汽轮机的）、顶轴油泵，盘车装置试验并运行正常；
- 用邻近汽轮机或启动锅炉蒸汽，在停机前 2h 向辅助蒸汽联箱送汽；
- 检查并确认油泵“控制开关”，顶轴油泵“联锁”、BTG 盘盘车“控制开关”均在“自动”位置，“就地盘”盘车控制开关在“远方”位置；
- 做好汽轮机蒸汽室、转子、气缸金属温度的记录准备工作，并于停机前记录一次，以后按规程规定做好记录；
- 检查并确认各控制装置均在正确位置；
- 检查与准备工作完成后，向汽轮机司机、值长汇报汽轮机已作好减负荷、停机准备，机组可以开始减负荷。

② 减负荷停机：分别与负责该机组运行的锅炉、电气值班负责人联系，按机组现场运行操作规程或操作票（操作卡）进行操作。

③ 机组运行中发生异常或故障时，按现场运行规程中事故处理的规定进行处理和操作。

（5）给水泵停泵操作

① 气动给水泵正常停泵；

② 电动给水泵正常停泵；

③ 故障停泵；

④ 紧急停泵。

汽轮机停机，对以上辅助设备的操作，按各单位现场运行规程中的有关规定执行。

5. 汽轮发电机的启、停操作

该汽轮发电机检修后的启、停机操作，适用于单发电机、单升压变压器、具有01号高压厂用变压器的大型发电机组，发电机定子绕组为水冷，转子绕组及铁芯均为氢冷的内冷发电机，按自动准同期方式进行。

(1) 开机前的工作

① 办理好与发电机及升压变压器组一次和二次回路有关的电气工作票终结手续，拆除因检修设置的安全措施，恢复固定遮栏及常设警告牌，清理、打扫检修发电机及升压变压器各设备现场，保证清洁、无杂物。

② 对发电机及升压变压器组一次和二次回路、励磁系统回路进行全面检查，应无异常情况，具备送电条件。

③ 测量发电机各部分的绝缘电阻和全部励磁回路的绝缘电阻，均应合格。

④ 检查并送上下列装置电源：

a. 检查UPS屏至发电机及升压变压器组控制台、变送器的电源应正常；

b. 接上励磁调节器屏、整流屏、灭磁开关、励磁开关、励磁备用柜、发电机及升压变压器组控制台的直流电源；

c. 接上整流屏A和B双回路电源、升压变压器、高压厂用电变压器冷却装置双回路电源，接上封闭母线自动充气机电源和主变压器、高压厂用变压器温度表的电源。

⑤ 检查发电机及升压变压器组出口断路，器靠高压侧Ⅰ、Ⅱ组母线隔离开关在断开位置，高压厂用变压器分支电压互感器高、低压熔断器完好，且在工作位置。

⑥ 检查发电机转子绕组及机内充氢完毕，氢压正常，定子冷却水系统、氢气系统及密封油系统投入正常，各冷却介质符合有关规程的规定。

⑦ 检查下列设备并试验合格

a. 发电机升压变压器组的出口断路器、励磁开关、磁场开关、6kV母线工作电源断路器等，均进行分、合试验，并应符合要求；

b. 进行励磁系统的联锁试验；

c. 做好机、炉、电大联锁试验；

d. 进行发电机定子绕组冷却水断水保护试验；

e. 进行发电机、升压变压器组二次回路的整组模拟试验；

f. 检查发电机的冷却水水压，进行定子反冲洗及气密试验。

(2) 开机前的操作

① 装上发电机出口电压互感器的高、低压侧熔断器，并合通电压互感器二次侧回路的开关。

② 合上晶闸管的交、直流电源开关，送上灭磁开关的合闸电源，并合上灭磁开关 FMK 和发电机励磁开关，启动整流屏风机，将励磁调节器置于热备用状态。

③ 按规定启动升压变压器及高压厂用变压器冷却装置，并投入运行。

④ 按规定投入发电机及升压变压器组保护压板，并投入热工保护压板。

⑤ 合上升压变压器中性点隔离开关，并根据调度规定的运行方式合上发电机、升压变压器组母线侧隔离开关。

⑥ 装上发电机、升压变压器组出口断路器控制、信号回路的熔断器。

⑦ 汽轮机低速暖机时，应检查发电机、主励磁机电刷的活动情况，应无卡涩及跳动现象，压力应均匀并无发热现象。

（3）开机操作

① 执行发电机的升压、并列操作，必须得到值长命令，且确认汽轮机、发电机及与之相关联的设备符合升压和并列条件后，方可执行。

② 发电机定子绕组未通水、水质不合格、机壳内未充氢时，不得加励磁、升压及并网。

③ 只有发电机转速达到额定值后，方可加励磁，使发电机升压，升压过程应缓慢，并检查在起始电压下三相电压平衡、三相电流为零，然后将发电机升压至额定电压，在升压过程中，同样要监视三相电压平衡、三相电流为零。

④ 确定同期方式，合上发电机同期开关，并按下“自动同步”键。

⑤ 调整发电机电压、频率分别与系统电压、频率相同。

⑥ 开启自动准同期电源开关至工作位置，当同步表指针大于同步点90°而小于180°，且顺时针方向缓慢、匀速旋转时，机组已达同期条件。

⑦ 自动合上发电机、升压变压器组出口断路器，发电机并入电网运行后，其升压变压器中性点隔离开关合上运行，然后按值班调度员的规定执行。

⑧ 退出同期装置，合上备用励磁跟踪装置电源开关，并检查备用励磁跟踪正常，投入备用励磁联锁开关。

⑨ 发电机并入系统后，负荷上升的速度，除受锅炉和汽轮机允许的条件限制外，还应注意以下几点：

a. 发电机各部分的发热及温升，防止过热使发电机绝缘受到损坏；

b. 检查发电机定子绕组内部、定子绕组及铁芯之间周期性差胀及振动，防止各接头焊缝开裂损坏；

c. 检查励磁机整流子及转子滑环电刷有无火花。

（4）停机操作

① 发电机有功负荷减至一定值时，应将由该机组自供的6kV 厂用电源倒换到另一机组厂用变压器供电。

② 检查升压变压器中性点隔离开关应在合闸位置。

③ 将有功、无功负荷降至零，在调整时应注意系统频率、电压，以及其他机组负荷电流的变化情况。

④ 断开发电机、升压变压器组出口断路器，机组与系统解列。

⑤ 检查发电机三相定子电流值应为零。

⑥ 退出备用励磁联锁开关、备用励磁跟踪电源开关。

⑦ 按自动励磁调节器“减磁”按钮，使发电机电压降至最小，并将自动励励磁调节器的控制开关切至“退出”位置。

⑧ 拉开励磁开关，检查发电机电压值为零。

⑨ 拉开灭磁开关 FMK，进行灭磁。

⑩ 发电机停机操作时，应注意下列事宜：

a. 在减有功负荷的同时应相应的减无功负荷；

b. 只有发电机有功、无功负荷均减至零时，方可拉开发电机、升压变压器组出口断路器；

c. 只有在发电机及升压变压器组的出口断路器三相全部断开后，方可拉开灭磁开关。

⑪ 发电机解列后应注意下列事宜：

a. 退出热工保护压板；

b. 拉开发电机升压变压器组出口断路器的母线侧隔离开关；

c. 将升压变压器、厂用高压变压器、整流柜冷却装置停止运行。

6. 水轮发电机组的启、停操作

(1) 大修（含改造、扩大性大修）后水轮发电机组的操作

① 按照 DL/T 507—2014《水轮发电机组启动试验规程》的规定和要求，进行水轮发电机组启动试运行前的下列各项检查：

a. 引水系统检查；

b. 水轮机部分的检查；

c. 调速系统及其设备的检查；

d. 发电机部分的检查；

e. 油、水、风系统的检查；

f. 电气设备的检查。

② 水轮发电机充水，并进行相关试验和检查。充水前应确认进水口检修闸门、工作闸门及尾水闸门处于关闭状态，确认调速器、导水机构处于关闭状态，且接力器锁定已锁好。其具体要求如下。

a. 尾水管充水。利用尾水倒灌或机组技术供水排水管向尾水管充水，待充水至尾水位的压力后，核查尾水及排水系统应无渗漏，然后提起尾水闸门，并锁定在闸门槽口上；

b. 压力钢管充水。打开检修闸门充水阀，观察检修闸门与工作闸门间水位上升情况，平压后，检查工作闸门漏水情况在正常范围，然后提起检修闸门，置于闸

门库中，然后打开工作闸门充水阀，充水平压后，检查伸缩节、蜗壳等压力系统应无渗漏，然后可提起工作闸门。

③ 水轮发电机组启动，并进行有关试验和检查

a. 启动高压油泵顶起发电机转子（对于推力轴承无高压油顶起装置的机组，需要高压油泵顶起发电机转子，使推力轴瓦充油），油压拆除后，检查确认制动闸已全部落下（对装有弹性金属塑料推力轴瓦的机组，当首次启动时，仍应顶一次转子为宜）。

b. 首次手动启动水轮发电机组：拨出接力器锁定，启动高压油顶起装置（对装有弹性金属塑料推力轴瓦的机组及未装设高压油顶起装置的中小型机组，没有此项操作），手动打开调速器的导叶开度限制机构，当机组升速至80%额定转速（或规定值）时，可手动切除高压油顶起装置，最后使机组转速达到额定值，导叶开度限制机构放在空载开度位置。

c. 机组在额定转速下，各部分运行正常时，应将手动运行方式切换为自动运行方式，此时打开调速器开度限制机构，应能维持机组正常运行。

④ 水轮发电机组停机，并进行有关试验和检查

a. 操作开度限制机构进行手动停机。

b. 当机组转速降至额定转速的20%～30%时（具体取用何值由制造厂家提供），手动加闸使机械制动停机装置作用，直至机组停止转动，然后解除制动闸。

（2）备用（停机备用或称冷备用）水轮发电机组的操作

① 水轮发电机组已达到新安装或检修后水轮发电机组可以手动启动前的状态。

② 为了保证水轮发电机组处于可随时启动的状态，若停机时间过长，需采取以下措施：

a. 停机时间超过现场运行规程规定的天数，需启动高压油泵、顶起发电机转子一次，保持推力轴瓦与镜板之间油膜不致完全消失；

b. 若天气潮湿，需采取适当措施，不使发电机定子和转子绝缘受潮，并保持绕组温度在+5℃以上；

c. 机组备用时间达72h，启动前应测量发电机定子及励磁回路的绝缘电阻，但对于担任调峰工作而启动频繁的发电机，不必每次启动前都去测量。

定子回路绝缘电阻采用1000～2500V兆欧表测量，其绝缘电阻值不作规定，但若测量结果在相近试验条件下（温度、湿度）降低到前次的1/3以上时，应查明原因并设法消除，吸收比应大于1.6。

励磁回路绝缘电阻采用500～1000V兆欧表测量，其绝缘电阻不应小于0.5MΩ，否则应采取措施加以恢复。若一时不能恢复，是否允许运行应由发电厂总工程师决定。

（3）运行的水轮发电机组操作

① 每台水轮发电机组都应有现场运行规程，并按规程的规定运行。

② 发电机的启动，一般情况下采用“自动”方式，只有发电机检修后第一次

开机，才采用“手动”方式。

③ 不允许发电机在手动调节励磁方式下长期运行。

④ 发电机检修后，在启动前应将工作票全部收回，并详细检查发电机各部分及其周围的清洁情况，各相关设备必须完好，为检修工作所设临时短路线和接地线必须撤除。

⑤ 机组启动前应测量发电机定子及励磁回路的绝缘电阻，其测量值应满足要求（对担任调峰工作而启动频繁的发电机，不必每次启动前都去测量）。

⑥ 机组启动升压后，当采用准同期并列时，只有当发电机频率与系统频率相差在1Hz以内，方可接入同期检定装置，并投入同期闭锁装置。

⑦ 发电机并入电网后，有功、无功负荷及定子、转子电流的增加速度不作限制，所带负荷的多少，听从电网调度员的指令，但发电机不得在机组负荷的振动区内运行。

⑧ 停机。在正常情况下，发电机解列前，必须将有功及无功负荷减至零值，然后再断开断路器和切断励磁。

⑨ 对可以调相运行的水轮发电机，必须先使发电机启动并入电网后，才能转为调相运行。

7. 泄洪闸门启、闭操作

（1）操作指令的依据

① 上级防汛部门批准的水库调度方案。

② 水库流域实时雨情、水情及预报信息。

③ 洪水预报（包括洪峰流量及出现时间、洪量及洪水过程）及调洪演算成果。

④ 上级防汛部门的调度指令。

⑤ 上、下游发生必须启闭泄洪闸门的应急情况。

（2）操作指令的拟写和审批

① 水库值班调度员依照操作指令拟定操作方案（包括泄洪流量、操作时间、孔数、孔号及启闭高度）报水电厂防汛领导小组（防汛办公室）审批。

② 经审批同意后，按规定的调度权限报上级防汛主管部门审批（或通报）。

③ 按有关规定将泄洪闸门操作方案通知厂内、下游各有关部门和单位。

④ 以上三条，值班水库调度员应做好记录并录音。

⑤ 按规程规定发出泄洪闸门启闭的水情信息。

（3）受理操作指令

水库值班调度员将经审批的闸门启闭操作方案（包括泄洪流量、操作时间、孔数、孔号及启闭高度），通知闸门启闭操作值班人员，操作值班人员做好记录并复诵确认无误后，受理闸门操作指令，指定操作人和监护人。

（4）操作前检查

操作人和监护人按照操作时间提前到达操作现场（远方操作的操作人到控制室，监护人到泄洪闸门现场），检查所有泄洪闸门启、闭控制操作电源及电气设备，泄洪闸门及其门槽、启闭机等是否正常；泄洪闸门启闭机润滑系统是否符合要求，制动器、离合器、泄洪闸门高度指示器是否灵敏及可靠（在每年汛期前的防汛大检查中应详细检查，并将发现的问题落实处理），上、下游有无影响人身和财产的安全问题。

（5）操作与监视

① 开亮泄洪信号灯或拉响泄洪警报器。

② 核对闸门孔数、编号和启闭高度。

③ 操作人按照本厂闸门操作规程规定程序操作闸门启闭。

④ 监护人员监视泄洪闸门启闭运行过程中有无异常振动；闸门孔号、启闭高度是否正确无误，以及大坝上、下游人员及船只木排的安全情况等。

⑤ 操作完毕后，将电源开关、空气断路器等均处于断开位置，关闭操作室门并上锁。

⑥ 汇报操作执行情况

a. 操作完毕后，操作人将操作执行情况向值班水库调度员汇报；

b. 操作人员填写操作记录，内容包括：操作日期、时间、孔数、孔号、启闭高度等并签名。

8. 大坝安全监测

（1）大坝安全监测原则

① 应能全面反映大坝工作状况，仪器布置目的明确、重点突出。观测的重点应放在坝体结构物或地质条件复杂的地段。

② 监测仪器设备应精确可靠、稳定耐久；应有良好的照明、防潮和交通等条件。采用自动化观测设备时，还应安排人工观测的条件，以保证自动化仪表发生故障时，观测数据不致中断。

③ 切实做好观测工作，严格遵守操作规程规范，做到记录真实、齐全，观测数据应立即整理，发现问题应及时上报。

（2）大坝安全监测范围。监测范围包括坝体、坝基、坝肩，以及对大坝安全有重大影响的近坝区岸坡，与大坝安全有直接关系的建筑物和设施（如新水库诱发地震的地震监测）。

（3）观测项目设置。根据 SL 601—2013《混凝土坝安全监测技术规范》，结合水电厂大坝结构和地质条件适当增减。

（4）观测次数确定。根据观测项目及水库蓄水运行年数确定。如遇地震、大洪水及其他异常情况应增加观测次数。蓄水后运行较长、数值变化稳定，或者长期运行后可适当减少测次。

（5）现场观测

① 严格按照《混凝土坝安全监测技术规范》规定的观测次数、观测时间和观测项目的操作规程进行观测。

② 现场观测结束，认真填写观测记录，并对现场观测值进行质量监控，必要

时重测校验。

（6）观测资料整理

① 对原始资料数据进行检验。

② 对观测数据进行计算。

③ 填表和绘图。

④ 初步分析和异常值的判识。

（7）观测资料分析

① 对于大坝安全监测的变形量、渗漏量、扬水压力，以及巡视检查的资料必须进行分析。

② 直接影响大坝工况（坝的稳定和整体性、灌浆帷幕、排水系统和止水工作的效能，经过特殊处理的地基工况等）的监测成果，应与设计预期效果比较。

③ 分析大坝材料有无恶化现象，并查明其原因。

④ 主要监测物理量应建立（或修正）数学模型，借以解释监测量的变化规律，预报将来变化趋势，并确定技术警戒范围。

⑤ 分析各监测量的大小、变化趋势，揭示大坝的缺陷和不安全因素。

（8）观测资料整理编印。每年汛前必须完成上一年监测资料的收集、审定及编印等工作。

9. 船闸运行操作

为了确保船闸安全、畅通，充分发挥船闸的船只过坝作用，对船闸运行人员、过闸船只、水工和闸门及启门设备应满足以下基本要求。

（1）船闸运行对上岗人员的基本要求

① 船闸运行人员必须经过培训，考试合格后持证上岗。

② 船闸运行人员必须熟悉操作规程、坚守岗位、精力集中，注意船只和运行设备安全，按规定填写当班运行日志。

③ 运行人员要正确着装，不许靠近设备转动部位。

④ 运行人员每天按过闸船只报到情况，组织好过闸船只编队程序。

⑤ 运行人员应加强设备巡视检查，定期维护、保养，使水工、闸门及启门设备保持良好状态，达到通航基本要求。

（2）对过闸船只的基本要求

① 过闸船只尺寸、吨位不得超过设计规定。

② 过闸船只必须依次排队，服从运行人员指挥，不得争先恐后、互相碰挤。

③ 船只于引航道内进出闸室行驶方式：上游引航道船只直线出闸、曲线进闸，下游引航道船只曲线出闸，直线进闸。

④ 过闸船只不许在闸门及启门机所有部件落篙及作牵引船只支点，以免损坏船闸设备。

⑤ 船只载运易燃、易爆等危险货物过闸，应符合交通部门有关水上运输安全的规定。

⑥ 过闸船只应注意清洁卫生，闸室内严禁大小便，以及倾倒垃圾、粪便，排放污油、污水等。

(3) 对船闸建筑物的基本要求

① 止水设备良好。

② 排水设备完好、通畅。

③ 建筑物完好，结构位移、变形、裂缝及脱落情况在允许范围内。

④ 输水系统空蚀情况及通气孔通气正常。

⑤ 防冲格栅、护木及系船设备完好。

⑥ 下闸室泄水管出口处冲刷坑及流态，尚不构成影响船闸和船只安全。

(4) 对闸门及启闭设备的基本要求

① 闸门应在设计条件及相应的操作方式下正常运行，不可超负荷。

② 闸门的漏水应在规定的范围内。

③ 闸门在运转中如发现卡门超载现象，应立即查明原因、进行处理。

④ 经常检查限位装置（如限位开关、主令开关）的操作是否灵敏可靠，以避免闸门在全开、全关位置时，限位装置失效而将门叶结构部件拉坏。

⑤ 注意闸门在开、关过程中有无不正常的摩擦冲击振动及嘈杂声响，顶、中、底枢与门轴柱连接是否均匀密实，螺杆埋件是否牢固可靠。

⑥ 各启门机的高度指示器等均保持灵敏可靠。

⑦ 制动轮、齿轮及所有行走机构的外露表面，必须保持清洁，随时除尘、防锈，各部位油路、油杯应经常保持畅通，并及时加油润滑。

⑧ 起重齿杆齿轮、钢丝绳、起吊钩等应随时检查，以防止锈蚀、断股裂纹等现象，其连接部位应准确、坚固、可靠，对活动部件特别注意清洁及润滑。

⑨ 闸门门槽埋设件、人字门开关索绕过的导向滑轮等水下部件，应定期检查维护，防止锈触、破损脱落、松动及过度磨损等现象。

⑩ 人字门各枢轴必须保持均匀密合，及时调整，保证各个枢轴承受压力在设计允许范围内。

(5) 船只过闸操作顺序（此例为二级船闸）。船只过坝先驶进上（下）游引航道，由引航员引航过闸，船只过闸由拖轮牵引或自航。船闸过船前，各闸门均应处于全关状态。船只过闸时各闸门操作如下（闸室进行充、泄水之前以及工作门在每次操作前均应提前打铃告警）。

① 开启一闸首充水门，使一闸室充水，当一闸室内水位与水库水位齐平，开启一闸首工作门，关闭一闸首充水门，船只进入一闸室。进入闸室船只，不得碰撞或以撑篙触及船闸除护木外的其他设备。船只在划定的范围内停泊，不得超越界限，以免影响闸门的开、关动作，并以缆绳系护于两侧闸墙上之系船浮筒上。注意闸室水位涨落和缆绳系护情况。

② 待船只进入一闸室停稳后，关闭一闸首工作门，开启二闸首泄水门，一闸室水位徐徐下降，水量灌入二闸室使二闸室水位徐徐上升，当一、二闸室水位齐平

后，开启二闸首工作门，关闭二闸首泄水门，一闸室船只驶进二闸室，在划定的范围内停泊，系好缆绳系护设施。闸室充水、泄水时，闸室水位应缓慢平稳升降，以免影响闸墙稳定和船只、木排通航物碰撞悬挂。不允许闸室超设计高水位运行。

③ 关闭二闸首工作门，开启三闸首泄水门，二闸室水位徐徐下降，当二闸室水位与下引航道水位齐平时，开启三闸首工作门，船只从二闸室驶进下引航道，关闭三闸首工作门，此时，船只过船闸结束。重复以上操作程序使船只通过船闸。

以上为船只下行，若下游船只上行，则反向相应操作。

10. 过坝滑道操作

为了确保过坝滑道安全畅通，充分发挥过坝滑道对船只及木排的过坝能力，对过坝滑道的运行人员、过坝船只及木排、过坝滑道设备应满足以下基本要求。

（1）对过坝滑道运行人员的基本要求

① 过坝滑道运行人员必须经过培训、考试合格后持证上岗。

② 过坝滑道运行人员必须熟悉操作规程、坚守岗位、精力集中，注意船只和运行设备安全，按规定做好运行值班日志、设备缺陷记录、设备轮换记录、设备异动记录。

③ 过坝滑道运行人员要正确着装，不许靠近设备转动部位。

④ 过坝滑道运行人员每天按过坝船只及木排报到情况，组织好过坝编队程序。

⑤ 过坝滑道运行人员应加强设备巡视检查，发现问题和隐患，及时通知检修人员处理，定期维护、保养，使过坝滑道设备保持良好状态，达到船只及木排过坝基本要求。

（2）对过坝船只及木排的基本要求

① 过坝船只及木排的尺寸、吨位不得超过设计规定。

② 过坝船只及木排必须依次排队，服从运行人员指挥，不得争先恐后、抢挡、互相碰挤。

③ 船只载运易燃、易爆等危险货物，应符合交通部门有关水上运输安全的规定。

④ 船只应注意清洁卫生，不得有污油、污水、垃圾粪便等泄漏到过坝滑道设施之上。

⑤ 船只及木排在过坝滑道运行过程中，上面人员必须离开。

（3）船只及木排过坝操作顺序

① 操作规定：

a. 严禁约时提升和下放；

b. 如遇意外情况，可按刹车按钮刹车，以确保安全。

② 启动前的准备工作：

a. 合上上、下游机房及转盘动力电源；

b. 检查制动系统油位，油压处在正常位置；

c. 检查操作台上各设备处于正常准备工作状态。

③ 提升与接轨。按照《过坝滑道现场运行规程》进行操作。

a. 引航员检查船只及木排进入承船车后，位置是否适当，系缆绳是否正确安全，船、排在承船车的前后两端不能伸出过长（一般为3m），检查斜架车前面没有小船等障碍物，并指挥船、排工安全上岸后，向主令司机发出召唤及提升信号，当空车提升时，必须待船只木排等完全离开承船车后，方可发出召唤及提升信号。

b. 过坝滑道控制楼主要值班人员（即主令司机）得到引航人员发出的召唤，如果可提升，则应立即回答相应信号，待引航人员再次发出提升信号后，方可进行提升操作。

c. 提升出水时应缓慢、平稳，待斜架车出水后，可全速稳定运行。

d. 当斜架车接近平段轨道时应减速，注意接轨情况，要准确停位接轨，严禁高速强烈碰撞。

④ 下放与入水。按《过坝滑道现场运行规程》进行操作。

a. 承船车在斜架车上正确到位后，主令司机向趸船引航人员发出召唤下放信号，引航人员接到主令司机发来的下放信号后，检查本责任范围内是否允许下放，如不允许下放，则必须立即用电话通知主令司机或发出停车信号；如允许下放，则向主令司机发出召唤下放信号，主令司机只有收到引航人员发来的召唤下放信号后，方可准备下放。

b. 下放入水，承船车到位后，引航人员向主令司机发出停车信号，主令司机可操作刹车停车。

c. 必须待承船车停稳后，方可允许船工、排工上承船车，严禁船、排工登爬滑线上下。

⑤ 承船车及转盘的操作：按照《过坝滑道现场运行规程》进行操作。

第二节　检修改造工作程序

在电力生产中，发、供电设备检修施工（含改造、扩建），主管上级单位都已制定了相关检修规程、检修工艺导则、施工及验收规范等，在这些规程、导则、规范中，从开工的准备开始，到施工完毕进行交接试验，直至移交施工资料、试运行、办理验收手续等各个环节的一系列工作均有规定，为了使作业规范化，发、供电企业对相关专业的各项施工作业应按相关规程、导则、规范的规定，结合本单位运行设备和具体条件（含人员的工作素质），事先编制出从施工准备到交接验收等一系列工作的标准程序，确保生产安全。

一、火电机组锅炉大修

（一）检修计划

(1) 根据可靠性统计、设备运行状况及缺陷管理资料，经检修班组、车间及运行人员等多次讨论后，除按规定检修项目外，还应提出非标准检修项目的计划，报厂部生产技术部门。

(2) 重大特殊项目应另外加报可行性分析、初步设计、技术措施及概预算。

(二) 备料准备

根据已确定的检修项目（含特殊项目及重大特殊项目）所需的材料、备品和配件，送生产技术部门审核，于上年9月（或按本单位规定的时间）交厂材料供应部门备料。

(三) 大修前的试验和鉴定

最后落实或增补检修项目，对大修前的机组经济技术指标进行测试。

(四) 工程外包委托及工程监理

(1) 开工前2个月，由检修部门提出外包委托工程清单，送生产技术部门审定，并签订外包施工合同。

(2) 实行工程监理制度，对机组大修进行监理。具体要求如下。

① 与合适的监理公司签订委托监理合同。根据实际需要和可能，委托监理的范围可以是机组大修标准作业程序的全部过程，也可以是部分过程，但监理范围必须涵盖自机组大修停机前某一时段至机组大修结束重新投入运行后的某一时段。

② 机组大修停机前7～10天（或按本单位规定的时间），应要求监理公司按监理合同规定，派出监理工程师到现场组成大修监理部，并了解机组运行情况、缺陷情况、大修任务、施工的有关情况等，以便有效地实施监理。

(五) 编制检修计划网络图

开工前30天（或按本单位规定的时间），检修部门编制出“检修计划网络图”送生产技术部门，生产技术部门再综合编制机组大修网络图，确定关键路线和关键项目，于开工前15天（即按本系统规定的天数）发至检修部门，并上报省电力公司和调度部门。

(六) 开工申请

(1) 开工前7天（即按本企业规定的天数），由生产技术部门填写机组大修申请单，交运行当值人员，由值长向调度部门正式申请。

(2) 调度部门批复后，生产副厂长下达有关部门，督促检查做好开工一切准备工作。

(七) 办理工作许可手续

(1) 开工前一天，按《电业工作安全规程》要求，填写工作票并交值长。

(2) 开工时，运行当值人员根据工作票要求，填写操作票，落实安全措施，办理开工的工作许可手续。

(八) 检修作业

1. 检修项目及标准

按DL/T 838—2003《发电企业设备检修导则》所列内容及本企业检修计划内容进行检修作业。锅炉A级检修标准项目及特殊项目见表4-1。

表 4-1　锅炉 A 级检修标准项目及特殊项目

部件名称	标准项目	特殊项目
1. 汽包	(1)检修人孔门，检查和清理汽包内部的腐蚀和结垢 (2)检查内部焊缝和汽水分离装置 (3)测量汽包倾斜和弯曲度 (4)检查、清理水位表连通管、压力表管接头、加药管、排污管、事故放水管等内部装置 (5)检查、清理支吊架、顶部波形板箱及多孔板等，校准水位指示计 (6)拆下汽水分离装置，清洗和部分修理	(1)更换、改进或检修大量汽水分离装置 (2)拆卸 50%以上保温层 (3)汽包补焊、挖补及开孔
2. 水冷壁管和联箱	(1)清理管子外壁焦渣和积灰，检查管子焊缝及鳍片 (2)检查管子外壁的磨损、胀粗、变形、损伤、烟气冲刷和高温腐蚀，水冷壁测厚，更换少量管子 (3)检查支吊架、拉钩膨胀间隙 (4)调整联箱支吊架拧紧力 (5)检查、修理和校正管子、管排及管卡等 (6)打开联箱手孔或割下封头，检查清理腐蚀、结垢，清理内部沉积物 (7)割管取样	(1)更换联箱 (2)更换水冷壁管超过 5% (3)水冷壁管酸洗
3. 过热器、再热器及联箱	(1)清扫管子外壁积灰 (2)检查管子磨损、胀粗、弯曲、腐蚀、变形情况，测量壁厚及蠕胀 (3)检查、修理管子支吊架、管卡、防磨装置等 (4)检查、调整联箱支吊架 (5)打开手孔或割下封头，检查腐蚀，清理结垢 (6)测量在 450℃以上蒸汽联箱管段的蠕胀，检查联箱管座焊口 (7)割管取样 (8)更换少量管子 (9)校正管排 (10)检查出口导气管弯头、集汽联箱焊缝	(1)更换管子超过 5%，或处理大量焊口 (2)挖补或更换联箱 (3)更换管子支架及管卡超过 25% (4)增加受热面 10%以上 (5)过热器、再热器酸洗
4. 省煤器及联箱	(1)清扫管子外壁积灰 (2)检查管子磨损、变形、腐蚀等情况，更换不合格的管子及弯头 (3)检修支吊架、管卡及防磨装置 (4)检查、调整联箱支吊架 (5)打开手孔，检查腐蚀结垢，清理内部 (6)校正管排 (7)测量管子蠕胀	(1)处理大量有缺陷的蛇形管焊口或更换管子超过 5%以上 (2)省煤器酸洗 (3)整组更换省煤器 (4)更换联箱 (5)增、减省煤器受热面超过 10%
5. 减温器	(1)检查、修理混合式减温器联箱、进水管，必要时更换喷嘴 (2)表面式减温器抽芯检查或更换减温器管子 (3)检查、修理支吊架	(1)更换减温器芯子 (2)更换减温器联箱或内套筒

续表

部件名称	标准项目	特殊项目
6. 燃烧设备	(1)清理燃烧器周围结焦，修补围燃带 (2)检修燃烧器，更换喷嘴，检查、焊补风箱 (3)检查、更换燃烧器调整机构 (4)检查、调整风量调节挡板 (5)燃烧器同步摆动试验 (6)燃烧器切圆测量，动力场试验 (7)检查点火设备和三次风嘴 (8)检查或更换浓淡分离器 (9)检修或少量更换一次风管道、弯头，风门检修	(1)更换燃烧器超过30% (2)更换风量调节挡板超过60% (3)更换一次风管道、弯头超过20%
7. 汽水管道系统	(1)检查、调整管道膨胀指示器 (2)检查高温高压主汽管、再热汽管、主给水管焊口，测量弯头壁厚 (3)测量高温高压蒸汽管道的蠕胀 (4)检查高压主蒸汽管法兰、螺丝、温度计插座的外观 (5)检查、调整支吊架 (6)检查流量测量装置 (7)检查、处理高温高压法兰、螺栓 (8)检查排污管、疏水管、减温水管等的三通、弯头壁厚及焊缝 (9)检修安全阀、水位测量装置、水位报警器及其阀门 (10)检修各常用汽水阀门 (11)检修电动汽水门的传动装置 (12)更换阀门填料并校验灵活 (13)安全阀校验、整定试验 (14)检修消声器及其管道	(1)更换主蒸汽管、再热蒸汽管、主给水管段及其三通、弯头，大量更换其他管道 (2)更换高压电动主气门或高压电动给水门、安全阀 (3)割换高温高压管道监视段
8. 空气预热器	(1)清除空气预热器各处积灰和堵灰 (2)检查、更换部分腐蚀和磨损的管子、传热元件，更换部分防腐套管 (3)检查、修理和调整回转式预热器的各部分密封装置、传动机构、中心支承轴承、传热元件等，检查转子及扇形板，并测量转子晃度 (4)检查、修理进出口挡板、膨胀节 (5)检查、修理冷却水系统、润滑油系统 (6)检查、修理吹灰装置及消防系统 (7)检查、修理暖风器 (8)漏风试验	(1)检查和校正回转式预热器外壳铁板或转子 (2)更换整组防磨套管 (3)更换管式预热器10%以上管子 (4)更换回转式预热器传热元件超过20% (5)翻身或更换回转式预热器转子围带 (6)更换回转式预热器上下轴承
9. 给煤和给粉系统	(1)检修给煤机、给粉机、输粉机 (2)修理或更换下煤管、煤粉管道缩口、弯头、膨胀节等处的磨损 (3)清扫及检查煤粉仓，检查粉位测量装置、吸潮管、锁气器、皮带等 (4)检修防爆门、风门、刮板、链条及传动装置等 (5)清扫、检查消防系统 (6)检查风粉混合器 (7)检查、修理原煤斗及其框架焊缝	(1)更换整条给煤机皮带或链条 (2)更换煤粉管道超过20% (3)工作量较大的原煤仓、煤粉仓修理 (4)更换输粉机链条(钢丝绳)

续表

部件名称	标准项目	特殊项目
10. 磨煤机及制粉系统	(1)消除磨煤机和制粉系统的漏风、漏粉、漏油及修理防护罩,检查、修理风门、挡板、润滑系统、油系统等 (2)检修细粉分离器、粗粉分离器及除木器等 (3)检查煤粉仓、风粉管道、粉位装置及灭火设施,检查、更换防爆门等 (4)球磨机 ①检修大小齿轮、对轮及其传动、防尘装置 ②检查筒体及焊缝,检修钢瓦、衬板、螺栓等,选补钢球 ③检修润滑系统、冷却系统、进出口料斗螺旋管及其他磨损部件 ④检查轴承、油泵站、各部螺栓等 ⑤检修变速箱装置 ⑥检查空心轴及端盖等 (5)中速磨煤机: ①检查本体,更换磨损的磨环、磨盘、磨碗、衬板、磨辊、磨辊套等,检修传动装置 ②检修石子煤排放阀、风环及主轴密封装置 ③调整加载装置,校正中心 ④检查、清理润滑系统及冷却系统,检修液压系统 ⑤检查、修理密封电动机,检查进出口挡板、一次风室,校正风室衬板,更换刮板 (6)高速锤击式、风扇式磨煤机: ①补焊或更换轮锤、锤杆、衬板、叶轮等磨损部件 ②检修轴承及冷却装置、主轴密封、冷却装置 ③检修膨胀节 ④校正中心	(1)检查、修理基础 (2)修理滑动轴承球面、乌金或更换损坏的滚动轴承 (3)更换球磨机大齿轮或大齿轮翻身,更换整组衬瓦、大型轴承或减速箱齿轮 (4)更换中速磨煤机传动蜗轮、伞形齿轮或主轴 (5)更换高速锤击式磨煤机或风扇式磨煤机的外壳或全部衬板 (6)更换或改进细粉分离器或粗粉分离器
11. 各种风机(引风机、送风机、排粉风机、一次风机、密封风机等)	(1)检查、修补磨损的外壳、衬板、叶片、叶轮及轴承保护套 (2)检修进出口挡板、叶片及传动装置 (3)检修转子、轴承、轴承箱及冷却装置 (4)检查、修理润滑油系统及检查风机、电动机油站等 (5)检查、修理液力耦合器或变频装置 (6)检查、调整调节驱动装置 (7)风机叶轮校平衡	(1)更换整组风机叶片、衬板或叶轮、外壳 (2)滑动轴承重浇乌金
12. 燃油系统	(1)检修油枪及燃油雾化喷嘴、油管连接装置 (2)检修进风调节挡板 (3)油管及滤网清理 (4)检修燃油调节门及进、回油门 (5)检修燃油泵及加热装置 (6)检查、修理燃油速断阀、放油门、电磁阀等 (7)检查及标定油位指示装置 (8)检查油管管系的跨接线及接地装置	清理油罐

续表

部件名称	标准项目	特殊项目
13. 除尘器本体	(1)清除内部积尘，消除漏风 (2)水膜除尘器： ①检修喷嘴、供水系统及水膜试验 ②修补瓷砖、水帘、锁气器和下灰管 (3)静电除尘器： ①检查、修理阳极板、阴极线、框架等 ②检查、修理阴、阳极振打装置、极间距等 ③检查、修理传动装置、加热装置、锁气器等 ④检查均流板、阻流板等磨损情况或进行少量更换 ⑤检查输灰灰斗及拌热、搅拌装置 ⑥检查壳体密封性，消除漏风 ⑦检查高压发生器、配电装置、控制系统、电缆及绝缘子	(1)修补烟道及除尘器本体 (2)更换大面积的瓷砖 (3)重新调整静电除尘器极间距 (4)更换阴极线超过20% (5)更换阳极板超过10%
14. 钢架、炉顶密封、本体保温	(1)检修看火门、入孔门、防爆门、膨胀节，消除漏风 (2)检查、修补冷灰斗、水冷壁保温及炉顶密封 (3)局部钢架防腐 (4)疏通及修理横梁的冷却通风装置 (5)检查钢梁、横梁的下沉、弯曲情况	(1)校正钢架 (2)拆修保温层超过20% (3)炉顶罩壳和钢架全面防腐 (4)重做炉顶密封
15. 炉水循环泵	(1)检查、修理炉水泵及电动机 (2)检查、修理过滤器、滤网、高压阀门及管路 (3)检查、清理冷却器及冷却水系统	电动机绕组更新
16. 附属电气设备	(1)检修电动机和开关 (2)检查、校验有关电气仪表、控制回路、保护装置、自动装置及信号装置 (3)检修配电装置、电缆、照明设备和通信系统 (4)预防性试验	(1)大量更换电力电缆或控制电缆 (2)更换高压电动机绕组
17. 其他	(1)锅炉整体水压试验，检查承压部件的严密性 (2)本体漏风试验 (3)检修本体吹灰器 (4)检查、修理灰渣系统及装置 (5)检查膨胀指示器 (6)检查加药及取样装置 (7)检查、修补烟道 (8)检查风道系统 (9)检查、修理高、低压疏水系统及装置，校验其安全门 (10)检查、修理排污系统 (11)按照金属、化学监督及锅炉压力容器监察的规定进行检查 (12)锅炉效率试验	(1)锅炉超水压试验 (2)烟囱检修 (3)化学清洗

2. 施工管理

（1）施工组织

① 组成施工领导小组，由生产副厂长（或总工程师）任组长，每周开检修工作碰头会1次，检修副总工程师（或生产技术部门负责人）任大修调度负责人，协调各部门工作；

② 设现场办公室，处理检修现场发现的问题，重大问题及时向领导小组汇报；

③ 生产技术部门负责解决检修中的技术问题；

④ 根据现场情况安排好作业顺序，避免上、下同时交叉作业。

（2）安全管理

① 成立三级安全网，组织检修人员参加安全教育和《电业安全工作规程》考试；

② 检查和落实现场各项安全措施；

③ 重大特殊项目要制定专项安全措施；

④ 认真执行《电业安全工作规程》中检修工作票制度中的相关要求。

（3）质量管理

① 全面贯彻质量管理，坚持质量第一，严格执行检修工艺规程或检修工艺卡；

② 特殊工种人员应持证上岗；

③ 实行三级验收制，运行人员参加验收；

④ 做到"三个一次成功"（即锅炉水压试验一次成功，汽轮机冲转一次成功，发电机并网一次成功）、高压汽轮发电机组4个月无临时性检修、中压汽轮发电机组6个月无临时性检修，且能满负荷运行；

⑤ 主要保护装置投入率、正确动作率达100%，自动装置投入率达80%，锅炉效率高于大修前。

（4）文明检修

文明施工，做到现场整洁、"三条线"（即工具、材料、零部件摆放一条线）、"三不落地"（即使用的工器具、卸下的零部件、脏物不落地）、"三净"（即开工前、施工中、完工后场地干净）、"三不见"（即地面不见油污、不见烟头垃圾、不见散乱的零部件）。

（5）检修总结

① 车间班组应及时整理记录，试验报告、设备改造异动等技术资料；

② 大修后必须按《发电企业设备检修导则》规定进行各项试验；

③ 大修竣工15天（或按本单位规定的时间）内办理退料及财务结算手续，20天（按本企业规定的时间）内要兑现各种承包合同；

④ 大修15天（按本企业规定的时间）内应按《发电企业设备检修导则》规定进行设备评级；

⑤ 大修后30天（按本企业规定的时间）内写出大修总结报告，并存档上报省

公司；

⑥ 大修后30天（或监理合同规定的时间）内写出大修监理总结，交火电厂。

二、汽轮机大修（以300MW机组为例）

（一）大修前的工作

1. 停机前的试验

（1）热效率试验：分别测量100%、90%、80%、70%和60%额定负荷点的热效率。

（2）真空严密性试验（80%额定负荷时做该项试验）。

（3）测量汽轮发电机组振动。

（4）注油试验。

（5）主蒸汽阀门、调速蒸汽阀门、抽汽逆止阀门严密性试验。

（6）安全阀起跳试验（含除氧器、高压加热器、低压加热器、连续排污扩容器、辅助蒸汽联箱）。

2. 进行正常滑参数停机

进行正常滑参数停机，力求使汽轮机气缸金属温度降至320℃以下打闸停机。

3. 冷态盘车

冷态盘车，直至能够连续停、盘车为止。

4. 做好安全措施

做好安全措施，办理大修工作票许可手续。

（二）大修工作

1. 解体设备及其系统

（1）停止盘车后，将油系统放油。

（2）对抽汽回热系统（各加热器、冷却器等）、泵类（给水泵、凝结水泵、循环水泵、疏水泵等）、凝汽器、除氧器、疏水扩容器、抽气系统（抽气器、真空泵等）、盘车装置汽水管阀系统及支吊架等辅助机械设备的检查（含解体）或水压试验。

（3）将主机保温拆除、热工拆线。

（4）将调速及油系统设备解体检查。

（5）主机解体检查，具体步骤如下：

a. 拆除导汽管、中低压联通管；

b. 揭汽轮机高、中压外气缸、低压外气缸；

c. 揭汽轮机高、中压内气缸、低压内气缸；

d. 解体支持轴承及推力轴承；

e. 吊上隔板及轴封；

f. 解开各转子联轴器；

g. 原始数据测量；

h. 吊开励磁机，发电机抽转子；

i. 汽轮机转子吊出气缸；

j. 吊下隔板及轴封；

k. 清理气缸平面，测量气缸水平。

2. 设备检修及处理缺陷

以主机为关键工序，对设备检查中发现的缺陷进行处理，特别是严重缺陷，要按规定制定处理措施，严格按工艺要求进行处理。

3. 设备组装、系统恢复

以主机为关键路线，按网络计划，在保证质量的前提下，各辅助机械设备进行装复，各专业可适当调配、互相支援，以控制工期。

主机的装复步骤如下。

① 轴承就位；

② 用压缩空气吹扫气缸；

③ 按顺序吊入下隔板、下半轴封，转子吊入气缸；

④ 盖上半隔板、轴封；

⑤ 盖高、中压内气缸、低压内气缸、紧好气缸螺栓；

⑥ 找正高、低压转子中心，紧好靠背轮螺栓；

⑦ 盖高、中压外气缸及低压外气缸，紧好气缸螺栓；

⑧ 穿发电机转子，找正发电机转子中心，紧好靠背轮螺栓；

⑨ 励磁机就位，找正励磁机转子中心，紧好靠背轮螺栓；

⑩ 装复导汽管，恢复调速系统，装复中、低压联通管；

⑪ 油箱加油，润滑油系统进行油循坪，直至合格；

⑫ 气缸、导汽管重新采取保温措施；

⑬ 润滑油质合格后，机组投入连续盘车。

4. 机组启动前的试验工作

① 分系统试运行包括试转、联锁、保护；

② 阀门开关试验；

③ 静态（止）试验；

④ 混合仿真试验；

⑤ 机、炉、电大联锁试验。

（三）大修后的启动

（1）机组按冷态方式进行启动。

（2）机组额定转速后的试验：

① 打闸试验；

② 注油试验；

③ 电气试验（如假同期，励磁系统升压等）。

（3）发电机组并网，按现场运行规程规定接带负荷。

(4) 机组负荷达到额定值25%（或根据厂家要求），且运行4h后，做下述试验：

① 主蒸汽阀门、调速汽阀门、抽汽逆止阀门严密性试验；

② 超速试验。

(5) 机组负荷达到额定值80%时，做下述试验：

① 真空严密性试验；

② 除氧器及高、低压加热器，以及连续排污扩容器、辅助蒸汽联箱的安全门起跳试验。

(6) 测量机组振动。

(7) 分别测量额定负荷值为60%、70%、80%、90%、100%各点的热效率。

(8) 试验符合要求后，机组投入正常运行。

三、汽轮发电机大修

（一）汽轮发电机本体解体大修前的工作

(1) 解体前首先对发电机盘车72h，待发电机全部冷却。

(2) 根据缺陷记录及检修内容，在解体前需先行检查的项目进行检查。

(3) 根据《电力设备预防性试验规程》要求进行：

① 定子绕组的绝缘电阻、吸收比或极化指数的测试；

② 定子绕组泄漏电流和直流耐压试验；

③ 定子绕组的交流耐压试验；

④ 转子绕组的绝缘电阻测试；

⑤ 新发电机投产后第一次大修前还应进行温升试验，如有条件的可对定子绕组进行绝缘老化鉴定试验，以取得初始值；

⑥ 对200MW及以上的国产水、氢、氢冷却的汽轮发电机，还应对定子绕组端部手包绝缘施加直流电压测量。

（二）检修作业

(1) 拆卸定、转子绕组引线接头，并做好部件的位置标记，测量定、转子之间的空气间隙。

(2) 对双水内冷汽轮发电机解体前，首先应拆卸转子进水支座、励磁机侧转子甩水盒和定子进水法兰。

(3) 抽出转子，放置专用支架上，并用帆布盖好，对拆下的螺栓及零部件均需做好标记，妥善保管（对通风系统严密性好的密闭式空冷或氢冷发电机，可每两次大修抽一次转子）。

(4) 按企业设备检修导则对汽轮发电机解体检查，其具体项目如下。

① 定子。标准项目检修方法如下：

a. 检查端盖、护板、导风板、衬垫；

b. 检查和清扫定子绕组引出线和套管；

c. 检查和清扫铁芯压板、绕组端部绝缘，并检查紧固情况，必要时绕组端部喷漆；

d. 检查、清扫铁芯、槽楔及通风沟处线棒绝缘，必要时更换少量槽楔；

e. 水内冷定子绕组进行通水反冲洗及水压、流量试验；

f. 波纹板间隙测量；

g. 检查、校验测温元件。

特殊项目检修方法如下：

a. 更换定子线棒或修理线棒绝缘；

b. 重新焊接定子端部绕组接头；

c. 更换25%以上槽楔或端部隔木；

d. 修理铁芯局部或解体重装；

e. 抽查水内冷定子绕组水电接头超过6个；

f. 更换水内冷定子绕组引水管超过25%；

g. 定子绕组端部测振。

② 转子。标准项目检修方法如下：

a. 测量空气间隙；

b. 抽出转子，检查和吹扫转子端部绕组，检查转子槽楔、护环、心环、风扇、轴颈及平衡重块；

c. 检查、清扫刷架、滑环、引线，必要时打磨或车削滑环；

d. 水内冷转子绕组进行通水反冲洗和水压、流量试验，氢内冷转子进行通风试验和气密试验；

e. 内窥镜检查水内冷转子引水管；

f. 转子大轴中心孔、护环探伤，测量转子风扇静频率。

特殊项目检修方法如下：

a. 拔护环，处理绕组匝间短路或接地故障；

b. 更换风扇叶片、滑环及引线；

c. 更换转子绕组绝缘；

d. 更换转子护环、心环等重要结构部件；

e. 更换转子引水管。

③ 冷却系统。标准项目检修方法如下。

a. 空冷发电机：清扫风室，检查严密情况，必要时油漆风室；检查及清扫空气冷却器和气体过滤器；

b. 水内冷发电机：检查及清理冷却系统，进行冷却器水压试验，消除泄漏；

c. 氢冷发电机：检查氢气冷却器和氢气系统、二氧化碳系统，消除漏气，更换氢冷发电机密封垫；进行发电机的整体气密性试验。

特殊项目检修方法如下：

a. 冷却器铜管内壁酸洗；

b. 更换冷却器。

④ 励磁系统。标准项目检修方法如下：

a. 检查、修理交流励磁机定子、转子绕组和铁芯，必要时打磨或车削滑环；

b. 检查、清扫励磁变压器；

c. 检查无刷励磁机定子、转子绕组和铁芯，测试整流元件及有关控制调节装置；

d. 检查、测试静态励磁系统的功率整流装置；

e. 检查、修理励磁开关及励磁回路的其他设备；

f. 检查、清理通风装置和冷却器；

g. 校验自动励磁调节装置，进行励磁系统性能试验。

特殊项目检修方法如下：

a. 更换励磁机定子、转子绕组或滑环；

b. 检修励磁变压器吊芯；

c. 更换功率整流元件超过 30%；

d. 大量更换控制装置的插件。

⑤ 其他。标准项目检修方法如下：

a. 检查油管道法兰和励磁机轴承座的绝缘件，必要时更换；

b. 检查、清扫和修理发电机的配电装置、母线、电缆；

c. 检查、校验监测仪表、继电保护装置、控制信号装置和在线监测装置；

d. 电气预防性试验；

e. 发电机外壳油漆；

f. 检查、清扫灭火装置。

特殊项目检修方法如下：

更换配电装置、电缆、继电器或仪表。

⑥ 整体组装及整组电气试验

a. 经检查，定子膛内无任何杂物后将发电机转子穿入定子膛内，装复转子两侧轴承座，调整定子和转子空气间隙，调正机组中心水平。

b. 按《电力设备预防性试验规程》要求，进行检修后的整体电气试验。

（三）检修总结

检讨整个工作过程，总结经验教训。

四、水轮发电机组大修

（一）检修计划

（1）设备检修主管部门应根据设备运行状况，以及上级颁发的检修规程，编制机组大修计划。

（2）检修项目的确定应根据可靠性统计资料、设备运行状况及设备缺陷管理资料，从班组、车间、生产技术部门和运行、检修、生产技术部门多次反复研究，最后经总工程师批准定项。

（3）重大特殊项目应报可行性分析，初步设计技术方案（或措施）及概预算。

（4）大修机组应于上年 8 月底以前（或按本单位规定的时间）确定，并将编制好的计划上报主管单位审批。

（二）备料准备

机组大修的材料计划、备品、配件计划，由各检修部门（公司）编制，经生产技术部门汇总审核后，于上年 9 月底以前（或按本企业规定的时间）送本厂（或上级主管单位）材料供应部门备料。

（三）大修项目落实

要求在大修前的最后一次小修中，进行现场分析、测量和检查，做好必要的试验和鉴定，再一次落实或增补调整大修项目。

（四）工程对外委托

大修开工前两个月（或按本单位规定的时间），各检修部门提出对外委托加工清单，报生产技术部门审批，并签订好外包合同。

（五）编制检修计划网络图

开工前 30 天，各检修部门应编制本单位大修网络图，交生产技术部门，生产技术部门再综合编制机组大修网络图，确定关键网络路线和关键项目，于开工前 15 天（按本单位规定的时间）下发到检修部门，同时报省电力公司和调度部门。

（六）签定内部经济承包合同

车间（公司）与厂部应签定内部经济承包合同（协议）。

（七）开工申请

（1）开工前 7 天（或按本企业规定的时间），由生产技术部门填写机组大修申请单交运行当值人员，由值长向值班调度员正式申请。

（2）调度部门批复后，运行值长应及时向主管检修工作的厂领导和生产技术部门汇报，生产技术部门则应立即传达给有关部门，并督促做好开工前的一切准备工作。

（八）办理工作许可手续

（1）开工前一天，按《电业安全工作规程》要求，填写工作票交运行班长。

（2）开工时，运行当值人员根据工作票要求，填写操作票，落实好各项安全措施，办理开工的工作许可手续。

（九）施工管理

1. 施工组织

（1）组成施工领导小组，由生产副厂长（或总工程师）任组长，并明确一名副总工程师（或生产技术部门负责人）任大修调度负责人，协调各部门工作。

（2）设现场办公室处理检修现场发现的问题，重大问题及时向领导小组汇报。

（3）生产技术部门负责解决检修中的技术问题。

（4）以招标方式选定监理单位进行大修监理。

2. 安全管理

（1）要建立健全三级安全网。组织检修人员进行安全教育和《电业安全工作规程》考试。

（2）认真执行《电业安全工作规程》中两票制度，检修开工前，工作许可人和工作负责人应共同到现场检查安全措施，确已正确落实后，在工作票上签字，才允许开始工作。

（3）外包人员、外借人员、民工（包括临时工）进厂参加检修，由于这部分人对现场规章制度缺乏深入了解，现场设备环境情况不熟悉，对行为失误造成的后果又没有认识，因此工作开始之前，必须对他们进行安全教育，除工作任务、现场情况及有关安全措施交待清楚外，还应安排熟悉工作现场、经验丰富的一定数量专人负责进行监护，如发现问题，立即制止。

（4）发现违章作业、违章施工立即制止，并进行教育，发生异常情况要做到“三不放过”（调查、处理事故时，必须坚持事故原因分析不清不放过；事故责任者和群众没有受到教育不放过；没有采取切实可行的防范措施不放过）。

（十）质量管理

（1）施工管理及质量管理按照“水轮发电机组大修标准作业程序”进行，并由监理单位进行全过程监理。

（2）严格执行检修工艺规程。

（3）特殊工种经考试合格后持证上岗。

（4）实行三级验收制，运行人员要参加验收。

（5）要做到检修项目不漏项，消除所有设备缺陷，且达到检修工艺规程中规定的各项质量标准。

（6）计算机监控系统 LCU 动作（操作、测量与信号）正确。

（7）主要保护投入率、保护整组模拟正确动作率达 100%，自动装置投入率达 100%。

（8）检修后的设备达到一类设备，一次启动成功，在规定的两次相邻计划检修间隔中无一次临时性检修。

（十一）文明检修

（1）要制定文明检修考核细则，并层层进行考核。

（2）大修中要文明施工，要按《电业安全工作规程》和工艺规程的要求，正确使用机具、工具、仪器、仪表等设备。

（3）要保持施工现场整洁，拆卸的部件应放置在预先所绘制的大修设备部件放置平面图所指定的位置上。

（十二）检修总结

（1）车间和班组应及时整理记录、试验报告、设备改造和异动等技术资料。

（2）大修后必须按《发电企业设备检修导则》规定进行各项试验，并和大修前的数据进行比较、分析和总结经验。

（3）大修竣工15天（或本单位规定的时间）内，办理退料及财务结算手续、20天（按本企业规定的时间）内要兑现各种承包合同。

（4）大修后15天（或按本企业规定的时间）内，应按《发电企业设备检修导则》规定进行设备评级。

（5）大修后30天（或按本企业规定的时间）内写出大修总结报告，并存档和上报上级主管部门。

（6）大修后30天（或按本企业规定的时间）内写出大修监理总结，交水电厂。

五、水工建筑加固改造施工

（一）水工建筑加固改造范围

（1）水工建筑加固改造，包括水电站大坝的加固改造工程、引水系统、发电厂房、通航建筑的加固和改造。

（2）水工建筑加固是指水工建筑（包括基础）性状弱化或结构损坏所进行的改善、补强和修复。水工建筑改造是为了保证水工建筑的安全而对原有建筑及其附属设施所进行的加强或改造（包括坝的安全加高、扩建溢洪道等）。

（3）大坝及其他水工建筑的日常维护、修理和小型零星工程不属于加固改造范围。

（二）加固改造的依据

凡经过安全检查（包括日常巡查、年度详细检查、定期检查、特种检查）和专项技术鉴定，确认有必要施行加固改造的，水电厂应及时列报，按程序审批后，列入计划、筹措资金、备好材料，并安排实施。

（三）立项和审批

重大的水工建筑加固改造工程（如提高大坝稳定性、提高泄洪能力的工程措施、坝体深部加固、大面积水下防渗处理、水下裂缝处理，以及大面积坝基处理或特殊处理等），按近期规划和年度计划要求，提出项目任务书，经主管部门审查后进行可行性研究或技术论证，经审批后即为立项，一般加固改造工程在项目任务书审批后即为立项，加固改造项目的审批权限由主管部门确定。

（四）设计和审批

（1）加固改造的设计工作，可委托原设计单位或有设计资质的单位承担，也可进行招标，优选设计单位。

（2）重大的加固改造项目，在工程立项后，进行初步设计，经过审查后进行施工设计；一般加固改造项目在工程立项后即可直接进行施工设计。

（3）如工程实行招标，应增加招标书。

（4）初步设计应结合加固改造工程特点进行方案比较，要考虑与原有建筑的关系、运行发电条件下施工可能损害原有建筑，以及涉及水库泄放等因素，要制定相应的技术措施。

(5) 水工建筑加固改造工程的设计标准，应符合有关上级主管和本企业颁发的现行规程、规范要求。凡加固改造工程需在水工建筑或原设计的基本假定上，作重大改变和环境条件有明显变化时，应对整个结构重新进行复核。

(6) 施工图设计除上级主管单位指定要审批外，一般不再审批。一般的加固改造工程直接进行施工图设计，其设计文件由水电厂主管部门审批。

(五) 施工

(1) 水工建筑加固改造工程应以招标方式择优选定施工单位。

(2) 在整个施工过程中应实行施工监理制度。

(3) 施工单位应保证工程质量，认真贯彻国家、上级颁发的有关规范、规定和技术要求，建立完善的施工质量管理体系，坚持自检、互检和专职人员检查的工程质量“三检制”，基础工程和隐蔽工程应认真做好验收，合格后才能覆盖或进行下一道工序。

(六) 竣工验收

(1) 加固改造工程完工后进行的竣工验收，由项目审批单位组织，竣工验收的主要依据是：经批准的项目任务书、设计图纸与文件（包括整个工程实施中设计变更或修改)、设备技术说明书、施工图纸资料、竣工图和竣工决算，以及现行的技术规范等。

(2) 竣工验收是办理施工与运行部门之间的交接手续，应全面检查工程是否按照设计要求施工，是否还存在缺陷和问题，是否采取了补救措施，是否符合使用要求。

六、大坝安全监测设施的检修及更新改造

(一) 大坝安全监测设施的更新改造计划

大坝安全监测系统的定期检查，一般每隔五年进行一次，可结合大坝安全定期检查进行，上级主管单位应委托有关单位对大坝安全监测系统进行全面检查，提出监测系统检查鉴定专题报告。其内容应包括监测系统的完备性，以及监测设施的精度和可靠性。确实需要对监测设施进行更新改造的，由水电厂提出计划，报上级主管单位审批。

(二) 大坝安全监测设施更新改造的原则

(1) 根据有关规程、规范，以及大坝安全监测的实际需要，有针对性地选择更新改造项目。

(2) 尽可能保留、利用原有监测系统中有效的监测项目和设备，并注意与新增项目和设备形成新的有机整体。

(3) 在技术经济合理的前提下，应采用国内、外成熟的先进技术，积极稳妥地

推行自动化监测系统。

（三）监测系统更新改造的实施

监测设施更新改造项目，经上级主管单位审批后，由水电厂组织实施。

（四）监测设施更新改造的设计

（1）监测设施更新改造设计工作，原则上委托原设计单位承担，但也可采用招标或委托有设计资质的单位承担。

（2）监测设施更新改造工程的设计，应分为可行性研究报告（初步设计）和施工图两阶段进行。

可行性研究报告的内容包括：原有监测系统的工作状况；更新改造的必要性；更新改造项目及其说明；新的监测设施及其布置；新增监测仪器设备清单，以及更新改造的工程概算等。监测设施更新改造工程的可行性研究报告由上级主管单位负责组织审查，经审查批准后方可进行施工设计。

施工设计的内容包括：新增监测项目的施工图；施工技术要求；监测仪器设备订货清单；更新改造的工程预算，以及新的监测系统中各监测项目的监测要求等。

（五）仪器选购

监测设施更新改造仪器仪表的选购，需在调查研究的基础上，由上级主管单位通过招标或议标方式选购。

（六）监测设施更新改造的施工

监测设施更新改造的施工可通过招标或委托有施工资质的单位承担。施工单位应严格按设计文件进行施工，确保施工质量，并负责绘制竣工图及编写施工总结，竣工验收时全面移交给水电厂。水电厂可委托监理单位对更新改造工程实行监理。

（七）监测设施更新改造工程竣工验收

监测设施更新改造工程竣工后，按上级主管单位要求，由水电厂进行为期一年的试验性监测，试验性监测完成后，由上级主管单位组织竣工验收。

竣工验收后，水电厂应及时编写大坝安全监测设施更新改造总结报告，与更新改造设计报告一并报送上级主管单位，并抄报大坝安全监察中心。

七、船闸大修

（一）大修的依据

（1）船只过坝设施大修，根据设备缺陷情况，原则上每年安排一次消除缺陷性大修。由船闸（或水工）车间提出大修计划，报水电厂总工程师办公室（或生产技术部门）审核，重大特殊项目应加报项目可行性分析、初步设计、技术安全措施及概预算，报水电厂上级主管单位。

（2）船只过坝设施水工建筑物加固改造（含大修），可参照水工建筑物加固改造施工程序进行。

（二）大修计划

（1）船只过坝设施大修，要切实贯彻“应修必修，修必修好”的原则编制大修计划，根据检修工作内容确定检修项目和检修工期，牵涉面较广的船只过坝设施，应由水电厂上级主管单位与省交通主管部门协商确定检修工期和开、竣工日期。由交通主管部门通知水上运输单位，并在有关媒体上发布停航公告，水电厂应在船只过坝设施处公告大修断航起始日期。

（2）水电厂应做好检修所需的材料、配件等各项准备工作，检修工期应尽可能缩短，检修时间应安排在运输淡季或枯水季节进行。

（三）检修项目

船闸检修项目主要包括输水闸门、叠梁闸门、人字闸门、泄水闸门，以及它们的启闭设备的检修。

（四）各种闸门的检修要求

（1）每个闸门的几何尺寸的测量结果，应满足运行、规范的允许误差要求。

（2）所有闸门应作防锈、防腐处理，防锈层表面剥落损坏应及时进行修补。

（3）为了查明闸门结构焊接缝内的缺陷，应当检查焊缝，在焊缝内有裂缝时，应将裂纹部分铲去，重新焊接。在主要受力构件的金属内发现裂纹时，应当更换，按规范要求不允许进行补焊。

（4）在检查焊缝时应检查闸门全部金属结构，如发现小零件弯曲可用加热法校正，而大的零件弯曲要用静载荷校正。构件的弯曲，如果对金属质量有影响或构件已经遭到破坏，应更换。

（5）闸门的轴及轴套部分，应用黄油润滑，油路应畅通，润滑油应到达摩擦工作面。

（6）所有机械零件的加工表面均应很好润滑，润滑的油沟槽应填满；对工作轮、侧轮和反轮的轴套、闸门各节间联接板的轴，以及提吊杆各节的轴和吊杆同闸门连接处的轴，应重点仔细润滑。

（7）闸门的止水橡皮、反向弹簧装置及橡皮垫，发现有损坏或磨损过度或失去弹性和老化（裂纹、干燥等）特征时，应进行更换。为了减少水封漏水，可通过调整橡皮止水装置来达到止漏目的。

（8）要调整好闸门悬吊装置的位置，以避免闸门倾斜。

（9）检修后闸门及其支承部分（行走轮及滑道，反轮和侧轮）各项目的偏差值应满足规范要求。

（五）启闭机械的检修要求

启闭机械大修进行分解检查时，要更换润滑油，在分解检查后，装配好的启闭机械应从悬吊装置的底部位置到上部位置空转试运转半小时，检查制动器工作磨损部件发热情况和声响特性，在试运转后检查继电器、高度指示器、闭锁开关的工作情况。

启闭机械经检修后，应达到以下要求：

① 制动抱闸工作可靠；

② 闭锁开关工作可靠；

③ 闸门提升高度的位置指示器正确无误；

④ 启闭机工作时，无不正常的噪声和冲击；

⑤ 减速器内的油和轴承无不正常发热；

⑥ 提升和下落速度符合设计的要求。

（六）质量管理

全面贯彻大修工作质量管理，坚持质量第一，严格执行检修工艺规程，特殊工种人员应持证上岗。

（七）大修总结

大修结束一个月（或按本单位规定时间）内，写出大修总结报告，存档及上报主管单位，内容主要包括：大修中消除的主要缺陷、采取的主要措施和效果；大修后尚存在的主要问题及拟采取的措施。

八、过坝滑道大修

（一）大修的依据

根据设备缺陷情况，原则上每年安排一次大修。

由滑道车间提出大修计划，报水电厂生产技术部门或总工程师办公室审核，重大特殊项目应加报项目可行性分析、初步设计、技术安全措施及概预算，并上报水电厂上级主管单位。

（二）大修计划

(1) 贯彻“应修必修，修必修好”的原则编制大修计划，根据检修工作内容确定检修项目及检修工期，并与交通主管部门协商确定开、竣工日期，由交通主管部门通知水上运输单位，并在有关媒体上发布停航公告，在滑道适当地点张贴停航公告。

(2) 水电厂应做好各项准备工作，检修工期应尽可能缩短，检修时间应安排在运输淡季或枯水季节进行。

（三）质量管理

全面贯彻大修工作质量管理，坚持质量第一，严格执行检修工艺规程，特殊工种应持证上岗。

（四）检修项目

① 机房大、小减速器吊盖检修；

② 主电动机解体检修；

③ 承船车、斜架车、转盘、引走轮检修；

④ 滑线清扫、调整、刷漆；

⑤ 部分轨道调整及缺陷处理；

⑥ 大卷筒轴瓦解体检修；

⑦ 润滑系统及制动系统解体检修，抱闸调整；

⑧ 各导向滑轮解体检修；

⑨ 其他缺陷处理。

（五）大修开始

（1）大修开始前必须做好全体检修人员的动员工作，交待任务和具体措施，并明确安全、质量、进度等方面的要求。

（2）大修开始前要准备好大修所需的主要材料、备品、备件、检修工器具，并布置好场地。

（3）检修按照《现场滑道检修工艺规程》进行。

（六）大修总结

大修结束后一个月（或按本单位规定的时间）内要写出大修总结，存档并上报上级主管单位。

九、发电厂升压站及变电所全停电的检修

这种停电检修，是根据本单位电气设备施工需要，结合当时具体情况，从电网运行方式的安排情况而确定的，可将运行中厂（所）某局部系统的电气设备全部停下并退出电网，也可使厂（所）某局部区域电力设备停止运行。对此处这部分现场而言，可视为全停电，以满足某些主要设备施工的要求。结合这种大范围的停电，同时还可以对某些平常不易工作的部分（如高型或多层布置的母线构架、与带电体空间距离很小的支架）进行加固或采取防腐蚀措施等配合进行。这种大面积、大规模的停电检修，由若干个施工队伍或班组、不同专业或工种同时作业，工作之前必须有本企业主管生产的领导或总工程师批准的施工方案，并在统一指挥下进行。

（一）上报停电申请计划

（1）落实工作内容，确定工作及停电范围。

（2）检修单位按本企业及相关调度规定的日期，向生产技术和调度部门上报下月检修计划。

（3）落实安排停电日期及批复同意检修的内容及停电范围。

（二）做好检修准备

（1）按检修内容备好所需材料、备品、备件。

（2）按检修内容及工作进度安排，配合施工进程，分段配备工具、仪器、施工机具。

（3）准备好工作人员的安全防护用品。

（4）按施工进度要求，分别按时配备运输和起重工具。

（5）确定各道工序、时段，安排好人员及劳动组合。

（三）制定施工方案及施工措施

（1）根据检修内容、工作范围及检修性质，按有关检修规程、检修工艺导则及

技术标准，制定施工方案（如设备品种多、可分别按专业编若干个施工方案）。

（2）制定施工中的组织措施、安全和技术措施（含本次检修的总负责人、各专业设备检修小组的负责人、各项工作的分工、安全防护措施、保证检修质量的要求，以及各项工作的进度等），并报主管审批。

（四）检修前的前期工作

（1）将按检修内容备好所需材料、备品、备件、工具、仪器、施工机具、工作人员的安全防护用品、运输和起重工具等物质运至工作地点。

（2）做好安全防护工作准备（处于备用状态）。

（3）将工作内容向值班负责人或值长交待清楚，并将工作票交值班负责人（或值长），使其在正式工作前做好停电操作、安全措施的布置等一系列工作。

（五）召开开工前的会议

（1）交待工作任务及其分工。

（2）明确工作内容及范围，以及检修后应达到的检修质量。

（3）交待经上报主管生产领导批准的施工组织措施、安全和技术措施，并明确在本次作业中安全（专人）监护人员和质量的负责人员。

（六）办理工作许可手续

（1）工作负责人与工作许可人落实实际停电范围、布置安全措施的实际情况。

（2）明确部分带电设备需特殊进行专人监护之处。

（3）对有外来电源（含施工中要求使用的电源或由于运行中二次回路倒送电，可能传导到停电工作设备上的），应做好防止措施。

（4）按工作票的措施全部落实后，方能由工作许可人、工作负责人双方履行工作许可（签字）手续。

（七）施工人员进入施工现场

（1）工作班成员进入现场开工前，工作负责人应做好以下工作。

① 向工作班成员详细交待，再次明确落实工作任务、具体工作地点和范围，指明邻近带电部位和已采取的安全措施。

② 向工作班成员交待工作中存在的危险点及其控制措施，详细交待工作任务并分工。

③ 检查施工作业用具、安全防护设施及个人着装是否符合要求。

④ 必要时对特别危险点设专人监护。

（2）对施工人员在施工中的注意事项全部交待妥当后，由工作负责人带领全体工作班成员列队进入现场。

（八）开始检修作业

工作班成员认真执行规程及现场安全、技术和组织措施，互相关心，监督施工安全，保质、保量、按时完成预定的工作任务。工作负责人（或专职监护人）认真监护，各级领导、安监人员应巡回检查。

（九）工作终结

（1）工作任务完成后，工作许可人验收作业项目（工作负责人陪同），验收合格后，双方做好记录，并在相关记录本上签名，同时办理工作票终结手续。

（2）施工结束，作业班成员清理场地后退出工作现场。

（3）运行人员或维修人员拆除设置的临时安全措施后，向当值调度人员报告竣工，按调度指令操作，并做好记录。

（4）作业班召开班会后，进行工作质量和安全小结。

十、主变压器大修

主变压器大修，包括发电厂升压站和降压变电所主变压器、火电厂高压厂用电变压器、500kV变电所联络变压器和补偿超高压电力线路充电功率的高压并联电抗器。

（一）向调度部门上报停电申请

（1）根据DL/T 573—2010《电力变压器检修导则》（以下简称《检修导则》）和设备运行状况，查阅技术档案，落实检修的工作内容，确定停电范围，按工作程序进行工作时，包括拆卸附件、吊罩等各工作段，所需对周围运行设备采取分段停电的停电计划。

（2）检修单位按本企业及调度部门规定的日期向生产技术和调度部门上报申请主变压器停止运行（或退出备用）进行检修的计划。

（3）安排各工作段所需的停电日期和主变压器停用进行检修的整个工作时间，以及配合某一工序中需要扩大停电面的相关设备的停电时间。

（二）按检修计划做好检修准备

1. 检修场地的选择

（1）变压器的检修应尽量安排在发电厂、变电所检修间进行。

（2）若无检修间时，可在现场进行，但应有足够的作业空间，搭好具备良好检修条件的临时工棚，并做好防火、防雨、防潮、防寒和防尘措施。

2. 起重条件的确定

（1）大型变压器现场检修工作，应因地制宜采用可靠的起重方案，确保检修工作的顺利进行及人员、设备的安全。

（2）现场检修用设备的布置安放，以及变压器附件的拆、装，应注意留有充分作业空间余地，作业时与邻近带电设备应保持有足够的安全距离。

（3）变压器的起吊，当使用液压汽车吊时，应依据附件及钟罩的吊高、吊臂倾角和相应的安全荷重，选择吊车的起重吨位，应注意起重时，其起重设施回转与邻近带电设备，应保持有足够的安全距离。

（4）油箱结构的变压器进行吊芯检修时，如果没有合适的起重设备，可采用固定式或移动式钢构架进行起吊。

3. 检修必需的设备和机具准备

① 容积符合被检修变压器总油量的油罐，内部应清洁、干燥；

② 能满足被检修变压器要求的真空滤油机及压力式滤油机、热油真空干燥设备；

③ 能适合被检修变压器抽取本体及套管内部真空的设备；

④ 必需的起重机具、焊接设备和专用工具。

4. 现场的防潮及消防措施

（1）变压器放油后检修人员进入油箱前，应充入符合要求的干燥空气，以防止绝缘受潮和进入工作的人员窒息。

（2）检修现场应具备足够数量的消防设备。

（3）进行焊接工作时，应采取防护隔离措施，并有专人负责监护。

（4）检修现场严禁烟火，对易燃、易爆物品应指定专人发放、回收和保管。

5. 其他有关准备

（1）按检修内容备齐所需材料、备品、备件。

（2）按检修变压器容量、拟进行检修的内容、工艺的需要，准备好专用工具、仪器及特殊工具等。

（3）按检修工艺要求，准备好各道工序中工作人员的劳动保护和安全防护用品（如检修中对部件采取防护措施所需的防护用品、专用工作服、手套、口罩等）。

（4）做好各道工序工作人员的劳动力组合。

（三）制定检修方案及施工措施

（1）根据变压器检修类别、检修内容，按有关检修规程、检修工艺导则及技术标准等，制定施工方案，经检修人员共同讨论、修改完善后报本单位主管（生产技术）部门审查，经主管生产领导批准生效。

（2）按已确定的检修内容、施工方案，编制检修工作流程图及安排各道工序，以及各段工作的工作时间和进度。

（3）按变压器检修内容、施工方案和施工进度，编制施工中的组织措施、安全和技术措施，经主管部门（生产技术）和主管生产领导审核、批准。

（四）检修开工的前期工作

（1）按检修内容备齐所需材料、备品、备件、工具、仪器及特殊工具，以及工作人员的劳动保护和安全防护用品等，准备好的器材运至检修现场。

（2）检修正式开始工作前，按检修计划做好检修准备，落实各项工作，处于备用状态，凡能事先准备齐的均送到检修现场。

（3）凡进行的工作内容需要运行部门配合的相关事宜，应在开工前向运行部门交底落实，并将工作票于开工前一日交运行班组（或值长室），使其正式开工前做好停电操作、安全措施。

（五）检修人员进入现场作业

（1）工作班组全部成员在正式开始工作前召开班前会，会议内容如下。

① 交待工作任务，明确各工种的分工；

② 明确工作内容及工作范围，以及检修中应达到的质量要求；

③ 交待经主管（生产技术）部门审核、主管生产领导批准的施工组织措施、安全和技术措施，并明确在本次变压器检修中的安全（专人监护）、质量专职监督人员。

（2）办理工作许可手续

① 工作负责人与运行部门工作许可人落实现场实际停电范围、布置安全措施的情况；

② 明确部分带电设备需要派专人监护之处；

③ 主变压器冷却电源、气体继电保护或在线监测装置等操作控制电源已断开后，应有防止误合闸送电到工作现场的措施；

④ 落实施工电源，并应有防止施工人员触电或者误合闸造成施工机械对相关人员伤害的措施；

⑤ 按工作票要求的安全措施全部布置完成后，由工作许可人、工作负责人双方履行工作许可（签字）手续。

（3）工作人员进入变压器检修现场：按施工人员进入施工现场工作要求进行。

（六）检修中的施工管理

1. 组织管理

（1）工作负责人负责主变压器整个检修过程的作业指挥，负责安排各工作小组的作业任务。

（2）各工作小组每日收工后向工作负责人汇报，如在检修中出现重大问题，应及时向工作负责人汇报。

（3）发生了重大事件（如重要部件损坏、人员受伤等），还应及时向单位主管生产领导汇报。

2. 安全管理

（1）各工作班组均设有专（兼）值安全员，负责主变压器检修的全过程安全工作。

（2）对于重大特殊的专项安全措施，安全员要认真督促执行。

（3）凡在作业过程中发现有违犯安全操作的现象，或者没有按规定执行安全防护规定的，应立即提出警告并及时向工作负责人汇报。

3. 质量管理

（1）工作班组负责人应全面贯彻落实《检修导则》中的相关要求。

（2）按制定的技术措施执行。

（3）凡完成一道工序，均应先经自检、参加工作班成员互检、按本次检修确定中间验收人员检查（或进行相关测试）合格后，方能进行下一道工序的工作。

4. 文明施工

（1）作业现场有专（兼）职的人员管理工具、器材。

（2）施工过程中要做到工、器具摆放有序，用后及时放归原位，无乱扔、乱放现象。

（3）使用后剩余或换下的废旧器材、部件，存放于指定之处，不影响工作现场的环境。

（七）开始检修

1. 进行检修前试验

（1）核实主绝缘性能。

（2）核对电压分接开关的机械及电气性能。

（3）进行作为衡量检修后验证效果依据的其他试验。

2. 拆卸附件

（1）根据工作环境及条件（如天气、湿度、脏污）符合要求才能安排进行工作。

（2）按事先准备好的起重设备及劳动组合分工进行。

（3）拆卸附件前，如涉及冷却器风扇电源、气体继电器及在线监测等的操作电源，则应做好安全措施；拆卸下的部件放置于事先准备好的工作台、部件支架上，并安放稳固。

（4）在拆卸过程中由专业工作班负责人统一指挥，按《检修导则》中规定的工艺进行。

（5）附件拆卸完毕，如不立即检修，应将拆下附件的孔封堵。

3. 变压器搬至专用的检修场地

（1）检修的变压器如需移动、搬运到另一处进行检修，应由专业搬运班组进行。

（2）运输由搬运班组负责人进行指挥。

（3）在运输过程中的一切安全措施，必须按《电业安全工作规程》（热力和机械部分）中的有关规定执行。

4. 吊罩检查

（1）吊罩前，应注意环境及条件，如不符合《检修导则》要求时不能进行。

（2）应由专业起重班组、训练有素的起重专业人员指挥进行，并应认真执行《电业安全工作规程》的有关规定。

（3）吊罩过程中，当试验人员配合进行测试时，应按《电业安全工作规程》（发电厂和变电所电气部分）的相关要求进行，以保证工作人员的安全。

（4）吊罩后，如不需要进行干燥，则需要根据工作环境及条件符合要求才能安排进行工作，同时应严格控制器身暴露在空气中的时间不能超过《检修导则》的规定。

（5）吊罩后的检查、对部件的检修，按《检修导则》的要求进行。

5. 器身的干燥

（1）当器身受潮需要干燥时，应认真研究具体情况，确定干燥的方案。

（2）需进行干燥时的条件、工艺等，可参照《检修导则》中的要求进行。

（3）在干燥器身的整个工作过程中，有专人值班并按规定进行试验和控制调整干燥温度，严防操作不慎等失误引起过温而损伤绝缘，同时还应做好防火措施。

（4）干燥终结的判断，必须根据干燥过程中的测试和出水记录进行分析，按《检修导则》规定确定。

6. 盖罩

（1）经干燥完毕后的主变压器，进行吊罩检查。

（2）吊罩结束盖罩后，应立即抽真空注入绝缘油，其真空注油工艺按《检修导则》进行。

（3）经过吊罩检查的变压器搬运回原设备基础时，其运输由专业搬运班组进行，运输由搬运班组负责人进行指挥在运输过程中的一切安全措施，必须按《电业安全工作规程》（热力和机械部分）中的有关规定执行。

（4）经过吊芯或吊罩检查的变压器，装复时的各部件必须是经检修或试验合格，且恢复到原位置，装复工艺应按《检修导则》的要求执行。

7. 检修后的试验

（1）试验项目按《电力设备预防性试验规程》和《检修导则》的要求进行。

（2）试验过程中必须认真执行《电业安全工作规程》（发电厂和变电所电气部分）中的有关安全规定。

（3）试验的结果，如未达到相关规程、《检修导则》及其预先确定的指标要求时不得交工，应进行分析找出原因，采取相关补救措施予以处理。

8. 检修工作结束

（1）经过检修后的主变压器，通过验收检查和有关试验达到预期效果后，经运行单位认可，检修工作负责人在运行现场专用的检修记录表上填写检修的内容、检修结论，运行负责人签字认可。

（2）经运行、检修双方负责人达成共识，可以结束检修交付运行部门投入运行时，方能将检修后的变压器恢复原状（如复归原基础，恢复接线、冷却电源及保护回路等）。

（3）恢复了变压器的接线，运行部门已验收，运行、检修双方负责人进行最后检查，无问题后检修人员方能离开变压器现场。

（4）由运行部门与调度部门联系进行操作（如有必要还应进行冲击合闸）投入试运行，投入试运行时检修负责人应在现场。

（5）按规程规定投入试运行持续时间（如24h）取油样进行色谱分析，无问题后由运行部门值班负责人与当值调度人员联系，结束试运行状态，恢复在试运行中退出运行的所有保护装置，正式投入运行。

（6）试运行结束后，检修用的设施、机具、工具、仪器，以及检修剩余、拆卸下的材料等应全部撤离现场。

（7）检修结束后一月之内（或按本企业规定的时间），由检修部门向运行部门提交正式检修报告、竣工试验报告，双方对检修效果按相关制度要求进行评级。

十一、220kV及以上电压SF6断路器大修

（一）向调度部门上报申请停电计划

内容与发电厂升压站及变电所全停电的检修上报停电申请计划相同。

（二）按检修计划内容做好准备

检修内容、检修场地及其资料准备如下。

（1）根据平时运行、检修、试验、缺陷记录和现场观察，弄清断路器存在的问题，确定检修项目，制定安全措施，安排工期进度。

（2）做好技术准备，使参加工作的每个人都了解检修项目、内容。

（3）按DL/T 639—1997《六氟化硫电气设备运行、试验及检修人员安全防护细则》（以下简称《安全防护细则》）的要求，做好检修场地及工作人员的安全防护准备工作。

（4）按检修的要求准备好所需的专用工具和备品、备件及其消耗材料。

（5）准备好有关资料、记录、卡片等。

（6）按《电业安全工作规程》（发电厂和变电所电气部分）要求办理工作票。

以上工作均落实到检修现场。

（三）制定检修方案及施工措施

（1）根据SF6断路器介质及其工作特性，按照《安全防护细则》、相关检修工艺及技术标准等的要求制定施工方案，经检修人员共同讨论、修改完善后，报本单位主管（生产技术、安全监察）部门审查、主管该项工作的领导批准。

（2）按已确定的检修内容、施工方案，编制检修工作流程图及安排各道工序、各段工作的工时及进度。

（3）按SF6断路器检修内容、施工方案、施工进度，编制施工中的组织措施、安全和技术措施，经主管部门和领导审核、批准。

（四）工作人员进入检修现场

1. 办理工作许可手续

（1）工作负责人与运行部门当值值班负责人，落实实际停电范围、布置的安全措施。

（2）明确工作地点周围部分带电运行设备，如有必要还应明确专人监护。

（3）落实施工用电电源，并采取防止施工人员误触电、误合闸造成机械伤害工作人员的措施。

（4）按工作票要求的安全措施全部布置完成后，由工作许可人、工作负责人双方履行工作许可、允许开始工作的手续，并由双方签字。

2. 工作人员进入现场，做好作业准备

（1）工作班成员进入现场开工前，工作负责人应做好以下工作：

① 向工作班成员详细交待，再次明确落实工作任务、具体工作地点和范围，指明邻近带电部位和已采取的安全措施；

② 向工作班成员交待工作中存在的危险点及其控制措施，详细交待工作任务并分工；

③ 检查施工作业用具、安全防护设施及个人着装是否符合要求；

④ 必要时对特别危险点设专人监护。

（2）对施工人员在施工中的注意事项全部交待妥当后，由工作负责人带领全体工作班成员列队进入现场。

3. 搭好工作架或准备好升降车

（五）检修中的施工管理

1. 组织管理

（1）工作负责人负责主变压器整个检修过程的作业指挥，负责安排各工作小组的作业任务。

（2）各工作小组每日收工后向工作负责人汇报，如在检修中出现重大问题，应及时向工作负责人汇报。

（3）如果发生了重大事件（如重要部件损坏、人员受伤等），还应及时向单位主管生产领导汇报。

2. 安全管理

（1）各工作班组均设有专（兼）值安全员，负责主变压器检修的全过程安全工作。

（2）对于重大特殊的专项安全措施，安全员要认真督促执行。

（3）凡在作业过程中发现有违犯安全操作的现象，或没有按规定执行安全防护规定的，应立即提出警告并及时向工作负责人汇报。

3. 质量管理

（1）工作班组负责人应全面贯彻落实《检修导则》中的相关要求。

（2）按制定的技术措施执行。

（3）凡完成一道工序，均应先经自检、参加工作班成员互检、按本次检修确定中间验收人员检查（或进行相关测试）合格后，方能进行下一道工序的工作。

4. 文明施工

（1）作业现场有专（兼）职的人员管理工具、器材。

（2）施工过程中要做到工、器具摆放有序，用后及时放归原位，无乱扔、乱放现象。

（3）使用后剩余或换下的废旧器材、部件，存放于指定之处，不影响工作现场的环境。

（六）开始检修

1. 解体前的外部检查及试验

① 测量断路器分、合闸时间及同期差；

② 绝缘试验；

③ 测量回路电阻；

④ 测量 SF6 气体水分含量；

⑤ 对充 SF6 气体的部件各连接处进行检漏；

⑥ 检查各部位的密封情况，对渗漏处做好记录；

⑦ 进行慢分、慢合试验。

2. 将操动机构的储能释放

(1) 如为液压储能操动机构，使断路器处于分闸位置，断开操动机构操作电源及储能电动机电源，将操动机构储压工作缸及其管道回路的油压泄放到零表压。

(2) 如为压缩空气储能操动机构，使断路器处于分闸位置，断开操动机构操作电源及空气压缩机电动机电源，将操动机构储气罐及其空气管道回路的压缩空气泄放到零表压。

(3) 如为弹簧储能操动机构，使断路器处于分闸位置，断开操动机构操作电源及弹簧储能电动机电源，将合闸弹簧储能释放。

3. SF6 气体回收

(1) 工作人员按《安全防护细则》的规定做好安全防护。

(2) 按 SF6 气体回收装置厂家使用说明书的规定，进行 SF6 气体回收和净化处理。

4. SF6 断路器本体的分解拆卸

(1) 按《安全防护细则》的有关规定，做好现场和工作人员的安全防护。

(2) 按相关型号检修工艺的要求，将拆卸下的各部件放置于工作台或支架上（或送至专门检修车间）。

(3) 按相关型号检修工艺的要求，将操动机构分解，拆卸下的零、部件件放置于或运至专门检修车间的地方（或工作台）。

5. 断路器的分解检修

(1) 断路器本体及其操动机构各部元件的分解检修

① 断路器本体的分解检修，按《安全防护细则》的规定，启动安全防护设施，做好工作现场和工作人员的安全防护；

② 断路器本体及操动机构按相关型号产品检修工艺的要求，将各部件进行分解检修。

(2) 断路器及其操动机构的装复

① 将已经过检修、合格的部件，送至运行现场，按拆卸的相反顺序进行装复；

② 在装复各元件的同时，按相关型号产品检修工艺的规定进行相应的检验、测试。

(3) 按相关型号产品检修工艺和制造厂的规定，进行机械尺寸和参数的测量和调整。

(4) 安装吸附剂，充 SF6 气体

① 准备好足够合格的吸附剂和 SF6 气体；

② 按照相关产品检修工艺和制造厂安装使用说明书的要求，进行吸附剂的安装，充入 SF6 气体。

（5）按照相关产品检修工艺和制造厂家产品安装使用说明书的规定，进行动作性能试验。

（6）SF6 气体漏气及含水量的检测，按照相关产品检修工艺进行。

（7）按《电力设备预防性试验规程》和相关型号产品检修工艺的要求，进行电气性能试验。

（七）检修工作结束

（1）经大修后的 SF6 断路器，通过了各项试验，已达到预期效果后，经运行、检修双方认可，由检修负责人在运行现场专用的记录表上填写检修的内容及结论，经运行负责人签字认可。

（2）经运行、检修双方认同，可以移交运行，由检修部门（单位）恢复接线，可以投入运行或备用。

（3）检修结束后，检修单位清理现场，撤除检修中设置的临时安全措施，并将检修中使用的工具、仪器、机具，及其工作班成员全部撤离现场。

（4）检修结束后一月之内（或按本企业规定的时间），由检修部门向运行部门移交正式的检修报告、竣工试验报告，并对检修效果按相关制度评级标准的要求进行评级。

十二、架空输电线路检修

（一）落实检修计划

（1）根据工作任务查阅运行资料及现场查勘（较大型施工工作，必须有主管领导和生产技术、调度、安全监察部门派人参加），确定作业内容和停电范围。

（2）大型和复杂工作必须制定组织措施、安全及技术措施。

（二）上报停电申请

（1）检修单位按本企业及相关调度规定的日期，每月向生产技术和调度部门上报下月检修计划。

（2）检修管理人员必须在开工日前 4 天的 12:00 前（或本企业规定的时间）向调度部门申请：调度部门协调各相关单位配合此次停电范围需要同时进行的检修工作，一并批答，同时转告生产技术部门督促安排。

（3）此次申请在这条线路上停电需进行工作的单位，凡涉及交叉跨越、平行、共杆的线路停电，检修单位在办理申请停电的同时，必须向调度部门提供停电区域图，调度部门审核批准后，向相关变电所下达操作指令。

（三）按检修内容做好准备

（1）按检修内容备好所需材料、备品、备件。

（2）按检修所需备好工具（含移动电话）及施工机具。

（3）根据工作具体情况准备好工作人员的安全防护用品。

（4）根据施工要求备齐各工序中所需的运输、起重工具。

（5）事先做好整个检修及其各工作段施工中人员的劳动组合。

（6）如部分工作需要对外委托包工，在开工前一个月（或本企业规定的时间）向主管部门提出申请。

（四）办理工作许可手续

（1）检修单位签发的工作票提前一天交检修班组，工作负责人审查工作票所列工作内容和安全措施是否正确完备，是否符合线路现场条件。

（2）调度部门根据此次检修应安排停电的操作指令，按规定向有关发电厂或变电所发出并进行倒闸操作。

（3）值班调度员得到并确认操作完毕的汇报后，将许可工作指令下达给工作负责人后，双方做好记录，调度部门录音，工作负责人在工作票许可人栏内，填上工作许可人姓名和自己的姓名后，可以进入现场开始工作。

（五）开工前的准备及检查

（1）检查施工材料、施工机具及个人作业用具是否到位。

（2）召开班前会，进行任务、停电范围和工作地点临近有带电线路的交底，对班内工作任务进行分工。

（3）工作班成员进入现场开工前，工作负责人必须作好以下工作：

① 核对停电线路名称、杆号、地段与工作票上所列是否相符；

② 落实工作班成员对危险点预控措施的具体内容；

③ 检查施工作业用具及个人用具、着装是否符合要求；

④ 观察了解工作成员，尤其是上杆作业人员的身体及思想状况；

⑤ 由若干小组分散作业时，各小组要指定专人负责全面施工管理和安全监护。

（六）进行检修作业

（1）施工组织管理

① 大型（大面积）停电检修，由管理所（县电力局）领导负责并组成领导小组；

② 在施工过程中，各工作班要将施工情况及时向领导小组汇报；

③ 领导小组对施工中出现的问题应随时进行协调处理。

（2）安全及文明施工管理

① 检查验电器具，在工作地段各端逐相验明确无电压后立即挂好接地线，重点地段设专人监护；

② 认真执行登杆工作实行二人制作业；

③ 施工过程中严禁高空抛物，严防高空落物，施工现场要保持整洁。

（3）质量管理

① 认真按相关工艺规程施工，完成一道工序应有班组负责人执行质量检查；

② 有的部件，按规定要使用仪器检测的，达不到规定数据不交工；

③ 特殊、重要的工序要做好施工记录。

（七）工作终结

（1）工作完毕后检查线路对地距离、有无遗留物等，工作人员与验收人员在质量验收卡上签名。

（2）工作班成员拆除现场装设的临时安全措施后，由工作负责人对照工作票进行检查。

（3）工作负责人向工作许可人报告工作结束，办理工作票终结手续。

（4）召开班后会，进行工作总结，参加检修的人员、检修剩余材料及其工器具撤出作业现场。

第五章 电力生产事故分析与防范

Chapter 05

第一节　电力生产事故的引发因素

电力生产事故的发生，特别是电网事故造成大面积停电，将使各行各业的生产停顿或瘫痪，有的还会产生一系列次生事故，带来一系列次生灾害，造成极坏的政治和经济影响。预防事故、减少事故，对促进电力生产的安全，以及提升电力企业的安全水平关系重大。

一、事故引发的系统结构及其要素

（一）事故的含义

事故是使正常活动中断，并有可能伴有人身伤亡、物质损失的意外灾害事件。电力行业由于电力生产与供应的特殊性，及其在国民经济和社会发展中的特殊地位，是一个安全需求极高的行业。电力事故也具有自身特殊性，事故一旦发生，损失难以估量。电力事故的损失主要是电力工业本身和给用户及社会带来的损失，前者相对较小，后者的直接或者间接损失却无法估量。另外，电力事故如果处理不当，可以很快从一个小事故发展成为大事故，引发更严重的问题。因此，科学合理应对电力事故是电力安全与发展的重要任务。为了更好地认识电力事故，从源头上杜绝事故，我们有必要了解事故引发的结构和要素。

（二）事故分类

事故的分类主要是指伤亡事故，特别是企业职工伤亡事故的分类。伤亡事故分类总的原则是：适合国情，统一口径，提高可比性，有利于科学分析和积累资料，有利于安全生产的科学管理。

伤亡事故的分类，分别从不同方面描述了事故的不同特点。根据我国有关劳动保护法规和标准，目前应用比较广泛的事故分类主要有以下几种。

1. 按伤害程度分类

指事故发生后，按事故对受伤害者造成损伤，以及劳动能力丧失的程度分类。

（1）轻伤，指损失工作日为 1 个工作日以上（含 1 个工作日），105 个工作日以下的失能伤害。

（2）重伤，指损失工作日为105个工作日以上（含105个工作日）的失能伤害，重伤的损失工作日最多不超过6000日。

（3）死亡，其损失工作日定为6000日，这是根据我国职工的平均退休年龄和平均死亡年龄计算出来的。

此种分类是按伤亡事故造成损失工作日的多少来衡量的，而损失工作日是指受伤害者丧失劳动能力（简称失能）的工作日。各种伤害情况的损失工作日数，可按国家标准GB 6441—1986中的有关规定计算或选取。

按伤害程度分类主要运用在企业事故管理及其事故定性上。

2. 按事故严重程度分类

指发生事故后，按照职工所受伤害程度和伤亡人数分类如下：

① 轻伤事故，指只有轻伤的事故；

② 重伤事故，指有重伤没有死亡的事故；

③ 死亡事故，指一次死亡1～2人的事故；

④ 重大伤亡事故，指一次死亡3～9人的事故；

⑤ 特大伤亡事故，指一次死亡10人以上（含10人）的事故。

事故严重程度分类主要运用在政府行政管理及其事故责任定性上。

3. 按事故类别分类

国家标准GB 6441—1986《企业职工伤亡事故分类》中，将事故类别划分为20类。具体分类如下。

（1）物体打击，指失控物体的惯性力造成的人身伤害事故。如落物、滚石、锤击、碎裂、崩块、砸伤等造成的伤害，不包括爆炸而引起的物体打击。

（2）车辆伤害，指本企业机动车辆引起的机械伤害事故。如机动车辆在行驶中的挤、压、撞车或倾覆等事故，在行驶中上下车、搭乘矿车或放飞车所引起的事故，以及车辆运输挂钩、跑车事故。

（3）机械伤害，指机械设备与工具引起的绞、辗、碰、割、戳、切等伤害。如零件或刀具飞出伤人，切屑伤人，手或身体被卷入，手或其他部位被刀具碰伤，被转动的机构缠压住等，但属于车辆、起重设备的情况除外。

（4）起重伤害，指从事起重作业时引起的机械伤害事故，包括各种起重作业引起的机械伤害，但不包括触电、检修时制动失灵引起的伤害、上下驾驶室时引起的坠落式跌倒。

（5）触电，指电流流经人体，造成生理伤害的事故。适用于触电、雷击伤害，如人体接触带电的设备金属外壳或裸露的临时线，漏电的手持电动手工工具；起重设备误触高压线或感应带电；雷击伤害；触电坠落等事故。

（6）淹溺，指因大量水经口、鼻进入肺内，造成呼吸道阻塞，发生急性缺氧而窒息死亡的事故。适用于船舶、排筏、设施在航行、停泊、作业时发生的落水事故。

（7）灼烫，指强酸、强碱溅到身体引起的灼伤，或因火焰引起的烧伤，高温物体引起的烫伤，放射线引起的皮肤损伤等事故。适用于烧伤、烫伤、化学灼伤、放射性皮肤损伤等伤害，不包括电烧伤以及火灾事故引起的烧伤。

（8）火灾，指造成人身伤亡的企业火灾事故。不适用于非企业原因造成的火灾，例如居民火灾蔓延到企业，此类事故属于消防部门统计的事故。

（9）高处坠落，指由于危险重力势能差引起的伤害事故。适用于脚手架、平台、陡壁施工等高于地面的坠落，也适用于山地面踏空失足坠入洞、坑、沟、升降口、漏斗等情况，但排除以其他类别为诱发条件的坠落，如高处作业时，因触电失足坠落应定为触电事故，不能按高处坠落划分。

（10）坍塌，指建筑物、构筑、堆置物等的倒塌及土石塌方引起的事故。适用于因设计或施工不合理而造成的倒塌，以及土方、岩石发生的塌陷事故，如建筑物倒塌，脚手架倒塌，挖掘沟、坑、洞时土石的塌方等情况。不适用于矿山冒顶片帮事故，或因爆炸、爆破引起的坍塌事故。

（11）冒顶片帮，矿井工作面、巷道侧壁由于支护不当、压力过大造成的坍塌称为片帮，顶板垮落为冒顶，二者常同时发生，简称为冒顶片帮。适用于矿山、地下开采、掘进及其他坑道作业发生的坍塌事故。

（12）透水，指矿山、地下开采或其他坑道作业时，意外水源带来的伤亡事故。适用于井巷与含水岩层、地下含水带、溶洞或与被淹巷道、地面水域相通时涌水成灾的事故。不适用于地面水害事故。

（13）放炮，指施工时放炮作业造成的伤亡事故。适用于各种爆破作业，如采石、采矿、采煤、开山、修路、拆除建筑物等工程进行的放炮作业引起的伤亡事故。

（14）瓦斯爆炸，是指可燃性气体瓦斯、煤尘与空气混合形成了达到燃烧极限的混合物，接触火源时引起的化学性爆炸事故。主要适用于煤矿，同时也适用于空气不流通，瓦斯、煤尘积聚的场合。

（15）火药爆炸，指火药与炸药在生产、运输、储藏的过程中发生的爆炸事故。适用于火药与炸药生产在配料、运输、储藏、加工过程中，由于振动、明火、摩擦、静电作用，或因炸药的热分解作用、储藏时间过长或因存药过多发生的化学性爆炸事故，以及熔炼金属时，废料处理不净，残存火药或炸药引起的爆炸事故。

（16）锅炉爆炸，指锅炉发生的物理性爆炸事故。适用于使用工作压力大于0.07MPa、以水为介质的蒸汽锅炉（以下简称锅炉），但不适用于铁路机车、船舶上的锅炉及列车电站和船舶电站的锅炉。

（17）容器爆炸，容器（压力容器的简称）是指比较容易发生事故，且事故危害性较大的承受压力载荷的密闭装置，容器爆炸是压力容器破裂引起的气体爆炸，即物理性爆炸，包括容器内盛装的可燃性液化气在容器破裂后立即蒸发，与周围的空气混合形成爆炸性气体混合物，遇到火源时产生的化学爆炸，也称容器的二次爆炸。

（18）其他爆炸，凡不属于上述爆炸的事故均列为其他爆炸事故，例如，可燃性气体如煤气、乙炔等与空气混合形成的爆炸；可燃蒸气与空气混合形成的爆炸性气体混合物，如汽油挥发气引起的爆炸等。

(19) 中毒和窒息，指人接触有毒物质，如误吃有毒食物或呼吸有毒气体引起的人体急性中毒事故，或在废弃的坑道、暗井、涵洞、地下管道等不通风的地方工作，因为氧气缺乏，有时会发生突然晕倒甚至死亡的事故，称为窒息。两种现象合为一体，称为中毒和窒息事故。不适用于病理变化导致的中毒和窒息的事故，也不适用于慢性中毒的职业病导致的死亡。

(20) 其他伤害，凡不属于上述伤害的事故均称为其他伤害，如扭伤、跌伤、冻伤、野兽咬伤、钉子扎伤等。

按事故类别分类，更多地运用在事故报道和责任赔偿方面。

4. 按受伤性质分类

受伤性质是指人体受伤的类型，常见的有以下几种。

① 电伤，指由于电流流经人体，电能的作用所造成的人体生理伤害。包括引起皮肤组织的烧伤。

② 挫伤，指由于挤压、摔倒及硬性物体打击，致使皮肤、肌肉肌腱等软组织损伤。常见有颈部挫伤和手指挫伤，严重者可导致休克、昏迷。

③ 割伤，指由于刃具、玻璃片等带刃的物体或器具割破皮肤肌肉引起的创伤，严重时可导致大出血，危及生命。

④ 擦伤，指由于外力摩擦，使皮肤破损而形成的创伤。

⑤ 刺伤，指由尖锐物刺破皮肤肌肉而形成的创伤。其特点是伤口小而深，严重时可伤及内脏器官，导致生命危险。

⑥ 撕脱伤，指因机器的辗轧或绞轧，或者炸药的爆炸，使人体的部分皮肤肌肉由于外力牵拽，造成大片撕脱而形成的创伤。

⑦ 扭伤，指关节在外力作用下，超过了正常活动范围，致使关节周围的筋受伤害而形成的创伤。

⑧ 倒塌压埋伤，指在冒顶、塌方、倒塌事故中，泥土、沙石将人全部埋住，因缺氧引起窒息而导致的死亡，或因局部被挤压时间过长而引起肢体麻木或血管、内脏破裂等一系列症状。

⑨ 冲击伤，指在冲击波超压或负压作用下，人体所产生的原发性损伤。其特点是多部位、多脏器损伤，体表伤害较轻而内脏损伤较重，死亡迅速，救治较难。

按受伤性质分类，实质上是从医学的角度给予受伤的具体名称。

二、电力生产事故及其危害性

电力生产事故一般可以分为人身伤亡事故、设备损坏事故、电网瓦解事故三大类。

1. 人身伤亡事故

按照《电力生产事故调查暂行规定》，电力企业发生有下列情形之一的人身伤亡为电力生产人身事故。

（1）员工从事与电力生产有关的工作过程中，发生人身伤亡（含生产性急性中毒造成的人身伤亡，下同）的。

（2）员工从事与电力生产有关的工作过程中，发生本企业负有同等以上责任的交通事故，造成人身伤亡的。

（3）在电力生产区域内，外单位人员从事与电力生产有关的工作过程中，发生本企业负有责任的人身伤亡的。

案例1：操作不当，触电身亡

一、事故概况

2017年2月21日，在武汉某建筑单位承包的某楼工地上，水电班班长刘某安排普工王某、杨某二人为一组，到楼房东单元4～5层开凿电线管墙槽工作。下午1时上班后，王某随身携带手提切割机、榔头、凿头、开关箱等作业工具去了4层，杨某去了5层。当王某在东单元西套卫生间开墙槽时，由于操作不慎，切割机切破电线，使杨某触电。下午14时左右，木工路过东单元西套卫生间，发现杨某躺倒在地坪上，不省人事。事故发生后，项目部立即叫来工人将杨某送往医院，经抢救无效死亡。本起事故直接经济损失约为16万元。

二、事故原因分析

1. 直接原因

王某在工作时，使用手提切割机操作不当，以致割破电线造成触电，是造成本次事故的直接原因。

2. 间接原因

（1）项目部对职工安全教育不够，缺乏强有力的监督措施。

（2）工地安全员对施工班组安全操作交底不详细，现场安全生产检查监督不力。

（3）职工缺乏相互保护和自我保护意识。

3. 主要原因

施工现场用电设备、设施缺乏定期维护、保养，开关箱漏电保护器失灵，是造成本次事故的主要原因。

三、事故预防及控制措施

（1）企业召开安全现场会，对事故情况在全企业范围内进行通报，并传达到每个职工，认真汲取教训，举一反三，深刻检查，提高员工自我保护和相互保护的安全防范意识，杜绝重大伤亡事故的发生。

（2）立即组织安全部门、施工部门、技术部门，以及现场维修电工等对施工现场进行全面的安全检查，不留死角。对查出的机械设备、电气装置等各种事故隐患，立即定人、定时、定措施，落实整改，不留隐患。

（3）进一步落实各级人员的安全生产岗位责任制，加强对职工进行有针对性的安全教育、安全技术交底，加强安全动态管理，加强危险作业和过程的监控，进一步规范、完善施工现场安全设施。

2. 设备损坏事故

国家电力监管委员会《电力生产事故调查暂行规定》中规定：电力企业发生设备、设施、施工机械、运输工具损坏，造成直接经济损失超过规定数额的，为电力生产设备事故。

(1) 装机容量400MW以上的发电厂，一次事故造成2台以上机组非计划停运，并造成全厂对外停电的，为重大设备事故。

(2) 电力企业有下列情形之一，未构成重大设备事故的，为一般设备事故：

① 发电厂2台以上机组非计划停运，并造成全厂对外停电的；

② 发电厂升压站110kV以上任一电压等级母线全停的；

③ 发电厂200MW以上机组被迫停止运行，时间超过24h的；

④ 电网35kV以上输变电设备被迫停止运行，并造成对用户中断供电的；

⑤ 水电厂由于水工设备、水工建筑损坏或者其他原因，造成水库不能正常蓄水、泄洪或者其他损坏的。

电力设备事故的抢修要遵循"择重避轻"和"先保信号用电"的基本原则。

案例2："5.11" 10kVⅡ段YH故障事故

2015年5月11日，某省供电局调通所保护二班，在处理110kV变电站10kVⅡ段YH二次电压不平衡问题时，10kVⅡ段YH A相绝缘不良击穿，熔断器爆炸，引起A、B相短路，紧接着发展为10kV母线三相短路，致使设备受损，现场5位工作人员受到烟雾及弧光的熏燎。

一、事故经过

1. 事故前运行方式

110kV变电站由330kV变电站供电，1、2号主变压器并列运行，带10kV Ⅰ、Ⅱ段母线各馈路负荷，211母联开关运行，10kVI段YH运行，10kVⅡ段YH检修。

2. 工作安排原因

5月10日10kV Ⅱ段YH新更换投运，投运后二次电压不平衡（A：156V、B：96V、C：60V），10kV Ⅱ段YH转冷备用，5月11日安排Ⅱ段YH检查消缺。

3. 事故经过

5月11日14:10分，10kVⅡ段YH冷备用转检修。

14:15，许可调通所保护二班张××工作；保护班工作人员经现场停电，对二次回路接线检查无异常后，为进一步查明原因，需对10kVⅡ段YH进行带电测量，判断是否由于YH本身原因引起，要求将10kVⅡ段YH插车（刀闸）推入运行位置，带电测量YH二次电压。

14:29变电站值班员王××、梁××，拆除10kVⅡ段YH两侧地线，将10kVⅡ段YH插车进车，保护人员开始测量YH二次电压（值班员梁××回到主控室，王××留在工作现场配合）。

14:38，保护班人员正在测试过程中，10kVⅡ段YH A相绝缘不良击穿，熔断器爆炸，引起A、B相短路，紧接着发展为10kV母线三相短路，致使现场工作人员五人受到烟雾及弧光的熏燎；同时，2号主变后备保护动作，10kV母联211开关及2号主变低压侧102开关跳闸，10kVⅡ段母线失压。经现场检查，10kVⅡ段YH A、B相有裂纹，高压侧三相保险爆炸，BLQ计数器爆炸；受伤人员随即送往医院进行治疗。

二、事故原因分析

（1）10kVⅡ段YH（LDZX9-10，2007年4月出厂）内部绝缘不良击穿，是事故发生的主要原因。

（2）消弧线圈未投用，熔断器（0.5A）安装没有采取相间绝缘隔离措施，在弧光接地及过电压情况下引起相间短路，是事故发生的直接原因。

（3）技术管理人员对设备故障没有进行全面分析，没能分析出电压不平衡的真正原因，安排保护人员进行带电电压测量，是事故发生的管理原因。

三、防范措施

（1）各单位要认真贯彻落实国家电网公司、省公司“关于开展反违章、除隐患、百日安全活动”的要求，强化各级落实安全生产岗位职责，严格执行安全生产“五同时”，落实安全工作“三个百分之百”的要求，扎实做好“两消灭”，实现全方位、全过程的生产安全。

（2）加强设备缺陷的管理与综合分析，对设备缺陷情况做出准确评估，根据评估结果合理安排检修人员，确定缺陷处理方法，对现场工作存在的危险点，进行深入的分析，并采取充分的防范措施，制定现场标准化作业卡，规范现场人员作业行为。

（3）严格检修和消缺计划管理，严格执行“两票三制”，防止因怕麻烦、图省事，不规范的使用事故抢修单，应严格事故抢修单的使用和审核。

（4）进一步加强入网设备验收把关，对于存在缺陷的新安装设备坚决不能投入运行，同时加强技术监督工作，对设备试验中的异常数据，一定要加强技术分析。

（5）认真贯彻执行国家电网公司有关规定，防止互感器等“四小器”损坏事故，提高安全运行水平。各单位应根据电缆出线的变化情况，对消弧线圈的运行情况进行普查、校核，必要时进行电容电流测试，对电压互感器熔断器的安装尺寸进行检查，消除装置性隐患。

3. 电网瓦解事故

电网瓦解事故是由于电力系统稳定性破坏、频率崩溃、电压崩溃、事故连锁反应或自然灾害等原因，造成系统四分五裂的大面积停电的事故状态。具体标准如下。

（1）电力系统有两个及以上参加统一调度的电厂与电力系统分别解列，多条线路跳闸并引起用户掉闸停电。

（2）电力系统非正常解列三片以上。

案例 3：湖北丹江口水电厂电网瓦解事故

1972 年 7 月 27 日 10 时 7 分，当时发电量居湖北之首的丹江口水电厂（以下简称丹江口电厂）发生事故。正在向鄂东方向输送 18 万千瓦电力的丹汉Ⅰ回线上的一个保护开关误动作，使得丹江口电厂瞬间与全省电网解列（与电网断开），对武汉、黄石地区的供电骤然减少，电网出现剧烈振荡，周波、电压急剧下降。

全省巨大的用电负载犹如狂风巨浪，迅猛地向青山电厂、黄石电厂、武昌电厂波及……重负之下，可怕的“多米诺骨牌”效应终于出现。仅仅 10 余分钟时间，锅炉熄火、发电机停机、电厂失电，全省 10 多家发电厂犹如遭遇巨大雪崩，鄂东地区电网瓦解。

据事后估算，事故造成大面积停电，少送电 407 万千瓦时，直接经济损失约 2430 余万元，这是新中国成立后电力工业最大的一次事故。

电力生产事故具有极大的危害性。由于电力企业安全生产是各项工作的前提和基础，电力安全关系到国民经济的发展、社会秩序的稳定和人民群众的正常生活，所以在一个电力系统内，发电、供电、用电的任何一个方面出现问题，都可能影响到整个电力系统乃至整个社会。

三、事故引发的系统结构

电力安全生产是由复杂的系统构成的。系统是由相互作用和相互依赖的若干组成部分结合成的、具有特定功能的有机整体，是由多个元素组成的。组成系统的各个元素相互衔接，相互配合，相互影响，在这样的协作之下保证了系统的正常运行。无论系统中哪个元素的运行偏离了正常规律，都可能破坏系统的平衡，导致事故发生。电力生产结构的系统性，决定了事故引发因素的系统性。因此，要想预防事故、消除事故，必须从引发事故的系统结构出发，进行综合性的研究和分析。

一般来讲，任何事故的发生都不是只有一个因素引起的，而是多个因素同时发挥作用，这多个因素是一个相互作用的系统结构。

案例 4：制粉爆炸机炉停运

一、事故过程

某发电厂，早 8 点，炉运班按规程启动 3 号锅炉乙制粉系统（通风暖管），然后合乙磨开关，突然发生制粉爆炸，磨煤机出口处短节位移脱开喷火，大牙轮油着火引燃上部控制电缆。3 号、4 号、5 号锅炉失去电源停炉。2 号、3 号机组停机，全厂电负荷最低落至 170MW（预计负荷为 240MW），降低负荷约 1/3。

二、事故原因

（1）工艺设计问题，由于设计不合理，导致内锥积粉自燃。

（2）来煤挥发分高，易燃。

（3）前晚全停制粉系统时，运行规程不认真，抽粉不彻底，启动时煤粉达到爆炸浓度发生爆燃。

（4）磨煤机出口弯头未按检修工艺施工，私改规定，用铁板点焊固定支架，未上螺栓造成位移，引燃大牙轮油后造成电缆着火。

（5）电缆上部、烟道上部虽有清理积粉制度，但清扫不彻底。

三、案例分析

这五个方面的原因，虽然涉及多个方面，却都是相互联系、相互制约的。煤粉的着火是从内锥积粉自燃引起来的，而内锥里面有残粉，是工艺设计问题，这属于设备的问题。而有了积粉，是否易燃，又与来煤挥发分是否高有直接的关系，挥发分高，就容易引起自燃，这是物料方面的问题。抽粉不彻底、磨煤机出口弯头未按检修工艺施工、积粉清扫不彻底等属于工作方面的问题，本质上说，又是人的问题。事故暴露出的一系列的问题，反映出存在于设备、物料、人员三个方面系统性的原因。

设备、物料、人员三个方面是电力生产的必要元素，它们的合理配置有力地促进了生产的安全，而三者的任何一个方面出现问题，必然影响其他方面，进而影响整个生产系统的安全有序。

电力事故的发生是人、机、物、环境等各个方面相互作用的结果。总的来看，任何事故的发生都是诸多要素综合作用的结果，包括物质环境、社会环境、员工因素等。

物质环境是指生产进行的客观环境及所使用的设备、原材料等物质条件等；社会环境既包括宏观的社会管理方面的法律、法规、制度、政策和社会价值观、文化等，也包括企业单位的规章、制度、安全文化、安全氛围等；企业员工是指人的因素，是从事生产工作的管理人员、安全监督人员、生产的直接操作人员等。

事故的发生是受外界环境影响的，但物质环境和社会环境并不必然都是事故发生的背景。物质环境和社会环境都是可以一分为二的，在这些环境中必然存在某一方面的环境是孕育事故的，即孕育事故的环境，这两者孕育事故的环境相结合，就形成了事故环境。

事故环境也不是必然发生事故的环境，而是容易发生事故的环境。企业员工是生活在社会环境和物质环境之中的，是环境中的动态元素，对环境及环境中的一切都产生着影响，事故的发生与员工的行为和观念直接相关。

员工行为和观念也是两方面的，有正确的安全观念和行为，也有错误的不安全观念和行为。正确或错误的行为和观念又是受环境影响的，严格科学的制度和氛围促进员工安全和正确的观念和行为。不安全观念和行为也不是引发事故的唯一条件，但当员工的不安全观念和行为在特定的环境中，作用于特定的物质要素，则是事故引发的结合点。

因此，从系统结构的角度而言，事故是在具备了物质环境和社会环境中的事故孕育环境的条件下，遭遇作为事故主体的人员的不安全行为而发生的。

分析事故产生的根源，了解事故系统是远远不够的。很多情况下，事故的发生都是由微小的差错引起的，因此，必须详细地分解事故系统结构中所包含的每一个因素。

四、事故引发因素分析

美国佛罗里达国际大学管理学教授加里·德斯勒，在其著作《人力资源管理》一书中，谈到雇员安全与健康问题时论及了事故发生问题，他认为事故的引发主要有三种因素——偶然因素、环境因素和人的行为因素。环境因素可以分为社会环境因素和物质环境因素，人的行为因素是动态复杂的。

（1）社会环境因素是事故发生的无形条件。它主要指如下几个方面：

① 工作压力过大，经常感到力不从心；

② 工作岗位不稳定，没有职业安全感；

③ 单位工资政策变动频繁，待遇不确定；

④ 领导机构或管理人员变动，担心个人发展；

⑤ 单位、家庭人际关系不融洽，心情烦躁；

⑥ 企业经济效益不佳，觉得前景不好；

⑦ 企业安全文化氛围不正常；

⑧ 企业过分强调经济效益，忽视安全投入。

所有这些都属于社会环境因素，它们与管理、政策、制度、规章等密切相关。

（2）物质环境因素，也就是物的因素，是事故发生的物质基础。随着现代科学技术的发展，新的工作环境和新的机器、设备的涌现，给工人带来了许多新的问题。新的生产过程和复杂高速的机器设备，大大增加了工作的复杂性和危险性。一般来说，事故的物质环境因素主要指以下几个方面：

① 设备防护不当，如高压隔离网残缺；

② 设备本身缺陷，如安全带不牢固；

③ 危险的设备或操作程序，如电气焊、倒闸；

④ 不安全的储存，如氢气、氧气储存，运载超重；

⑤ 照明不当，如场地光线刺眼或光线不足；

⑥ 通风不当，如氧气仓焊接通风不足，工作室空气异味；

⑦ 高危工作，如吊车、高空作业、高压附近等。

（3）人的因素，是事故发生中主动性的因素。调查表明，人的因素是造成事故的主要原因，人的因素主要包括以下几个方面。

① 不使用安全服和个人保护设备。

② 使用不安全的设备或者不安全地使用设备，比如使用安全带，安全带不结实属于物的因素，但是使用了它，则属于人的因素，在使用的时候，不按照规定的方法，就是不安全地使用设备。

③ 在悬吊重物下采取了不安全位置。

④ 非正式群体消极态度；群体有正式的和非正式的，工厂、车间、班组都是正式群体，在车间、班组中有一些小的团伙，我们称之为非正式群体。非正式群体不见得都是起消极作用的，但是有些非正式群体是起消极作用的。

⑤ 爱耍小聪明，不按规矩办事。

⑥ 个人英雄主义，以冒险为荣。

⑦ 在危险的场合走神、开玩笑、争吵和搞恶作剧等。

按照加里·德斯勒的观点，在事故的引发因素里面还有一个因素，即偶然因素。偶然因素即例外因素。它是属于超出规范要求以外的因素，发生概率较小。如飓风刮断线路、洪水冲垮杆塔、吊车碰高压线、汽车撞电线杆等。例外因素基本处于管理控制之外，非人为可以避免，只可以根据发生的概率设置相应的预警机制。例外因素不在日常安全生产管理范围之内，但也应当引起我们相应的重视。

在以上因素中，社会环境因素是一个间接因素，物质因素和人的因素是直接因素。社会环境因素通过人和物质来对安全生产产生影响。在社会环境影响和作用下，相应的政策要求、经济指标要求、文化要求可能造成物质环境的不安全。例如，片面追求经济指标，造成要求的产量过高，违反了正常的安全生产规定，结果造成设备的疲劳运行，导致了物的不安全因素。又如，工作氛围不和谐，造成人的心理紧张，压力过大，则形成了人的不安全因素。物的不安全因素和人的不安全因素在一定的社会环境因素作用下交叉，将会引发事故。

第二节　安全心理学的现实应用

在电力生产实践中，常见的违章是指那些在生产中经常出现、反复发生的违章作业行为，常见的违章受心理惯性的支配。

一、常见违章心理

常见的违章心理有取巧心理、冒险心理、逆反心理、散漫心理或懈怠心理、草率心理、从众心理和慌乱心理等。违章心理具有共性特征和非共性特征。

（一）常见违章心理的共性特征

电力安全生产中的违章心理的共性特征，主要表现在社会因素、作业环境因素、家庭因素和个体因素等。

1. 社会因素

社会因素是一个广义的概念，它包括社会经济状况、国家政策法规、社会福利待遇和工资制度、社会的就业情况和失业率，以及社会交往中人与人的关系准则等。社会因素使得每个人的经历、受教育的程度不同，占有的资源及获得的利益也各不相同，因而对同一事物存在着不同的心理反应。

2. 作业环境因素

人们劳动始终离不开特定的环境，作业环境包括作业场所的有形物质环境，也包括无形的人文环境。电力企业的生产特点决定了它的生产运营有其自身特定的作业环境，比如，高温噪声、枯燥单调、规程严格、危险性高等。这种特定的作业环境对员工的心理会产生一定的影响，从而导致这些不安全心理的出现。

3. 家庭因素

家庭的经济压力、和睦气氛直接影响员工个体工作中的心情和情绪，也直接影响其工作中的心理活动。一般来说，良好的家庭环境能使人产生乐观向上的心理情趣，工作起来精力集中，得心应手，违章心理也相对来说较少；如果家庭环境不佳，会使员工在工作时心灰意冷，漫不经心，产生不安全心理，从而易酿成事故。

4. 个人因素

由于个人生活阅历、世界观、价值观、受教育程度、收入、地位、能力素质、生活习惯等各方面的差异，每个人也会有不同的心理倾向。例如，从小谨慎细致的生活习惯，在工作中表现出来的心理状态就较少表现为散漫和草率。

无论是社会因素、作业环境因素，还是家庭因素、个体因素导致违章行为的发生，违章行为的直接原因还在于行为者的心理因素。根据辩证唯物主义，内因是事物发展的内部矛盾，外因是事物发展的外部矛盾，外因通过内因而起作用，内因是事物发展变化的根本原因。违章行为者工作生活所面对的社会、作业、家庭等因素都是外部原因，在外部原因作用下引起了行为者内在心理的变化，才致使行为者采取了违章行为。

不同的违章心理具有不同而具体的心理特点，在应对不同的违章心理和行为时，需要针对不同的心理进行具体的分析。

（二）常见违章心理的非共性特征

非共性特征大体可以归类成主动型和非主动型两类，主动型违章心理可称为“明知故犯型”，非主动型违章心理可称为“非主观故意型”。

主动型违章心理包括取巧心理、冒险心理及逆反心理三种具体的心理表现形式，这三种心理是电力生产中违章行为发生的比较典型的心理动因。

主动型违章心理所包括的取巧心理、冒险心理及逆反心理，三种具体的心理表现具有如下共同特征。

（1）主动型违章心理具有“知其不可为而为之”的特点。取巧心理驱使下的违章行为者，一般都明确规章制度的规定，清楚取巧行为具有一定的危险性，但仍然行使取巧行为。冒险心理的违章者，也往往明白冒险行为存在的危险性及其与规章制度对抗性，但在冒险心理的驱使下仍然采取冒险行为。因逆反心理而违章的行为者，一般也清楚逆反行为的危险性后果，但仍然执意为之。因此，可以说这三种心理都具有明显的“知其不可为而为之”的特性。

（2）主动型违章心理具有“自以为是”的特点。具有“明知故犯型”心理的违章行为者，在一定程度上都比较“自以为是”。也正是他们的“自以为是”，他们才得以有勇气违反安全操作规程或者规定。

（3）主动型违章心理具有较强的隐蔽性。取巧心理、冒险心理及逆反心理三种违章心理动因，在行为者行为之前都不会有明显的倾向或者苗头，一般都是行为者受该种心理支配而采取相应的行为；而非主动型违章心理所包括的散漫心理、草率心理、从众心理、懈怠心理和慌乱心理等心理表现，都可以在行为发生前，通过细致的观察而有所察觉和把握。

具体来看，主动型违章心理所包括的取巧心理、冒险心理及逆反心理，分别具有自己的特点和具体表现形式。

1. 取巧心理

取巧，即用一定的手段谋求利益或躲避困难。取巧心理，就是企图用获取利益或者躲避困难和麻烦的手段行事的心理。在电力生产中，取巧心理源自电力操作规程的繁琐与严格要求，主要是指职工为了获取使操作简化、避免严格繁琐的程序带来的不方便而采用一定的取巧手段的心理现象。

（1）取巧心理的心理特征。在电力生产中，取巧心理的主要心理特征表现为明知安全操作规程，并且具备相应的知识水平和技术水平，但是不愿意付出必要的劳动，而怀着侥幸心理，采用自以为巧妙的方法来谋取不恰当好处的行为动机。怀有取巧心理的职工，一般都是知道按取巧的方法操作会有一定的危险，但总认为灾难不会落到自己头上，“不至于那么巧”、“一次不会有什么问题”等明知故犯心理促使他们的行动，结果导致事故发生。

取巧心理就是“知其不可而为之”，心里清楚知道安全操作规程是有约束、有限制的，也十分明白自己的知识水平和技术水平并不允许自己这样操作，但因为如果按照规程来做就要付出必要的劳动，就要花费必要的时间，为了不付出这些劳动，而采用自以为巧妙的方法来谋取这种不恰当的好处。取巧心理是安全生产的大敌，有时候只是图一时省事、省时而大难临头，酿成事故。

（2）取巧心理的主要表现。取巧心理在电力安全生产中主要表现以下几个方面。

① 明知故犯，碰运气，认为违章不一定会发生事故。例如，在变电倒闸操作时，不填写操作票或者不执行监护制度，从而导致事故发生。

② 把安全措施视为障碍，贪图走捷径，找窍门。例如，高空作业不使用安全带，作业转位时失去安全带的保护，而造成高空坠落。

③ 自以为技术高超，觉得规章制度没有必要，太死板。例如，运行值班人员凭记忆接受调度命令，不认真详细做记录而疏忽关键环节，引起事故。

④ 自作聪明，认为偷偷违章别人不一定能发现。例如，在线路施工时，不对滑轮、横担、护管等做检查，以为别人也不会发现就进行作业，从而导致事故。

以上四个方面是有取巧心理的职工的典型表现，一般来说，取巧心理并不是同时表现为这四个方面，而是表现为其中的一种或者两种。

（3）取巧心理支配下的典型行为。在电力生产实际工作中，取巧心理支配下的典型行为有很多，比如：

① 声称“违章不一定出事，出事不一定伤人，伤人不一定伤我”；

② 应该采取安全防范措施而不采取；

③ 需要某种持证作业人员协作的而不去请求帮助，自己违章代劳，比如焊接，焊接是有一定要求的，有焊接的责任制，只有具备焊接作业合格证才能上岗，某个

电工，自认为自己懂焊接，就直接进行操作，结果出现问题，这样的事故案例不在少数；

④ 该回去拿工具的不去拿，就近随意取物代之；

⑤ 为了图方便不穿戴防护设备；

⑥ 为了省时间而擅改操作规程；

⑦ 为了多生产而拆掉安全装置。

这些典型行为在实际操作中是普遍存在的，因为这样的行为而导致的事故也不在少数。

案例5：投机取巧，引发事故

一、事故过程

某110kV变电站，按照计划进行开关清扫完后，区调度令恢复送电。操作前8项均正确，因第9项距离比较远，不愿跑路，图省事跳过，直接操作第10项，因为第9项不操作第10项自动闭锁，未能拉开此刀闸。误以为闭锁失灵，解除闭锁，继续操作，造成线路停电20分钟。

二、案例分析

《电业安全操作规程》第24条规定："操作中发生疑问时，应该立即停止操作，并向调度员或值班员汇报，弄清问题后，再进行操作，不准随意解除闭锁装置。"安全操作规程中调度令下达后，应该按照操作票中各项操作步骤严格操作，然而，操作人员在取巧心理的作用下，为了省时间、省力气而违章操作。这也是"违章不一定出事，出事不一定伤人，伤人不一定伤我"投机心理所致使的，结果是"违章就可能出事，出事可能伤人，伤人就可能伤到自己"。

2. 冒险心理

冒险，即在投机、赌博或其他靠运气的这一类事情中冒失败或输掉的风险。在电力生产当中的冒险，则主要是指冒发生事故的危险。冒险，结果并不一定都是发生危险，有时候冒险的结果也可能是侥幸过关。因为曾经有冒险尝试没有出事，就形成了藐视危险、敢于冒险的心理定势，而且渐渐对蛮干产生了一种自我肯定和自豪的心情。有了这种心理的人，在关键时刻往往会感情冲动，不假思索地采取冒险行动。

（1）冒险心理的心理特征。冒险心理的特征主要表现在以下两个方面。

① 冒险心理总是自以为有胆量、敢于冒风险，缺乏冷静和全面分析问题的能力。明知发生事故的概率比较大，甚至危险已经很明显，仍然不顾客观的环境，不顾行动的后果，一味盲目行动，铤而走险。

② 冒险心理还抱着"明知山有虎，偏向虎山行"心理特征行动，即明知出现了危险甚至危险已经近在眼前，但是还要做。有冒险心理的人，往往是只顾及眼前的得失，而不顾客观效果，固执蛮干，不听劝阻。

（2）冒险心理的主要表现。冒险心理的主要表现如下。

① 自高自大，在众人面前图虚荣。一般来说敢于冒险的人经常是比较狂妄的，

总是自认为什么都行。

② 好胜心理，喜欢到处逞能，把冒险当作英雄行为。在处理有危险的事情时，总是抱着“人不敢，我敢”的心理，当别人真的不敢行动时，嘲笑别人是胆小鬼。

③ 缺乏理性，蛮干且不听劝阻。理性不够，自己不动脑筋去认真进行风险的分析，不采取规避风险的措施。

④ 自认为经验多，危险没什么了不起，曾有违章未酿成事故的经历。这种情况多出现在工龄比较长的员工身上。

⑤ 虽然力不从心，仍然争强好胜。这也是一种冒险，知道自己不能完成这件事情，但是因为争强好胜，为了面子而行动。

（3）冒险心理驱使下的典型行为。主要表现如下。

① 觉得登高作业时间短，不需要戴安全带。

② 没有确认停电就进入场地作业。

③ 监护人还没到位就开始工作，不计后果。

④ 没有开工作票就敢于操作，冒险作业。

⑤ 用违章操作来打赌，把冒险当成儿戏。

⑥ 为弥补失误造成的损失，置危险于不顾。例如，为了赶时间完成工作，或者为了尽快弥补自己的失误而不被别人发现，违反操作规程进行冒险，对安全生产要求置若罔闻，置危险于不顾。

以上这几种行为都是在冒险心理作用下，电力生产中常见的行为。

3. 逆反心理

在日常交往中，人们有时会看到一种现象，即有人总是对正面宣传的东西表现出反感，而对另一些特立独行的言行却表示同情或支持，这种心理状态通常被人们称为“逆反心理”。

逆反心理是人们对待事物的一种特殊态度，是指受教育者在接受教育的过程中，因自身固有的思维模式和传统的观念定式，与特定的教育背景下产生的认知信息相对立，与一般常态教育要求相背离的对立情绪和行为意向。在电力生产过程中，逆反心理通常是对电力操作规律和一般要求的抵制或者不认同。

（1）逆反心理的心理特征。与常态心理相反的对抗心理状态，是在某种特定情况下，人的言行在好胜心、好奇心、求知欲、偏见、对抗情绪等心理状态驱动下产生的。逆反心理是安全生产和安全管理工作中危害性极强的心理活动，其主要的心理特征如下。

① 自以为是，固执己见。持逆反心理的人，一般都比较顽固，坚持自己意见，不容易受他人意见或者心理态度的影响，因而对一些常规的规定和约束总是难以接受。

② 对于外界约束和导引有明显的抵触的心理。在组织或他人提出规定或者要求以后，逆反者常采取一种与常态行为相反的对抗行为。这种心理表现在安全生产中是把领导要求当作“管闲事”，把安全规程看作“条条框框”，把安监人员的监视

视为“找麻烦”，把群众的提醒当作“耳旁风”。

（2）逆反心理的主要表现。逆反心理的典型表现是：

① 不接受正确的、善意的规劝，坚持错误行为；

② 喜欢搬弄大道理，不愿采纳别人的意见；

③ 不善于理解他人心理，经常存有不满与怨言；

④ 凡事都要占上风，容易走极端。

通常情况下，逆反心理在不同时间表现出不同的现象，但是一般逆反心理倾向者都会表现出以上四种特征。

（3）逆反心理的典型行为。逆反心理支配下，在电力安全生产中的典型行为是：

① 拒不悬挂“在此工作”标示牌，造成落物砸行人；

② 施工禁止通行，偏要钻护栏通过；

③ 要求在危险场所不要动手，偏要去动；

④ 盲目自信，思想麻痹；

⑤ 登高作业偏要把安全帽系在腰间；

⑥ 自认为技术高超，操作旋转机械偏要戴上手套。

在电力生产中，逆反心理并不是特别普遍的心理状态，但是在相当一部分人员当中存在。这种状态往往是由多种因素造成的，比如，可能因为某种事情受到了批评或者打击，因此而产生了一种对抗心理。这种对抗心理的恶化和发展，结果可能是对抗所有的人，对抗所有的制度。

要克服安全生产中的不良逆反心理，减少事故发生，安全管理人员要尽最大努力克服工作办法简单、粗暴，以责代教，以罚代管的现象和作风；从思想上、情绪上和具体的工作上，缓解工人的精神压力和矛盾，从而有效地消除工人对安全工作的逆反心理。

（三）非主动型违章心理

“非主动型”违章心理所包括散漫心理或懈怠心理、草率心理、从众心理和慌乱心理等具体心理表现形式，在电力安全生产中也都比较常见。

这种类型的心理具有如下共同特征。

（1）非主动型违章心理不属于主观故意，散漫、懈怠、草率、从众、慌乱等各种心理作用下的行为，大都是由于心理特质导致的非主动选择的行为，即所谓“鬼使神差”的违章行为，在一定程度上具有下意识倾向。这些心理主导下的违章行为，并不是行为者完全自觉自愿的行为。

（2）非主动型违章心理与企业安全文化的大环境密切相关，受企业安全工作氛围的潜移默化的影响。当企业中非正式群体的违章行为形成气候时，散漫、懈怠、草率的工作作风，就会起到引导从众者的违章连续、广泛、习惯性地发生。当企业形成了纪律严明、要求严格的工作团队时，各种由于散漫、懈怠、草率等心理产生的违章行为必然大幅度减少。

在电力生产中，非主动型违章心理导致的事故，甚至比主动型违章心理导致的事故还要多，因此，需要把握这些心理产生的规律，减少这些心理作用下的违章行为。

1. 散漫心理

散漫，指任意随便、不守纪律、自由无度的心理状态或者行为方式。散漫心理，即随便人意、无视纪律、自由散乱的心理动因及其心理特征。在电力生产中，散漫心理是散漫的工作作风的主要动因，也是酿成事故的心理因素之一。懈怠，即松懈懒惰。工作中的懒散松懈都与散漫心理分不开，懒散松懈会直接造成对安全隐患的麻痹、对违章行为的纵容与姑息。散漫心理有两种情况：一种是由人的性格、气质所决定的，这种散漫具有较强的持续性；另一种是随着工作的推移而出现，是属于间断性的。不管是持续性的还是间断性的，都必须予以注意。安全工作是一个要求严格、纪律严肃的工作，其性质要求从事安全工作的人不能有丝毫的散漫与懈怠。

为了更好地杜绝散漫心理对安全生产的消极影响，必须首先明确散漫心理的心理特征和主要表现、行为。

（1）散漫心理的心理特征。概括起来看，电力安全生产中的散漫心理的主要特征有：

① 心理沉闷、压抑，情绪低落、松懈、行为懒惰，不严谨，不认真，随随便便，缺乏进取心和创造力；

② 不愿意受约束和管制，纪律性差，我行我素，没有旺盛的精力和热情投入工作；

③ 缺乏严格执行规程的观念，往往以低标准来对待本职工作，经常出现反应迟钝、注意力不集中的现象，对违章行为不在乎，觉得无所谓；

④ 对安全学习、安全教育等活动不感兴趣，心不在焉，听不进，记不住。

（2）散漫心理的主要表现。在电力安全生产中，散漫心理的主要表现如下：

① 对安全章程缺乏正确认识，认为规程要求是工作的障碍；对生产的安全状态不进行认真研究，对危险的敏感性低；

② 责任心不强，得过且过，学习只是走过场，有躲避和逃避的主观愿望；

③ 很难意识到危险的存在，缺乏安全意识；

④ 心态消极，经常疲惫，缺乏工作热情；因循守旧，对新工艺、新技术进入状态慢。

（3）散漫心理支配下的典型行为。主要包括：

① 填写的操作票、工作记录等字迹潦草，不清晰；

② 在工作场合经常坐无坐相、站无站相；

③ 参加安全培训经常找各种理由请假，甚至旷课，来了也总是走神，看其他报刊；

④ 上完安全教育课再提问，基本“一问三不知”；

⑤ 爱说风凉话，喜欢拿规章制度调侃；工作兴奋度低，经常无精打采，干活马虎。

散漫或懈怠行为主要是对纪律约束而言的。纪律都是用来约束那些不愿意遵守规章制度者的，没有规矩不成方圆。对于非常严谨、非常按部就班进行工作的人来说，纪律是不起作用的，因为他们的行为本身就已经符合纪律的要求。由于散漫心理作用，一些员工不愿意受到安全纪律的约束，对安全教育、安全培训等工作也没有足够的重视，因而，怀有散漫或者懈怠心理者是事故倾向者。

案例6：散漫心理，引发事故

一、事故过程

某市上午刚下过雨，下午，某建筑施工队在一街道旁工地拆除钢管脚手架。临街面架设有10kV的高压线，离建筑物只有2m。安全员要求施工工人立杆不要往上拉，应该向下放，但是没有进一步落实就离开现场。工人注意力不集中，没有认真听就开始工作。

一个工人把钢管向上拉开一段距离后，以墙棱为支点，将管子压成斜向，欲将管子斜拉后置于屋顶上。由于斜度过大，钢管临街一端触及高压线，当时墙上比较湿，管与墙棱交点处发出火花，将靠墙的管子烧弯25°。一人的胸口靠近管子烧弯处，身上穿着化纤衣服，当即燃烧起来，人体被烧伤；另一人手触管子，手指也被烧伤。

二、案例分析

由于散漫心理，操作人员对于安全员的指导根本没有认真听取；安全员也只是口头提出了安全中存在的隐患，并没有进一步去落实。由于双方都放松了安全这根弦，结果导致了事故的发生。

2. 草率心理

草率主要是指人办事时马虎、不细致、粗略的态度和行为。草率心理和散漫心理一样都是电力安全生产中的大敌。电力生产不能允许任何的马虎或者疏忽，一个小小的疏忽或者马虎，都可能造成不可估量的事故和损失。电力安全生产必须坚决杜绝草率的工作态度和工作方式。

（1）草率心理的心理特征。草率心理是常规工作领域常见的心理现象，电力生产中草率心理的心理特征如下。

① 情绪不稳定，不耐心，粗枝大叶，敷衍了事，不认真负责。

② 计划性和预见性比较差，喜欢轻举妄动，兴趣转移快。凡事预则立，不预则废。由于办事草率，没有时间做计划，对事情的发生和发展不做预计，轻率地开始工作，不仅导致工作效率低下，而且严重的时候可能造成恶性的事故。

③ 遇事急于求成，工作忙乱，经常顾此失彼。

（2）草率心理的主要表现。草率心理在电力生产中主要表现为：

① 没有头绪，缺乏章法，不重视规程；

② 反应快，但工作缺乏严密规划；

③ 三分钟热度，没有长性，半途而废的事情比较多；

④ 学习、工作都不安心，不踏实；

⑤ 好奇心重，总是注意一些与本职工作无关的事物，结果影响正常操作。

电力生产当中，多数工作都是枯燥单调的，在枯燥单调的工作中员工很容易缺乏耐性，并且容易转移注意力，所以必须从多个方面下手，尽可能地消除电力生产员工的草率心理。

（3）草率心理支配下的典型行为。在电力安全生产中，草率心理支配下的典型行为主要有：

① 很少能细心、耐心干一件事情，容易烦躁；

② 做事缺乏持久性，经常是东一榔头，西一棒子；

③ 工具、资料乱扔乱放，经常到处寻找属于自己保管的东西；

④ 对新设备、新地点有着很强的好奇心，而且随便乱摸乱动，导致设备处于不安全状态。

这几种典型行为在生产中是屡见不鲜的，例如，某电厂电气检修人员修理“合闸指示”灯的缺陷，监护人员现场监护，一名新入厂学习人员在随同观看时，未关注检修，却因好奇擅自转身看 PT 柜，PT 柜电气标志不醒目，且未上锁，随手拉了 A 相闸，造成保护动作机组掉闸。

电力生产是必须严格按章办事的，是否可以行动，应当如何行动，都需要按照操作规程来进行，否则就会有事故的发生，所以，电力生产必须严格遵守纪律和规程。

3. 从众心理

从众，一般是指个人因受群体的压力，改变初衷而采取与多数人一致的意见和行为。与盲从不同，从众者不一定认为别人的意见或行为正确。它的产生有对事物本身认识模糊、群体人数多、内聚力强、个体在群体中的地位与能力低等情境方面的原因，也有智力低、情绪不稳定、缺乏自信、害怕权威等个性方面的原因。从众是自身行为受到他人行为的影响，从而无法用自己的理性和识别能力作出判断的一种心理。从众心理是人们在适应群体生活过程中产生的必然反应，但是，由于从众，一些不安全的思想行为和动作很容易泛滥成灾，从而严重威胁着安全生产。

人从幼儿、少年时期依赖于成年人生活，即使长大以后仍然强烈地要求保护，当处于孤独状况时，就试图寻找伙伴交往和集体的归属，以便与别人共同行动，使个人自身的行动符合他人的意见、态度的行为成为从众行为。这种行为到处可见，如有些车间必须戴安全帽作业，由于纪律松懈，温度高，不少人把安全帽拿下来，因受其影响，另一些人也不假思索地摘掉安全帽，由于从众心理的影响和蔓延，逐渐形成“戴安全帽不对，不戴安全帽才对”的反常现象。类似的现象还有很多，为了更好地把握从众心理及其对安全生产的影响，需要对这种心理作进一步的研究。

（1）从众心理的心理特征。具体来看，从众心理的心理特征主要有：

①“趋同”心理过强，缺乏自己的主见，经常盲从，随大流；

② 喜欢互相模仿，在一种无形的精神压力作用下，个体经常被动地适应一些不良的工作或生活习惯。

从众心理在人群当中是普遍存在的，管理学上也称之为“磁性原理”，即类似于出现了某一种磁场，吸引具有相似喜好、志向或者背景的人形成一个非正式群体。游离于企业文化之外的一种非正式的群体是组织中普遍存在的，在电力企业也不例外，从众心理驱动下形成的非正式群体，对于安全生产既有利也有弊，因此，在电力安全生产中应当妥善处理从众心理。

（2）从众心理的主要表现。从防止事故的角度来看，从众心理在电力安全生产中主要表现如下。

① 团体中个别人的不安全行为容易被他人仿效。比如，一个人不戴安全帽，别人也跟着都不戴。

② 遵规守纪的言行遭到排斥，被人耻笑。

③ 看到别人违章也不去制止，怕被嘲笑。

④ 爱凑热闹、起哄，时常一哄而起，一哄而散。

⑤ 违章行为在特定的群体中容易发生和蔓延。

（3）从众心理指引下的典型行为。通过观察电力生产实践中具体的安全行为，不难发现，在电力生产中受从众心理影响的违章行为主要有：

① 明知装卸氧气瓶要避免剧烈震动，仍旧跟着别人乱扔，导致爆炸；

② 看到别人违反操作规程不敢提醒，怕露怯；

③ 看到别人违章作业，盲目照着学；

④ 由于随大流，行为经常不受规章制度的制约；

⑤ 时而有一些不理智的凑兴、起哄行为。

从众心理对于安全管理的影响，需要以科学严谨的态度来处理，要提倡员工积极思考问题，以规章制度规范安全行为，防止从众违章行为的发生。

4. 慌乱心理

慌乱，即慌张忙乱。慌乱心理在突发情况下表现得最为明显，但又因为不同的人心理承受能力的不同，慌乱心理在不同的人上表现也有所不同。一些心理素质较好的人往往可以处乱不惊；而一些心理素质较差的人，在任何一点异常情况下都会表现出明显的慌张和忙乱。

（1）慌乱心理的心理特征。慌乱心理一般产生在紧急、异常等特定情景中，主要表现为如下特征：

① 遇到紧急情况后，无法以健康的心理状态和科学的态度去对待；

② 思想和意识高度集中和紧张，不能沉着应对突如其来的异常情况；

③ 正常思维活动受到抑制或出现紊乱，束手无策，惊惶失措，动作混乱，失去秩序。

在电力生产实际中，这种心理状态在事故发生的现场较为明显。慌乱心理打破了人处理突发紧急情况或者事故的理性，不利于对危险情境的处置。

（2）慌乱心理的主要表现。慌乱心理在电力生产实际中，主要表现如下。

① 操作技术不熟练，生产工艺不熟，遇到危险惊慌。这种情况经常出现在一些新员工身上，或者发生在使用新技术、新设备的前期，由于知识储备有限而导致的慌乱。

② 受社会、家庭环境等客观条件影响，由于外界的一些干扰而心不在焉，心生烦躁，情绪波动，手忙脚乱。

③ 遇到令人兴奋的事情，不能自控，思想分散，顾此失彼。

④ 由于精神紧张、压力过大，稍有异常，就惊慌失措，整天心神不安。

慌乱心理经过心理训练或者调试是可以消除的，可以通过开展心理培训、拓展训练等活动，减轻大家对新情况或者突发情况的不安心理，增强员工的适应能力和突发情况的应对能力。

（3）慌乱心理下的典型行为。主要包括以下几方面。

① 新员工刚上岗，新的环境下新刺激较多，注意力无法集中，心理紧张，正常的操作也会手忙脚乱。

② 新的考核制度出台，害怕出问题受处罚，过于紧张。

③ 新设备投入使用或采用新技术，由于缺乏经验而无法娴熟操作，致使操作慌乱。

④ 在安全生产要求特别严格的时期（安全周期保持了较长一段，出现事故大整顿），压力感升级，强压力下无法理智处理问题。

电力安全生产中的高压力是由电力生产的特点造成的。电力生产牵一发而动全身，是国民经济的支柱性产业，是基础性的产业，如果电力安全生产得不到保障，那么整个国民生产的经济秩序就会出现混乱。压力与慌乱是相伴而生的，慌乱心理下的多种行为多数与压力有关。慌乱心理支配下的慌乱行为，在电力安全生产实际中也是普遍存在的。

案例7：慌乱导致事故

一、事故过程

某变电站接调度令，要求停运某10kV线路。当值操作员按规定写好拉2号刀闸操作票，并与监护员一起进行了演练，然后拿着2号刀闸的钥匙去现场操作。当时正在严令处理电气误操作问题，如果出现误操作就会解除劳动合同，其他供电公司因此刚处理了两个人。两人边走边议论，要小心一点，千万别拉错闸，导致自己下岗。说着，两人错走到1号刀闸前面唱票，用2号钥匙开1号锁，未开，认为拿错了钥匙，回去换了1号钥匙，拉开1号刀闸，造成线路停电，两人受到处分。

二、案例分析

各种压力过大经常会使人思维变迁，影响正常发挥。本事故中拉错刀闸，就是由于压力过大而导致的操作失误。实际上，慌乱行为造成了许多事故。

二、气质的类型及特点

气质是人的个性心理特征之一，它指在人的认识、情感、言语、行动中，心理活动发生时力量的强弱、变化的快慢和均衡程度等稳定的动力特征。主要表现在情绪体验的快慢、强弱、表现的隐显以及动作的灵敏或迟钝方面，因而它为人的全部心理活动表现染上了一层浓厚的色彩。它与日常生活中人们所说的“脾气”、“性格”、“性情”等含义相近。人的气质的差异是先天形成的。孩子刚出生时，最先表现出来的差异就是气质差异，有的孩子爱哭好动，有的孩子平稳安静。气质在人的生理素质的基础上，通过生活实践，在后天条件影响下形成的，并受到人的世界观和性格等的控制。具有一定稳定性，又具有可塑性。不同气质的特点，一般是通过人们处理问题、人与人之间的相互交往显示出来的，并表现出个人典型的、稳定的心理特征。

客观来说，气质无所谓好、坏、优、劣之分。气质都具有两面性，任何气质类型都既有其积极的一面，也有其消极的一面。在每一种气质的基础上，都有可能发展成某些优良的品质或不良的品质。如果它消极的一面发挥了作用，那么就可能导致事故发生；如果它积极的一面发挥了作用，那么就将促使安全行为的产生。从事故预防的角度来看，在选择生产人员分配工作任务时，要考虑生产人员的气质。

不同的气质在不同的生产活动中有不同的表现。为了减少生产事故，有必要对发生事故时人的心理状态进行认真的分析，从而，在组织制度和操作技术上采取有效的安全措施，预防那些容易使人产生不正常心理反应和错误的操作行为的各种主客观因素产生，保证人们在生产劳动中的人身安全和设备安全。

（一）气质的类型

由于人的气质是千差万别的，所以对人的安全行为的影响也是多种多样的。同类气质的人在不同的条件下有不同的表现，有的时候表现的是一种安全行为，有的时候可能表现的是一种不安全行为。因此需要研究如下问题：气质在什么样的情况之下会表现出不安全的行为；什么情况之下表现出来安全的行为。有些工作需要工作细心、情绪稳定、注意力集中的人去承担，而有些工种需要反应迅速、动作敏捷、活泼好动、易于和其他人合作的人去承担。因此，应当根据具体工作的特点和生产人员的气质类型，妥当地选拔和安排职工的工作，这样才能做到人尽其才，有利于生产，又有利于安全。

1. 气质类型

巴甫洛夫根据自己的实验和观察，把高级神经活动划分为四种基本类型，它们决定了人的四种气质类型。神经系统的四种基本类型与传统的气质类型是相互对应的，见表 5-1。

表 5-1 高级神经活动类型与气质类型对照表

神经类型	气质类型	强度	均衡性	特征
兴奋型	胆汁质	强		直率热情、精力旺盛、情绪兴奋性高、容易冲动、反应迅速、外向
活泼型	多血质	强	灵活	活泼好动、敏感、反应迅速、好交际、注意力易转移、兴趣和情绪易变、外向
沉静型	黏液质	强	惰性	安静稳重、反应缓慢、沉默寡言、情绪内敛、善忍耐、内向
抑制型	抑郁质	弱		情绪体验深刻、孤僻、行动迟缓、很高的感受性、善于观察细节、内向

(1) 活泼型：性格活泼、反应灵敏、性格外向。活泼型的气质性格大体来说是外向的，具有这种类型气质的人一般活泼好动、反应敏感而迅速、工作和学习精力充沛、安全意识较强，但有时比较不稳定。活泼型员工在工作与生活中喜欢与人交往，但是注意力比较容易转移、兴趣容易变换。活泼型的气质性格的消极表现为工作浮躁、散漫，似乎对什么都感兴趣，愿意猎奇；还有一些活泼型的员工乐群程度比较高，愿意扎堆，在一些特定的非正式群体内成员相互之间的约束作用较差。如果控制不好，比较容易导致盲目从众行为，导致不安全行为的概率增大。

"活泼"，通常认为这是一个很积极、正面的词汇，但在安全生产中，活泼却在很大程度上是消极的、负面的。安全生产必须按照规程、一丝不苟去进行，容不得半点怠慢或者草率。过分的活泼就会使工作的氛围缺乏严密与严格，容易引发事故，从而不利于安全生产。

由于活泼而导致事故的案例在电力生产中也曾多次发生，例如，在某厂检修车间休息时间，有位员工正好站在没有安全罩的巨大叶片排风扇的前面。当时其他员工想搞恶作剧，将闸拉上，结果排风扇突然刮起，站在排风扇前的人由于被这种突然刺激的袭击造成了行为失控，倒在了排风扇旁造成了重伤。

因此，在电力安全生产实际中，必须妥善处理员工工作氛围的活泼与工作要求的关系，避免因由活泼而导致事故的发生或者埋下安全隐患。

(2) 兴奋型：性格直率，办事快捷，性格外向。具有兴奋型气质的人一般直率热情、精力旺盛，情绪易于冲动，心境变化剧烈，具有明显的外向性、情绪兴奋性高，反应速度快。兴奋型的员工在安全生产中的消极表现是容易冲动、急于求成，有时会粗心大意、轻率忙乱，容易出现违章行为；兴奋过度还会出现冒险行为；有时，由于兴奋还可能通过"凑兴"行为发泄剩余精力，从而导致行为失控，造成事故。

通常，兴奋型的员工办事效率较高。从其行为特质的角度分析，兴奋型的员工的动作能力高于其知觉的能力，非常兴奋，容易冲动，也比较急于求成，从而比较粗心大意，行动轻率，考虑问题不周到。因此，兴奋型员工会产生一些冒险的行为，导致事故发生。

兴奋型员工对于提升班组或者企业的活力有着非常重要的作用，但由于安全工作的特殊性，也比较容易造成事故。例如，在某检修车间的车工，在车完零件后，需要用放在车床的外导轨的千分表，因为着急没有停机，就伸手跨过转动的零部件上方，去拿千分表，结果由于衣服有两个扣子没有扣好，衣襟被转动的零件卷了进去，后经抢救无效死亡。

因此，兴奋型气质不进行适当的控制、适当的抑制，就会出现一些不应有的事故。

（3）沉静型：沉稳、安静、头脑清醒、行动准确、沉着坚持。具有沉静型气质的人一般安静、稳重、沉默寡言、反应缓慢，情绪不外露，注意力稳定又难以转移，善于忍耐，耐受性高，内倾性明显。从这个意义上来看，沉静型员工是安全生产工作的最佳人选。但是，沉静型员工也有一些消极的表现，主要为固执，自以为是，自视清高，习惯以自己的方式进行生活，反抗权威，不情愿屈从外部控制，有时导致不听指挥，不按规程去做，从而引发事故。

沉静型员工的消极行为在安全生产实践中也是比较常见的。比如变电工作的人员进入现场，必须做到四项要求：必须核对工作任务与所核定的设备量是否一致；必须核对工作地点是不是有地线；导线是否有漏电的现象；在此工作是否有指示牌。这四项具体要求是不允许改变的，但是有一些比较资深的、有一定工作经验的、有一定主意的值班人员和岗位负责人，却把这四项要求不当回事，认为自己的经验是可靠的，主意是正确的。例如经常有员工在交待工作票内容的时候，不直接到设备所在地来对照着进行工作交接，而是站在远处泛泛地将工作任务进行指派。例如，有时地线的位置根本就是与正确位置不相符，但这在那些员工眼里也是无所谓、没关系的，甚至干脆就不交待此注意事项。

沉静型气质的员工容易出现的问题是，由于自己有一定的经验和工龄，经历过不少操作，认为自己没有必要对一些程序化的东西再去认真学习，也没有必要完全履行这些程序。

（4）抑制型：考虑问题过于严谨，不愿表达，性格内向。抑制型气质的人感受性高，观察细微，内倾性明显，往往含而不露，具有稳定性，不易转变情绪和观点，在工作中表现出能胜任工作的坚持精神。在电力安全生产中，抑制型员工的消极表现为反应迟缓，判断能力差，缺乏独立思考问题的习惯，容易产生懈怠行为，对于安全生产缺乏积极态度，考虑问题的范围比较狭窄，思想不够开阔，胆小怕事，动作反应慢，一旦遇到危险，常常由于缺乏准备而措手不及。

抑制型员工由于受到了某种压抑，不愿意主动找人倾诉自己的困惑，常把一些苦闷和烦恼埋在心里，使自己的思想不够开阔，思维能力不够活跃，考虑问题比较狭隘，在困难面前优柔寡断，在这种情况下，无论遇到什么样的问题，经常表现为缺乏独立处理问题的能力。

抑制型气质在电力安全生产中的消极行为也是比较常见的，例如，在某电厂的一起事故中，本来应该执行的任务是“转停电”，结果操作票写成了“转运行”。虽然操作票写错了，但是稍稍具备电力生产操作常识的人都可以作出判断：这样操作明显是错误的，不可能在运行当中再转运行操作，但由于执行这项任务的员工缺乏独立思考问题的习惯及分析问题的能力，从而导致了事故的发生。

因此，在实际生产中，要鼓励抑制型的员工不要压抑自己的思想，要有独立思考问题和判断问题的能力，敢于提出自己的想法。当然，安全管理的相关人员应该有意识地与抑制型的员工交流思想，消除抑制型员工感情上的障碍，使得他们保持良好的情绪，以便利于安全生产。

（二）气质的特点

活泼型、兴奋型、沉静型及抑制型四种气质类型的人，在实际生活中都是存在的，虽然不同气质类型的人员的行为方式与性格特征各不相同，但是气质类型有一些共同的特点。气质的特点可概括为以下几个方面。

1. 两面性

气质无所谓是积极的还是消极的，也就是说人的气质本身并无好、坏、优、劣之分，每一种气质都有导致人向积极的或者消极的方向发展的可能。例如，急性子和慢性子，哪一种气质更好？哪一种性格更好？都不能一概而论，也不是绝对的，答案也不是唯一的。但是对于不同的气质的员工，可以将他们安排在不同的工作岗位上。急性子的员工，可以让其做诸如抢修、自动化系统操作台的操作人员等需要在短时间内完成的紧急的工作；慢性子员工可以做看仪表、汇总数据、分析结果等细致的和要求精确度较高的工作。因此，电力企业的管理者们在人员的选拔和人员的使用上要扬长避短，尽量做到人尽其用，使工作中人力资源能够得到合理的配备。

2. 稳定性

稳定性是指气质的表现是稳定的，很难发生根本性的改变，即所谓“江山易改，本性难移”。也就是说，一个人的气质是先天的，后天的环境及教育对其改变是微小的和缓慢的。不能幻想仅仅靠一两次要求和劝导就能改变它。改变员工的行为和思维方式是管理者做好管理工作的一个方面，但是要想改变它是需要长期做工作的。

3. 独特性

独特性是指人与人之间存在差异性，不存在完全相同的气质。人跟人是有差异的，每个人都有自己的气质，这就使得每个人的安全行为表现出独特的个人色彩。例如：同样是积极工作，有的人表现为遵纪守法，行为安全可靠；有的人则表现为蛮干急躁，安全行为较差。所以，在开展思想工作，进行安全管理时，要考虑到“一把钥匙开一把锁”，在管理方法上，要针对员工的个性特色，做到有的放矢，不能粗暴地一概而论。

4. 综合性

综合性是指每个人的表现都不仅仅是一种气质，而是多种气质的综合表现。客观地讲，多数人的气质都属于各种类型之间的混合体，也就是说每个人不可能仅仅具有某一种气质。每个人的气质通常是各种气质综合，却以一种气质为主，其他气质为辅，换一句话来说，那就是“每一个人都有每一个人的闪光点”。

5. 整体性

任何一种气质特性都是个人气质整体性中的一部分，所以必须将其放在整体中考虑。气质的特性强调了在研究气质对人的行为的影响的时候，必须将以上几个方面都考虑到。从事故预防的角度来讲，安全管理者在安排工种、组建班组、配置人员的时候，都要根据实际的工作要求和个人的气质特点来进行合理调配，只有这样才能有利于安全生产和安全工作的开展。

（三）气质与安全

为了进行安全生产，在安全管理工作中，针对职工不同气质类型特征进行工作是非常必要的。

首先，依据各人的不同气质特征，加以区别要求与管理。例如，在生产过程中，有些人理解能力强、反应快，但粗心大意，注意力不集中，对这种类型的人应从严要求，要明确指出他们工作中的缺点，甚至可以进行尖锐批评。有些人理解能力较差，反应较慢，但工作细心、注意力集中，对这种类型的人需加强督促，应对他们提出一定的速度指标，逐步培养他们迅速解决问题的能力和习惯。有些人则较内向，工作不够大胆，缩手缩脚，怕出差错，这种类型的人应多鼓励、少批评，尤其不应当众批评；对他们的要求，开始时难度不应太大，以后逐步提高，使他们有信心去完成任务，从而提高工作的积极性。

其次，在各种生产劳动组织管理工作中，要根据工作特点妥当地选拔和安排职工的工作，尤其是那些带有不安全因素的工种更应如此，除应注意人的能力特点以外，还应考虑人的气质类型特征。有些工种（如流水作业线的装配工）需要反应迅速、动作敏捷、活泼好动、易于与人交往的人去承担。有些工种（如铁路道口的看守工）则需要仔细的、情绪比较稳定的、安静的人去做，这样既做到人尽其才，有利于生产，又有利于安全。

第三，在日常的安全管理工作中，针对人的不同气质类型进行工作也是十分必要的。例如，对一些抑郁质类型的人，因为他们不愿意主动找人倾诉自己的困惑，常把一些苦闷和烦恼埋在心里。作为安全管理技术人员应该有意识地找他们谈心，消除他们情感上的障碍，使他们保持良好的情绪，以利安全生产。又如在调配人员组织一个临时的或正式的班组时，应注意将具有不同气质类型的人加以搭配，这样，将有利于生产和安全工作的开展。

三、气质特性的积极调适方法

在生产要素中，人是最活跃并且起到关键作用的要素。维护电力系统发、输、配电设备的安全运行，必须切实保证职工在生产活动中的安全，防止人身伤亡事故的发生。

前面已经谈到了员工气质的四个方面，重点针对这四种气质分别谈到了它们的一些消极的表现，这些消极表现很容易导致事故。这就需要对气质特性进行积极调适，来发扬其积极方面，抑止其消极方面，使这些积极的方面能够发挥作用，以保证生产安全。下面针对不同气质的员工提出合理的调适方法。

（1）对于具有活泼型气质的员工，应该加强引导。前面已经提到过具备活泼型气质的员工容易出现的问题，尤其是提到了过于活泼容易对生产产生不利影响。

活泼型的人的群众关系好，团结人的能力强，可以利用其关注群体关系的特点，通过引导，为其设立例如安全攻关小组类型的组织方式，将其特点引导到正确的工作方向中去；使个人之间的关系突破盲目从众的小团体局限，转移到关心集体的安全生产目标上来。另外，对一些自以为头脑灵活的员工的投机取巧的侥幸心理进行教育和引导，避免习惯性违章和散漫行为的发生。

有必要重申一下，气质具有两面性，不存在绝对的好和绝对的差。活泼型的气质容易出毛病，它可能从众心理强，可能跟随非正式的群体一起去违章，但是通过正确的引导，让其从事某些工作，这样做对安全也有很大的好处。通过观察员工，一旦发现其有活泼型气质的行为的倾向，就通过教育和引导的方法，使其行为可以向正确的方向转化。

（2）对于兴奋型气质的员工，应该将他们的热情引导到参与安全生产竞赛等良性的竞争之中，并注意及时研究和调整他们的兴奋点，制约其冒险和操作草率的行为倾向，必要时要对其过度的兴奋降温，避免凑兴行为的出现，使其在安全生产中发挥积极的作用。

兴奋型气质消极的一面是兴奋了以后容易冒险，敢想、敢干，总是要突破规章制度的约束，也不理会专家的指导，本身就出现了一种冒险的行为倾向，具有一种逆反的行为特点。在这种情况之下，就要注意做好员工引导工作，根据兴奋型员工自己原来的特点，将他们吸引到适合自己特点的、正确的道路上来。如果不加以引导，他们的冒险可能就会造成事故。同时因为这种类型的人比较具有荣誉感，可以引导其参加到一些良性的竞争中去，让其在安全的竞赛，安全的合理化建议当中，发挥作用。将该类型的员工引导到正确的方向上来，将他们的兴奋灶引导到安全生产当中，他们的冒险行为就不至于出现。

当然在这样的情况之下还要对其进行适当的教育。告诉这种类型员工，他们所具有的性格、气质，应该朝哪个方向发展，发展了以后可以得到更多的荣誉，如果在安全生产方面较其他人领先，那么就应该越来越超前，并且得到大家和企业的认可。相反，冒险行为最后只能导致失败和挫折感的产生。

（3）对于沉静型气质的员工，可以安排其从事精密仪器、严谨操作等规矩严格的工作，既适合其沉稳安静的性格，又使他善于思考的特长有用武之处。对于一些固执己见、不服管理的逆反行为，要加强教育和引导，而不是简单限制，避免员工情绪下滑。

沉静型气质的员工往往是一些比较固执的员工。这种固执性格的出现，一般来说是两个方面的原因造成的。一方面，这种员工一般能力水平比较高，已经具有了大家公认的水平，也取得了相当的地位。在这种情况之下，这种员工容易变得固执，其口头禅也就变成了“我原来就用这种办法，我就曾经做过什么……，什么事情我就做成了……，那么现在你说的我不干”等。另一方面正好相反，经常出现问题，经常挨批评，在这种情况之下其负面自尊心不正常的增长，最后将别人所有的指导和教育约束都认为是和自己过不去，发展到最后，这类员工就变得非常的固执。

对于这两种情况，一方面，针对其固执的现象和心理状态，为他们安排合适的工作，避免他们有和别人争执的机会，使他们按部就班地按照既有程序工作；另一方面，需要引导，例如，要让他们认识到，虽然他们确实有工作经验和能力，但是当更新设备和技术的时候，如果想让自己保持持续发展的竞争力，就必须从头学起，掌握了新的设备和技术之后，才会有更大的发展空间。千万不能由于自己做错了一些事情，出现了一些违章，遭到了一些批评，就形成了一种逆反心理，也就是说人就变疲沓了，不愿意接受教育，这是不正确的。员工也要自己检查工作中是否有不妥当的地方，是否有不尊重人的态度，错误的批评方式，教育的方式是否有毛病。除了这些方面以外，管理者还要对其进行一些鼓励，进行一些引导，使其脱离开原来的那种自我封闭的心理状态。

（4）对于抑制型气质的员工，要通过细化目标和明确制度等正负激励措施，激发起工作热情。要根据这些员工时而出现的懈怠行为倾向，逐渐增加一些责任性的工作，使他们养成关心集体工作的习惯，工作中还要强化他们的自信心，拓展知识面，避免一遇到事故就慌乱的行为发生。

抑制型气质的员工，一般来说是性格内向的。性格内向的原因，通常不是先天性的，而是后天性的，是经常遭遇挫折，而在这种挫折面前自己不能够正确地对待，然后把自己封闭起来，这种封闭就使得自己的视野越来越窄，自己看问题的方式越来越受到局限，不能在工作中心胸坦荡地发挥自己的作用。由于这样的情况很容易出现懈怠的行为，而这种懈怠的行为就很容易导致事故的发生。

对于这样的员工应该采用两种办法来改善他们的行为：第一种办法就是要进行思想的疏导，要肯定、鼓励员工，使其增强自信心，对于自己的工作能力和未来充满信心；另一种办法是要为其设立一些合适的工作岗位，这些工作岗位责任清晰、目标明确，使得他们能够在不断进取的工作业绩的过程中增强自己的信心，把自己的工作做得越来越好。

第三节　生产人员疲劳与不安全行为

电气运行人员的工作性质属于全天 24 小时连续倒班作业，由于这些人员的作息时间经常与常规相违，所以在连续进行作业后，容易造成生理上和心理上产生疲劳，以致时常出现注意力涣散、反应迟钝、分析判断能力下降等操作机能降低的现象。因此，研究电气运行人员的疲劳及其发生的原因，研究如何缓解疲劳，降低因疲劳而引发的事故率，改进和制定科学、合理的安全管理对策，对于保障电力企业安全生产的顺利进行具有重要的理论意义和应用价值。

一、疲劳及其产生原因

在电力安全生产中，疲劳是事故产生的重要原因。在对华北电网公司和北京大唐发电公司进行疲劳事故调查之后，结果显示：

① 由疲劳而导致的事故占事故总数的49%；

② 事故时间依次是：后夜，凌晨，交接班时和午餐后；

③ 疲劳现象分别是：身体不适、注意力不集中、分析判断能力下降、头痛、头晕、肩脖发胀、眼睛模糊等。

这表明，疲劳在事故原因中占据着非常重要的地位。疲劳的主观症状是，作业者首先感到身体不适、头痛、头晕、眼睛模糊、疲倦、无力、肩脖发胀等；接着，思考问题时精神不能集中，产生懒惰念头、不愿意继续工作的想法，紧迫感减退，意志控制能力下降，注意力涣散，分析能力下降，作业要求水平低下，自信心下降。若对其感觉机能、运动机能、代谢机能、血液成分等做客观检查，也会发现相应的变化，并在脸色、姿势、动作，以及语言方面都表现出来。如头部前倾、脊柱变弯、动作失调、知觉错误、无效动作增加。此时，若再继续工作，不仅工作速度减慢，质量大幅度下降，还易发生工伤事故，危及人的身体安全。那么究竟什么是疲劳？疲劳又是如何产生的呢？

（一）疲劳的概念

疲劳是人在劳动和活动过程中，由于能量消耗而引起机体的生理、心理的变化，劳动者在连续劳动一段时间以后，出现疲劳感和劳动机能减退的现象。疲劳是人的机体为了免遭损坏而产生的一种自然保护反应。医学上把疲劳定义为：疲劳是人连续从事体力和脑力工作后，产生的一种生理或心理机能暂时下降的现象。疲劳与休息是机体消耗与恢复互相交替的正常活动，是机体日趋完善的必要条件。疲劳是使作业能力下降的一种现象。工作性质、作业环境、情绪与态度、动机的高低，都与疲劳的产生和恢复有密切的关系。这就造成了疲劳现象的复杂性。近年来，全世界每年因交通事故有约30万人死亡、1000万人致残，其中疲劳驾驶是导致车祸的主要原因。因此，探讨疲劳的表现、发生的原因和机理，从而找到延缓或防止疲劳发生的对策，是提高安全生产水平的一项重要技术。

从主观方面看，疲劳作为心理状态，是多种感受的体验，包括无力、注意力失调、感觉方面失调、动觉方面的紊乱、记忆和思维故障、意志衰退以及睡意等感受。从劳动生产率方面看，开始时倦怠感相对轻微，劳动效率不降低或稍有降低，接下来劳动效率下降已为人所察觉，并且下降得越来越厉害，但只涉及质量，未涉及数量。紧接着倦怠感强烈，过度疲劳。这时工作曲线下跌或“忽高忽低”，工作进度可能加快，但不能稳定，最终紊乱，人成病态而无法继续工作。

目前科学实验已证明人的生理、心理、表现及特征，除受一定客观因素影响外，也有其不以人的意志而改变的自身变化规律，此规律称为人体生物节律。人体生物节律告诉我们：人的体力、情绪、智力，从刚出生那天起就按正弦曲线周期变化着，人的一切行为都受到它的影响。科学研究证明，体力循环周期为 23 天，情绪循环周期为 28 天，智力循环周期为 33 天。人们把周期的正半周称为高潮期，负半周称为低潮期，一般临界点正弦曲线与时间轴的焦点前后差 1～2 天。具体来讲，以正弦曲线与时间轴为中心，人的体力高潮期为 10 天，临界期为 3 天，低潮期为 10 天；人的情绪高潮期为 12 天，临界期为 3 天，低潮期为 13 天；人的智力高潮期为 14 天，临界期为 4 天，低潮期为 15 天。这样就形成了人体生物节律的循环。生物节律处于不同的时期，人的生理、心理的表现也不同。总的来看，在高潮期，人的表现为精力旺盛，体力充沛，反应灵敏，工作效率高；低潮期的表现为情绪急躁，体力衰退，容易疲劳，反应迟钝，工作效率低；在临界期，人体变化剧烈，机体各器官协调功能下降，处于不稳定状态，工作中容易出现差错。

另外，疲劳根据其性质的不同，其分类方法有很多种。按照疲劳程度可分为一般疲劳、过度疲劳、重度疲劳；按照疲劳对人体的重要影响分为精神疲劳、肌肉疲劳、神经疲劳；按照疲劳的原因可以分为生理疲劳和心理疲劳等。

（二）疲劳产生的因素

超过生理负荷的激烈和持久的体力和脑力劳动，作业环境不良，单调乏味的工作，劳逸安排不当，精神与机体状况不佳，仪器、机器设计不符合人体生理、心理特点，使人感到不舒适感等，都是促使疲劳过早出现的原因。疲劳产生的因素一般可以分为生理因素和心理因素。

1. 生理因素

体力疲劳指由于肌肉持久重复地收缩，能量减少，造成工作能力降低甚至消失的现象。体力疲劳产生的原因是肌肉和关节过度活动，体内新陈代谢的产物——二氧化碳和乳酸，在血液中积聚并造成人的体力下降的结果。体力疲劳是人们在日常生产、生活中经常出现的一种正常生理和心理现象。人们在生产作业时由于能量消耗过多就会感到疲劳，即使不从事体力劳动，人们也会感到身体疲劳，因为不管人是否从事劳动，机体的能量都不断地被消耗，所以人同样会感到疲劳，需要休息。体力疲劳最直接的感觉就是腰酸背痛，这是由于血液中乳酸增加。在电力生产部门，体力疲劳比较多地出现在电建部门、电力安装部门、修造部门和检修等岗位上。

疲劳的部位与从事职业的类别有很大的关系。日本的大岛正光就局部疲劳的原因做过如下分析。

① 头部：高热、持久紧张、换气不良、思维感情强的作业；

② 眼部：低照度、暗室作业、制图、精细辨认作业、校对、焊接、X 光透视、计算、测量等；

③ 耳部：噪声、听诊作业；

④ 颊部：吹气强的作业，如用口吹雾作业；

⑤ 颈部：上下看视作业、颈部悬挂作业；

⑥ 肩部：搬运、肩及上肢作业；

⑦ 肘关节：前臂连续作业；

⑧ 腕部：手连续作业（发电报、打字、打孔、手工研磨等）；

⑨ 手掌：锤石作业；

⑩ 手指：包装、写字、打字等；

⑪ 胸部：玻璃吹气和胸部支撑作业；

⑫ 背：前屈、蹲下作业；

⑬ 腹部：摩托车、三轮车驾驶、腹部牵引及推挡作业；

⑭ 腰部：前屈、反复前屈、举重向上作业；

⑮ 臀部：座位不适的作业；

⑯ 大腿部：蹲及腿部肌肉劳动；

⑰ 膝关节：下蹲过久的作业；

⑱ 小腿部：蹲及腿部肌肉劳动；

⑲ 足：站立作业与步行作业。

脑力疲劳指用脑过度、大脑神经处于抑制状态的现象。有些人把脑力疲劳归纳到心理疲劳，实际上是不对的。脑力疲劳是一种生理现象，就像体力劳动使用肌肉关节那样，使用过多会造成体力疲劳，脑力也是如此。长时间进行复杂的脑力劳动，血液里的葡萄糖、多种氨基酸消耗量过大，引起脑的血流和氧气供应不足，脑细胞的兴奋、抑制失去平衡，生理功能低下，就会产生疲劳感。表现为头晕、目眩、头痛、记忆力下降、思维混乱、注意力不集中等。脑力疲劳在电力企业中更多地发生在运行、监盘或者一些高技术的岗位。

人的大脑是个复杂而精密的组织，它具有巨大的工作潜力，也容易疲劳，如果使用得当，大脑的潜力可以得到充分的发挥。有研究表明，人的脑力开发有很大的余地，现在的问题是开发不得法。脑力开发不够，反而容易出现疲劳的现象。脑力疲劳也就是通常所说的精神疲劳。

在脑力劳动占比重比较大的电气企业的工业操作活动中，脑力疲劳往往先于体力疲劳。比如监盘人员，在主控室工作没有多少体力活动，但是需要全神贯注监视仪表数字，监视设备运行，分析判断工况，这种情况之下，实际上由于过于集中脑力，脑力的疲劳会先于体力疲劳出现。

体力疲劳和脑力疲劳两者并不是截然分开的，不是说出现体力疲劳就是体力疲劳，而出现脑力疲劳就是脑力疲劳，两者之间有一种相互的影响。

极度体力疲劳不但降低直接参与工作的运动器官的效率，而且首先影响到大脑活动的工作效率。大家也许有这样的体会，有的时候感觉好像是体力劳动已经很疲劳了，在这种情况下换一种脑力劳动的活动方式，结果发现脑力劳动也同样达不到完全的兴奋状态，这就是因为体力疲劳同时对脑力疲劳产生影响。

极度的脑力疲劳也会造成精神不集中，全身疲倦无力，影响操作的准确性。这说明脑力疲劳对体力也有一个反作用，由于脑力劳动时间过长了，会感觉全身不适，出现体力疲劳的症状。

2. 心理因素

心理疲劳是指工作疲劳在心理上的表现。心理疲劳主要表现为，注意力不集中，思想紧张，思维迟缓，情绪低落和行动吃力等方面。心理疲劳的根本原因是倦于工作，并与极度的体力或脑力疲劳有关。倦于工作，就是对工作没有兴趣，一干活就觉得累，觉得乏；由于生理疲劳，会对心理疲劳产生作用，也就造成了注意力不集中、心情烦躁、思维行动迟钝等。

引起心理疲劳的原因有心理原因也有生理原因。心理原因主要有：问题长期不能解决、优柔寡断、思虑过度、情绪不安、内心矛盾冲突、心烦意乱、工作不称心、人事关系不和谐；因挫折而引起的精神抑郁和忧虑等。需要注意力高度集中的劳动，往往造成心理上的紧张，很快就会感到疲劳。生理原因主要是随生理疲劳而产生的紧张、怠倦感和厌烦感，导致对工作引不起兴趣。

（三）电力企业员工疲劳问题的原因

疲劳是每一个人都可能产生的，但是电力企业因为其方式的特殊性，疲劳的产生明显高于其他行业，同时，在电力行业疲劳问题是事故发生的主要原因，因此，必须具体探索电力企业员工疲劳产生的原因。

1. 责任与压力过大的问题

电力生产是国民经济的基础，一旦发生事故，对经济建设和社会稳定影响极大，因此，电力员工承担着重要的社会责任和巨大的社会压力。责任过大的问题主要集中在值长、站长、主值和副值、运行专工等。各个年龄段和工龄段的员工都有比较强的压力感，这种压力主要来自工作危险及严格的安全管理与考核制度。

责任本身就是一种压力，除了责任之外，所有的员工都有的这种压力感来自两个方面。

（1）工作的危险性。这个危险性又有两个方面：一是电，以前总说水火无情，其实电更无情，它可以在瞬间对人造成直接伤害；二是电的操作要求的精密度是非常高的，稍微一疏忽，工作就要失误。

（2）严格的管理和考核制度。为了保证零事故和零非停，必须加强管理和考核，把责任分得很清楚，考核、奖励和惩罚也都搞得非常严格。

应该说这些都是必要的，在这种责任、工作、危险的压力之下，人的精神就容易出现疲惫的现象。

2. 工作兴趣与工作态度问题

电力生产自动化程度非常高，运行人员的工作主要是监视各种仪器仪表，人为操作相对较少，工作简单枯燥，属于低兴奋度工作。员工长时间在这种非体力的、重复和单调的环境中工作，容易造成脑力疲劳。

3. 特定时序问题

运行人员发生事故的时间最多在零点到凌晨 6 点的时间区段，失误的最高峰是在凌晨 3 点前后。因为在这段时间内，人体各种生理机能下降，抗干扰能力差，对信息的加工速度及准确度明显降低，懒散、迟钝引发事故。安装、检修人员的事故时间除上述时间以外，还有因抢工期而延长的工时中。

4. 环境转移问题

环境转移就是人工作的环境转移或者工作和生活的这种环境转移，就是原来处于一种环境，现在到了另外一种环境。人的疲惫随时间推移而累加，在注意力集中时处于压抑状态，环境发生转移时就会释放，事故概率增高。交接班时问题比较突出，这是因为人在某一种环境之下，在某一种约束之下，集中注意力做一件事情，在此期间，注意力集中，精神、思想被这种工作所控制，尽管疲劳是在逐渐积累和增加的，但是由于受到控制，所以疲劳不会很明显地爆发出来。但是，一旦工作接近尾声，自己思想放松了，疲劳就会一下子集中释放出来，这时候疲劳感是最强的。人们有时候会有这种体会，在运行值班的时候，接近交班了，会感觉交班之前的时间过得特别慢，这是因为盼着下班了，疲劳在提醒你休息。

交班人员操作接近尾声，疲劳感迅速强化，在图快心理作用下，简化安全操作规程的某些步骤，容易导致事故发生。接班人员因现场外兴奋点削弱，作业面兴奋点尚未建立，容易产生倦怠情绪，注意力难以快速集中，容易因疏忽而误操作。

5. 挫折心理的影响问题

有些员工由于个人理想与现实环境存在矛盾，人际关系存在冲突，对未来和前途期望茫然，对人生态度和价值观感到困惑等问题，导致个人愿望受到挫折，经常处于焦虑不安的心理状态之中，很容易疲劳。

挫折感首先源于期望值过高，不可能实现的事，却非要去争取，结果往往失败。其次源于快乐阈值过高，容易对外来的事物产生排斥性反应，影响对于外界积极事物的接受程度，所以容易导致挫折。挫折容易产生疲劳，人们经常可以看到，有些人总是愤愤不平，对什么事情都不满意，这是多种因素造成的，首先一个因素就是对自己的工作或生活的期望值过高，实现起来过难；第二个因素就是性格快乐阈值过高，很不容易高兴起来，看什么都没意思，看什么都不高兴，以一种消极的态度对待外来事物，不予以接受，总有一些负面的心态。这样容易形成挫折感，挫折感给自己造成的问题就是精神压力，这种精神压力使人身心俱疲，总是无精打采。

二、疲劳与安全

（一）疲劳、工作能力及工作能力曲线

疲劳与工作能力有着微妙的关系，疲劳影响工作能力的正常发挥，同时，工作能力的高低也会影响疲劳的程度。

工作能力是由许多因素决定的，包括健康状况、生活目标、劳动动机、职业态度、体力和心理条件，还与特定的生产环境，以及个人生活因素等有关。人的工作能力是不稳定的，在劳动过程中随一定时间而改变。工作能力的变化，取决于人神经系统反射强弱的变化，在疲劳影响下，感觉机能变弱，听觉和视觉灵敏度降低，

眼睛运动的正常状态被破坏。疲劳引起错觉，记忆减弱，创造性思维降低，以及其他心理机能的改变。

疲劳影响工作能力的变化，一个人的工作能力受恒定的和偶然因素的影响而经常变动着。在工作日内，工作能力的变化受到生理和心理因素的制约。工作能力曲线反映了一个人在一天、一个星期和一年工作当中，哪些时间工作能力最强，哪些时间工作能力弱。研究结果表明，在工作能力比较弱的时期，疲劳相对来得比较快一些。

一天内工作能力的变化曲线：人的工作能力和效率在 24 小时内是周期性变化的现象，早已被人认识。1893 年英国学者克里别林指出："连续工作时，作业能力持续上升直至午间，午饭前明显降低，午饭后作业能力又缓慢上升……"一个人一天内工作能力的变化曲线如图 5-1 所示。

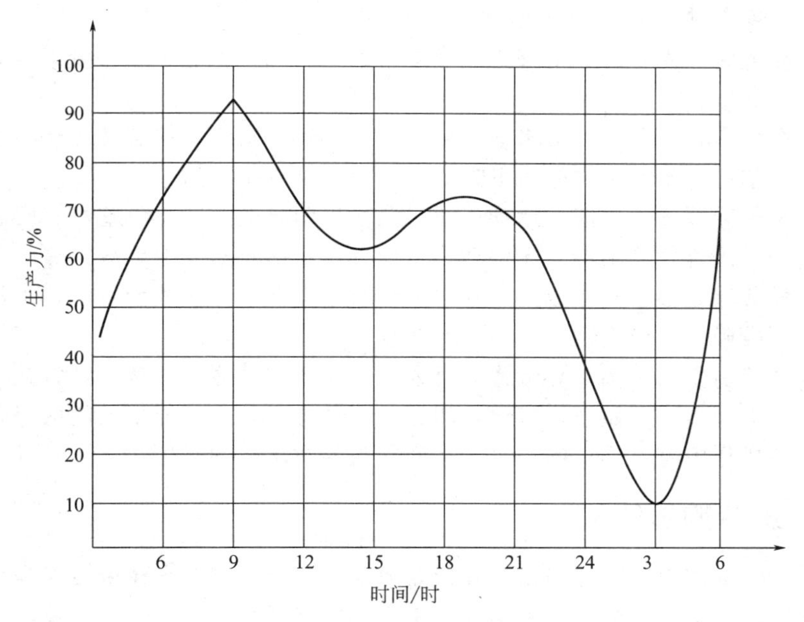

图 5-1　一个人一天内工作能力的变化曲线

工作日内工作能力的变化分成几个阶段，从曲线中可以看出，从早晨 5、6 点钟的时候开始，到 9 点钟左右，人的工作能力逐渐达到最强，到 14 时～15 时出现第一个低潮，18 时～19 时出现第二个高潮，然后到后半夜，24 时以后，越来越低，到早晨又逐渐恢复。

一星期内工作能力变化曲线：一个人的工作能力曲线在一个星期之内也并不是恒定不变的，从星期一开始，如果将星期一定为 100％的话，星期二可以达到 107％左右，星期三最高，星期四开始降低，然后越来越低。工作能力最强是在一个星期的中间。

一年内工作能力变化曲线：工作能力在一年内也是发生变化的，从一月开始最高，二月相对偏低，三月有所回升，比较高，夏季工作能力偏低，呈下降趋势，等到秋季八九月的时候，又会逐渐上升，冬季会有一定的小的波动，在十一月的时候工作能力也是比较高的。总体说，比较大的工作值是在冬季和春季，最小的工作值是在夏季。

以上分析说明，个人因素一般来说对人的疲劳和工作能力产生着强烈的影响。对于安全的影响是，劳动者在疲劳状态下工作，会直接导致事故率的增加。人们可以通过运用心理学的方法，使工人能力得到提高，工作效率得到改善，安全得到保证。这里关键在于减少疲劳。因为人的疲劳度小，可以更细致、更准确地完成操作，从而使产量上升，废品率降低，安全增加，事故减少。同样，可以减少违反纪律的行为，减少人员流动，以及减少工伤。同时，减少工作中的疲劳感，也可以少病假、少缺勤，对工人的劳动积极性产生良好的推动作用。

（二）疲劳对安全生产的影响

人在疲劳时，其身体、生理机能会发生如下变化，作业中容易发生事故。其原因如下。

（1）在疲劳状态下，人会出现身体不适，头晕、头痛，控制意志能力降低，注意力涣散，信心不足，工作能力下降等，从而较易发生事故。

（2）疲劳导致感觉机能，运动代谢机能发生明显变化，脸色苍白、多虚汗、作业动作失调、语言含糊不清、无效动作增加等，从而较易发生事故。

（3）疲劳导致继续工作能力下降，工作效率降低，工作质量下降，工作速度减慢，动作不准确，反应迟钝，从而引起事故。

（4）疲劳引起的困倦，导致作业时人为失误增加。疲劳导致一种省能心态，在省能心态的支配下，人做事嫌麻烦，图省事，总想以较少的能量消耗取得较大的成效，在生产操作中有不到位的现象，从而容易导致事故的发生。

三、疲劳的缓解

明晰了疲劳产生的具体因素，我们需要采取有效的措施来缓解或者降低员工的疲劳，使因疲劳而产生的工作失误或者事故逐渐降低。

（一）休息与睡眠

休息与睡眠是缓解疲劳最有效的措施。工作强度大和工作时间长是导致疲劳的主要原因，所以应当根据工作强度的大小来调整工作时间，对工作强度特别大的工作，要注意缩短工作时间。另外，如果现场条件允许，可将不同的操作活动交替进行，如将上肢活动和下肢活动交替进行；将以体力劳动为主的活动和以脑力活动为主的活动交替进行。在电力生产中，特别是电网抢修时，经常是高强度、连续八小时以上的工作。这时应该要求工作人员利用工作间隙，在不影响工作的情况下进行短时间的小休息，以缓解疲劳，而且在一段紧张的连续工作后，应该进行人员换班，给工作人员一段较长时间的休整，以尽快消除疲劳，恢复体力。充足的睡眠可以使工作人员完全消除疲劳，保持良好的身体状态。因此应该尽量让工作人员事先知道工作的安排情况，对自己的生活进行调整，保证有充足的睡眠，这是很重要的。研究表明，要保持警觉、感觉和操作能力处于良好状态，每天需要的睡眠时间大约是7～9小时。

科学的休息也是缓解和消除疲劳的有效措施，科学研究表明，科学的休息应当按照作业的强度进行适当安排。普通作业：上午休息两次，下午休息一次，每次15分钟左右。精力集中作业：每隔半小时休息一次，每次5分钟。重体力作业：上、下午各休息两次，每次休息15分钟。一般机械作业：上、下午各休息1～2次，每次15分钟。

适当安排工间休息有利于人体疲劳的消除，而且会使生产率提高。对于休息日，主要是调节人体生理状态和主观感觉，但要注意合理安排休息日内容。不无故加班加点延长工作时间。加班加点在特殊情况下在所难免，但是工作后要保证足够的休息，以恢复体力和精力。如果不顾身体的承受能力，擅自或强行延长工作时间，不仅与现行的劳动法规相背，也是不符合人体科学的，容易造成过度疲劳而导致事故。不带病强行作业，身体患病是产生病理性疲劳的直接原因，同时人在患病时，身体虚弱，各种行为能力都有所下降，尤其是在从事复杂危险作业时，更易诱发事故。因此，从安全的角度讲，身体有病不宜从事生产劳动。

（二）工作环境的改善

工作环境应当包括自然环境和心理环境。不良的工作环境不仅不利于操作，不利于健康，还会使工作人员产生不良心理状态，因急于结束工作而影响操作准确度，甚至违章。

比如，在高温环境下工作，工作人员会出现一系列生理功能改变，主要为体温调节、水盐代谢，以及身体各系统方面的适应性变化。如果超过限度，将会出现失水、失盐、头晕、恶心、极度疲乏等症状。人的知觉速度和准确度以及反应能力均会大大下降，注意力不集中，烦躁不安，易于激动，工作效率也会降低。另外，高温还会带来潜在的不安全性：用湿手抓握物体比较困难，增加工具失控的可能性；汗水侵入眼睛会干扰目视作业。

在低温环境下暴露时间过长，会使人体外露部分发生冻伤，还会使肌体出现各种不同的功能紊乱现象。主要表现为触觉辨别准确率下降，手的灵活程度和操作的准确性下降，视觉反应时延长；低温还会使要求有较高注意力和良好短时间记忆力的工作效率降低，因此必须采取有效措施改善环境。

（1）嘈杂的环境容易使人产生烦躁心理，形成心理疲劳，强化压力感，降低应对紧急情况的能力。环境如何也是非常重要的，应该说，有些环境不是很理想，应该尽可能地为大家创造一个相对安静的、相对舒适的工作环境。越是危险的工作，对环境的要求越多；越是要求注意力集中的工作，对外界的干扰和影响要求越严格，所以环境问题也是缓解工作压力的一个重要因素。

（2）工作环境科学和合理地布置，给劳动者以良好感觉，使劳动者心情更加舒适愉快。工作环境的颜色、光照、噪声、振动、温度等，都对疲劳有直接影响。另外，卫生情况，如环境整洁与否、空气成分等也对疲劳有影响。洗澡也可以起到消除疲劳的作用。避免在完全无人干扰、温热的环境中和稳定的低噪声、微振动环境中工作，工作环境应该保持低于常温和空气流通。工作环境太嘈杂不行，但过于无人干扰，环境过于温热，人会同样感到不适。

（3）令人厌烦或单调乏味的工作（特别在不适当的时间从事这类工作）是造成长时间工作时打瞌睡的主要原因，所以要尽可能轮换负责某项工作。如果可能，要避免长时间目视监视仪表和操控系统。

（4）要注意给工作人员提供良好的心理环境，尽可能使用简便的操作方法；尽量避免工作人员心理负荷过重，不要求工作人员同时执行两个或两个以上的任务；向工作人员提供完成工作所必需的信息要适量、精确；对于重要而又容易出错的工作，要有适当的容错措施，即使出现失误也要能及时发现改正。这样就能大大减轻工作人员的心理压力。

（5）注重事故分析中把简单的追究责任变为重点分析人员心理原因，并引入主动剖析违章免责制。在电力事故调查机制中，对事故的分析往往把责任放在首位，一旦出现事故首先追查责任人。责任追究是必要的，但并不是应该要做的主要的事情。主要的事情是分析事故原因，事故到底是从哪里来的。许多事故并不简单是责任问题，许多员工本身是负责的，但是员工本身的素质和能力达不到这种水平的要求，最后出现了事故。把这些问题分析清楚，才能找到问题的根本，有针对性地采取措施，才能解决今后的问题。过于严厉的责任追究，必然会造成员工巨大的心理压力，从而导致疲劳感的产生，所以，应当建立一种全新的责任追究机制。

（6）营造积极健康的安全文化环境，降低员工不愉快的心理状态、接触不良心境造成的疲劳。重视劳动者的心理因素，消除不良情绪。这里所指的心理因素，主要是指劳动者的情感、兴趣、意志、愿望和认识等，这些因素对疲劳也有着直接影响。人在情绪不良时，表现为压抑、悲伤、焦虑而烦躁不安，是导致心理性疲劳的主要因素。由于情绪不良，精神萎靡，注意力分散，容易引起误操作而造成事故，所以在情绪不良时，要积极调整心态，以适应安全生产的需要。工作中，应根据劳动者的心理特征，安排使之适应的工作，并创造使劳动者舒适的工作环境和工作条件，从而保证劳动者的身心健康，提高劳动生产率，减少事故发生。

（7）合理组织劳动分配。正常情况下，人体内生物钟调节着人的体力、精神状态，使人在不同时期分别处于高潮和低潮。一旦生活节律发生突变（休息制度与人体生物钟相矛盾），人就有可能出现该睡觉的时候睡不着，该工作的时候又感到极端困难的情况，这对消除疲劳是十分不利的，长此以往，就会使人体的一些功能发生紊乱，甚至导致疾病发生或抵抗力下降。睡眠是最好的休息，对人体消除疲劳，恢复体力起着至关重要的作用。特别是现在随着社会的开放和人们生活水平的提高，业余生活变得更加丰富多彩。因此，人们业余活动时，要做到有节制和适度，防止带着疲倦之身上岗作业，以免增加事故发生的概率。同时，管理人员应根据人体生理的这种特点，科学、合理地组织和安排劳动，使之达到消除疲劳、提高工作效率的目的。

（8）改善工作体位，按作业程序和标准选择正确的劳动姿势。在生产作业时选择正确的姿势，既是安全生产标准化建设的重要内容，又可以合理科学分配体力，消除无效劳动，减轻疲劳程度，达到事故预防的目的。从作业姿势着手，改善劳动者的劳动条件，就是要尽量避免个别器官长期过度紧张。

（三）员工的心理、生理调试

（1）强化工作动机，提高工作兴趣，可以减少疲劳感。兴趣问题，也就是喜不喜欢的问题，工作动机强了，兴趣也就提高了。

（2）注意避免大脑兴奋灶僵化。大脑有一个兴奋灶，兴奋度是体现在兴奋灶上的，如果兴奋灶僵化了，就是通常所说的“脑子不转了”，这种情况下对什么事情都没有了反应，一旦出现了危急情况，事故也就处理不了了，所以要注意避免这种情况出现。

（3）活动身体是保持头脑清醒的一种好方法，要尽可能多做伸展活动或常走动。大脑疲劳、感到疲倦、哈欠连天，基本上都是属于脑部供氧不足的，人们努力地通过一些适量的身体活动，调动身体机能，使大脑供氧充足，也是可以适当减少疲劳的。

（4）解决挫折心理的影响，凡是挫折心理比较严重的这些人，都存在一个逆境商过低的问题。逆境商是指人类遇到逆境积极向上的反应和随机应变的思维能力。逆境商低的员工经常处于焦虑之中，身心俱疲，影响身心健康和安全生产。企业要通过教育、疏导和训练，提高员工的逆境商，尽量减少职工可以避免的挫折感发生，提高其挫折的容忍力和挫折发生的应变力，使挫折的负面影响降低到最低程度。

（5）疲劳的一个重要原因是能源物的耗竭，因此，除休息和睡眠等手段外，还要补充必要的营养物质，但要注意膳食平衡原则，不能盲目补充，也不能补充过量。过量的食物还会增加身体的负担，且易造成脂肪的堆积。可以通过饮食消除疲劳和恢复精力。疲劳时的饮食：多喝温开水，喝温开水有利于血液循环，对于消除疲劳非常有益；喝杯热茶，清香的茶味及甘醇的口感令人舒服、轻松，也有助于提神及消除疲劳；吃水果既能给人清爽的享受，又能获得许多营养，对于消除疲劳非常有益；多吃一些富含蛋白质的食物，比如鱼、鸡蛋、牛肉、牛奶、大豆等，有助于恢复精力，还要注意只在操作能力最低的阶段饮用含咖啡因的饮料，避免产生耐性。

（6）适量的运动。运动既会消耗部分体力让人疲劳，也能让人在活动中充分放松，而且能让人充满激情，有利于恢复精力。当然，运动量过大反而会增加疲劳。

第六章 安全生产监督检查

Chapter 06

第一节 现场安全监督的作用与内容

一、现场安全监督的作用

现场安全监督是供电企业各级安监人员依据法律、法规和行业规定、规程、标准，对电力生产和建设现场的人身、设备、环境进行全方位安全监督的过程；是确保供电企业生产、基建（改造）现场安全生产的重要组成部分；是各级安全生产监督人员行使职权、监督安全生产责任制的落实、监督各项安全生产规章制度和防事故措施，以及上级指示精神贯彻执行的重要手段；是各级安全生产监督人员深入作业现场发现问题、解决问题、查禁违章、提出整改措施和考评意见的重要途径；是供电企业确保工作现场安全、完成安全生产目标的重要保证。

二、现场安全监督的主要内容

1. 倒闸操作

有关人员是否对操作票进行审核；运行人员是否使用合格的安全工器具；操作的全过程是否符合安全规程及两票执行规定；现场闭锁装置是否完好，是否按规定使用解锁钥匙等。

2. 工作票执行

工作票的填写是否齐全正确；布置的安全措施及围栏是否完善，并符合现场实际；工作许可人对工作负责人，工作负责人对工作成员是否进行安全交底；各级人员的责任落实及签字手续是否符合安全规程及两票执行规定等。

3. 危险点控制

危险点处的安全措施是否齐全正确；是否对危险点进行分析；是否指派专责监护人进行监护；专责监护人在工作前是否对危险点和安全注意事项进行告知等。

4. 作业指导书

作业指导书的编制是否齐全并可操作；工器具的准备、人员分工、安全措施设置是否正确完备；各级人员的责任落实及签字是否齐全等。

5. 人员到位情况

各级到位人员是否根据到位标准和工作内容要求执行到位，是否认真履行职责等。

三、现场安全监督的主要依据

①《国家电网公司安全生产工作规定》；
②《国家电网公司安全生产监督规定》；
③《国家电网公司电力生产事故调查规程》；
④《国家电网公司安全工器具管理规定》；
⑤《国家电网公司电力安全工作规程》；
⑥《电业安全工作规程》；
⑦《电力设备典型消防规程》；
⑧《公司安全生产职责规范》；
⑨《公司安全生产监督规定》；
⑩《发供电单位安全监察工作规定》；
⑪《公司反违章管理办法》；
⑫《公司基建、生产现场动火作业管理规定》；
⑬《公司电气操作票、工作票执行规定》；
⑭《电网调度规程》；
⑮ 各单位《现场运行规程》《检修规程》等规程、规定、办法。

第二节　现场安全监督的主要方法与程序

一、现场安全监督的主要方法

现场安全监督根据工作性质和工作要求的不同，一般分为常规性监督法和作业现场监督法。

1. 常规性监督法

常规性监督是现场工作常见的一种监督方法。通常是由各级管理人员作为监督工作的主体，到生产和作业现场，通过感观或一定的辅助工具、仪表等，对现场安全管理情况、作业人员的行为、作业场所的环境条件、安全设施和措施的布置情况、生产设备设施等进行的安全监督。各级管理人员通过这一方法，及时发现存在的安全隐患和不安全行为，并采取有效措施予以消除和纠正，确保现场安全生产。

2. 作业现场监督法

作业现场监督法就是持标准卡逐条逐项进行监督的一种方法，它的有效工具是现场安全监督卡。现场安全监督卡就是依据工作计划或工作任务，按照全方位监督、全过程控制的要求，对工作计划、工作准备、工作实施、工作总结等各个环节，深化、细化到具体操作的每一步，明确具体监督项目和内容、监督标准和要求、监督的执行方式，按照工作的先后顺序排列组合成的工作流程和程序，既全面，又具体，可操作性强。

作业现场监督法和常规性监督法是现阶段现场安全监督并存的、互补的两种主要方法，对确保现场安全和实现安全生产的“可控、能控、在控”起到了积极的作用，但从长远的功效和建立科学全面的安全观来看，它们又有质的不同。常规性监督法重点解决的是宏观方面的安全问题（即日常性、表面性的问题），多是些例行工作；作业现场监督法重点解决的是微观方面的安全问题（即普遍性、深层次的问题），集中体现超前策划和“把该干的事一项一项地写下来，把写下来的事按要求一项一项地做好”的工作理念，符合精细化管理和闭环管理的要求，是落实建立科学全面安全观的具体措施。

二、现场安全监督的工作程序

现场安全监督的工作程序一般包括以下几个步骤。

1. 监督前的准备

① 确定监督对象、目的和任务；

② 查阅、掌握有关法规、标准、规程的要求；

③ 了解监督对象的工艺流程、生产情况、可能出现危险、危害的情况；

④ 制定监督计划，安排监督内容、方法和步骤；

⑤ 编写现场安全监督卡；

⑥ 准备必要的检测工具、仪器和记录本；

⑦ 确定监督人员和任务分工等。

2. 实施安全监督

实施安全监督就是通过访谈、查阅资料、现场检查、仪器测量的方式获取信息。

（1）询问交流：通过与有关人员进行信息交流，了解相关部门、岗位执行规章制度情况，以及系统、设备或装置的运行工况。

（2）查阅资料：检查作业方案、作业指导书、组织、技术、安全措施、操作规程等是否齐全、正确、有效；查阅相应记录，判断上述文件是否被执行。

（3）现场查看：对现场设备、装置、设施、器材、作业环境和作业行为等进行核对、检查；查找不安全因素、事故隐患、事故征兆等。

（4）仪器测量：利用检测仪器或设备，对在用的设施、设备、器材状况及作业环境等进行测量，查找其中存在的隐患。

3. 综合评价

掌握监督检查情况后，及时进行全面分析、判断和检验。可凭经验、技能，依据规程制度、标准规定进行综合分析判断，必要时可以通过仪器检验得出正确结论。

4. 监督整改

做出综合评价后，针对存在的问题及时采取不同的措施进行整改。属不安全行为或危及人身和设备安全的，应当面立即制止；属违章行为的，应立即制止纠正，下发违章通知单；属安全隐患的，应下发隐患整改计划等。

安全监督重在纠错和整改，要按照“分级负责”的原则，对发现的问题逐级落实整改意见、责任单位、责任人和整改完成时间，形成整改计划，提出信息反馈要求，实行闭环管理。

5. 监督总结

现场安全监督是一个系统工程，必须按照“持续改进”的原则，按月或周及时进行总结（相关资料要存档），检查下发整改计划的完成情况，查找监督过程中存在的问题和不足，有针对性地制定改进方法和措施，切实提高现场监督执行力，从而不断提升安全管理水平，确保安全生产长治久安。

第三节　安全生产检查的类型及形式

安全生产检查是指对生产过程及安全管理中，可能存在的隐患、有害与危险因素、缺陷等进行查证，以确定隐患或有害与危险因素、缺陷的存在状态，以及可能转化为事故的条件，以便制定整改措施，消除隐患和有害与危险因素，确保生产安全的一项管理活动。

一、安全生产检查的类型

根据安全生产检查的范围和内容，主要划分为定期安全生产检查、经常性安全生产检查、季节性及节假日前安全生产检查、专业（项）安全生产检查、综合性安全生产检查五种检查类型。

（1）定期安全生产检查：是指通过有计划、有组织、有目的的形式来实现的。检查周期根据生产单位的实际情况确定，如：次/年、次/季、次/月、次/周等。

（2）经常性安全生产检查：是采取个别的、日常的巡视方式来实现的。

（3）季节性及节假日前安全生产检查：由各级生产单位根据季节变化，按事故发生的规律，对易发的潜在危险，突出重点进行季节检查，如春季防雷设施、防雨设施、防小动物措施、防火措施；夏季防汛、防雷、防暑降温、防火；秋（冬）季防火防爆、防寒防冻、防污损、防小动物措施等检查。

（4）专业（项）安全生产检查：是对某个专项问题或在施工（生产）中存在的普遍性安全问题进行的单项定性检查。

（5）综合性安全生产检查：是由主管部门对下属各生产单位进行的全面综合性检查，必要时可组织进行系统的安全性评价。

二、安全生产检查的形式

根据安全检查的组织形式，主要分自查、互查、上级检查三种形式。

（1）安全生产自查：是指岗位操作人员、维护人员、工程技术人员、管理人员、安全监察人员，对所属职责范围的安全检查。自查形式针对性强，检查人员熟悉检查对象的基本状况，能够真实反映安全情况。

（2）安全生产互查：是指本企业内部的相互检查和企业间的相互检查。安全生产互查有利于查找安全隐患和单位之间的沟通、交流，提高发现和解决问题的能力。

（3）上级安全生产检查：是指上级对下级的检查。主要有班组长对员工，公司、车间（工区）领导和有关管理部门对下属单位和部门的安全检查。上级检查形式对改进工作、纠正错误、推进管理、解决难题有积极的促进作用，同时有利于上级部门、领导掌握下级单位、作业场所的实际安全情况，为安全问题决策提供依据。

第四节　安全生产检查的主要内容

安全检查的内容是以查思想、查管理、查隐患、查整改、查事故处理为主，本着突出重点的原则，对于危险性大、易发事故、事故危害大的生产系统、部位、装置、设备等重点检查。电力生产企业的安全生产检查内容，主要包括安全生产管理工作检查和现场安全检查两个方面。

一、安全生产管理工作检查

（1）检查各级安全生产责任制是否健全落实到位，是否建立了检查考核办法，是否已确定检查考核的职能部门。

（2）是否制定了年度“安全生产目标”和保证实现目标的措施，各车间是否制定了“三级控制”的措施。

（3）年度“两措”计划是否经各级领导批准，资金、物资、责任单位是否落实；应列入大修、更改工程计划的项目是否列入计划；职工劳动安全防护措施落实情况。

（4）检查安全生产第一责任者落实安全职责到位情况：是否亲自批阅上级有关安全生产文件和事故通报，是否做到每月主持召开一次安全情况分析会，及时解决安全生产中存在的问题，是否做到每月深入现场、班组检查生产情况（不少于四次），是否主持或参加重大设备事故、人员伤亡事故或性质严重的一般事故的分析调查。

（5）各级领导、工程技术人员及安全监察人员坚持监督到位、到岗制度执行情况；生产现场安全工作的组织措施和技术措施的落实情况；“两票三制”执行情况。

（6）三级安全网是否定期组织召开会议，是否随机构、人员变动及时调整、充实并公布。

（7）各级安全活动是否正常开展，是否结合本单位的事故、障碍、异常，以及当前工作提出安全措施，是否及时学习集团公司的安全周报等；安监人员和车间领导能否坚持参加班组安全活动；是否做到在安全活动后一周内检查班组安全活动记录，签署评价，提出要求。

（8）本单位的事故档案是否齐全、规范、符合《电力生产事故调查规程》的要求。

（9）安全工器具配备齐全、正确使用，按规定存放；劳动环境、安全设施规范化符合规定，各类标示正确、完善。

（10）是否建立违章档案及整改通知书与反馈档案；两级违章曝光栏是否健全，违章目录完善，具有较强指导性，工作开展是否正常等。

二、现场安全检查

现场安全检查主要围绕电气设备、电力设施状况开展检查。根据季节特点和事故规律，主要检查内容如下：

① 春季安全检查以防雷设施、防雨设施、防小动物措施、防火措施等内容为主；

② 夏季安全检查以防汛、防雷、防暑降温、防火等内容为主；

③ 秋（冬）季安全检查以防火防爆、防寒防冻、防污损、防小动物措施等内容为主。

第五节　安全生产检查的主要方法与程序

一、安全生产检查的主要方法

1. 常规检查

常规安全检查是常见的一种检查方法。通常是由安全管理人员作为检查工作的主体，到作业场所的现场，通过感观或辅助一定的简单工具、仪表等，对作业人员的行为、作业场所的环境条件、生产设备设施等进行的安全检查。安全检查人员通过这一手段，及时发现现场存在的安全隐患，并采取措施予以消除，纠正施工人员的不安全行为。

2. 安全检查表法

为使检查工作更加规范，将个人的行为对检查结果的影响减小到最小，通常采用安全检查表法。

安全检查表是事先把系统加以剖析，列出各层次的不安全因素，确定检查项目，并把检查项目按系统组成顺序列出自查提纲、编制成表。安全检查表是进行安全检查，发现问题和查明各种危险和隐患，监督各项安全规章制度的实施，及时发现事故隐患并制止违章行为的有效工具。每个检查表均需注明检查时间、检查人、检查结果、抽查人等，以便分清责任。安全检查表要做到系统、全面，检查项目应明确。编制安全检查表的主要依据有：

① 有关标准、规程、规范、规定及防事故措施等；

② 国内外事故案例及本单位在安全管理生产中的有关经验；

③ 通过系统分析，确定的危险部位及防范措施；

④ 新知识、新成果、新方法、新技术、新法规和新标准。

3. 仪器检查法

设备内部的缺陷及作业环境条件的真实信息或定量数据，只能通过仪器检查法进行定量化的检验和测量，才能发现安全隐患，从而为后续整改提供信息。

二、安全生产检查的工作程序

安全检查工作一般包括以下几个步骤。

1. 准备

（1）确定检查对象、目的、任务。

（2）查阅、掌握有关法规、标准、规程的要求。

（3）了解检查对象的工艺流程、生产情况、可能出现危险、危害的情况。

（4）制定检查计划，安排检查内容、方法、步骤。

（5）编写安全检查表或检查提纲。

（6）准备必要的检测工具、仪器、书写表格或记录本。

（7）确定检查人员、检查任务分工等。

2. 检查

实施安全检查就是通过访谈、查阅文件和记录、现场检查、仪器测量的方式获取信息。

（1）询问交流：通过与有关人员进行信息交流，了解相关部门、岗位执行规章制度、系统、设备或装置的情况。

（2）查阅文件和记录：检查设计文件、作业规程、安全措施、责任制度、操作规程等是否齐全、有效；查阅相应记录，判断上述文件是否被执行。

（3）现场查看：对现场设备、装置、设施、器材、作业环境等进行核对、检查，查找不安全因素、事故隐患、事故征兆等。

（4）仪器测量：利用检测检验仪器或设备，对在用的设施、设备、器材状况及作业环境条件等进行测量，查找其中存在的隐患。

3. 分析

掌握检查情况后，就要进行分析、判断和检验，可凭经验、技能、依据标准进行分析、判断，必要时可以通过仪器检验得出正确结论。

4. 处理

做出判断后，针对存在的问题做出采取措施的决定，即下达隐患整改意见和要求，包括信息反馈的要求等。

5. 整改

安全生产检查重在整改，要充分体现“分级负责”的原则。检查过程中或结束后，对发现的问题逐级进行汇总分析、判断，按照职责范围，逐级落实责任单位、责任人和计划完成时间、整改意见，形成整改计划，提出信息反馈要求，实行闭环管理。

6. 总结

安全生产检查结束后，按照“持续改进”的原则，要对本次检查情况进行全面总结。总结报告按照班组、车间、公司的层次逐级进行。总结报告内容应包括整改计划。

第七章 安全措施与劳动保护

Chapter 07

第一节 安全技术劳动保护措施

一、安全技术劳动保护措施计划

1. 基本概念

为防止伤亡事故、减轻劳动强度、创造良好的劳动条件所采取的技术措施与组织管理措施，即研究解决生产过程中不安全因素的危害及其控制措施，称为安全技术。为保护职工在生产劳动中的安全与健康，在法律制度、组织管理、技术和教育上所采取的综合保护措施，叫做劳动保护。

安全技术劳动保护措施计划（简称“安措”），是指以改善企业劳动条件、防止工伤事故、预防职业病和职业中毒为目的的一切技术措施，应根据国家、行业国家电网公司颁发的标准，从改善作业环境和劳动条件、防止伤亡事故、预防职业病、加强安全监督管理等方面进行编制。其编制依据如下。

（1）国家颁布的劳动保护法令、规章、标准，以及国家电网公司颁发的电力安全工作规程、十八项防事故措施，国家电网公司、省集团公司安全生产通报。

（2）本单位在安全分析、日常检查及安全大检查中所发现的问题、安全管理漏洞及设备缺陷，威胁安全生产应采取的措施。

（3）本单位安全性评价发现的问题及整改措施。

（4）本单位及外单位发生的事故教训应采取的事故对策。

（5）国内外在安全生产上的先进经验、国家电网公司防事故技术措施对本单位防事故工作有实际意义的措施。

“安措”由分管安全工作的领导组织，以安监或劳动人事部门为主，各有关部门参加制定。

2. 目的和意义

“安措”是生产经营单位生产财务计划的一个组成部分，以改善企业劳动条件、防止工伤事故、预防职业病和职业中毒为目的，是《安全生产法》等法律、法规明确规定的安全生产资金投入方式。只有严格制定并执行安措计划，使安全生产投入有效实施，提高安全设施装备水平，提高人员素质，降低工作风险，才能确保电力施工、检修、运行等工作安全。

3. 编制原则和步骤

目前，安全技术劳动保护措施主要包含防止人身伤害事故、防止电气误操作事故、电力安全工器具管理、安全教育培训、劳动作业环境、防止火灾事故、防止交通事故共7项内容。制定和实施工作过程中应遵循以下原则。

① 必要性和可行性原则。编制计划时，一方面要考虑安全生产的实际需要，如针对安全生产检查中发现的隐患，可能引发伤亡事故和职业病的主要原因，新技术、新工艺、新设备等的应用，安全技术革新项目和职工提出的合理化建议等方面编制安全技术措施；另一方面还要考虑技术可行性与经济承受能力。

② 自力更生与勤俭节约的原则。要注意充分利用现有的设备和设施挖掘潜力，讲求实效。

③ 轻重缓急与统筹安排的原则。对影响最大、危险性最大的项目应优先考虑，逐步有计划地解决。

编制安全技术措施计划内容，每一项安全技术措施至少应包括以下内容：措施应用的单位或工作场所；措施名称；措施目的和内容；经费预算及来源；负责施工的单位或负责人；开工日期和竣工日期；措施预期效果及检查验收。安全技术措施计划的编制按以下步骤组织编制实施。

① 确定安全技术措施计划编制时间。一般应与同年度的生产、技术、财物计划同时编制。

② 布置安全技术措施计划编制工作。单位领导应根据具体情况向职能部门提出编制安全技术措施计划具体要求，并就有关工作进行布置。

③ 确定安全技术措施计划项目和内容。下属单位在认真调查和分析本单位存在的问题，广泛征求意见的基础上，确定计划项目和内容，报上级安监部门。安监部门联合技术、计划部门对上报的安全技术措施计划进行审查、平衡、汇总后，确定安全技术措施计划项目，并报有关领导审批。

④ 编制安全技术措施计划。安全技术措施计划审批后，由安监部门和下属单位组织相关人员，编制具体的措施计划和方案，经充分讨论后，送上级安监部门和有关部门备案。

⑤ 审批安全技术措施计划。上级安全、技术、计划部门对上报安全技术措施计划进行联合会审后，报单位有关领导审批（一般为总工程师）。

⑥ 下达安全技术措施计划。单位主要负责人根据总工程师的审批意见，召集有关部门和下属单位负责人审查、核定措施计划。通过后，与生产计划同时下达到有关部门贯彻执行。

安全技术措施计划下达后，安监部门、生产技术部门应经常了解安全技术措施计划项目的实施情况，协助解决实施中的问题，督促有关单位按期完成。已完成的安全技术措施计划项目要按规定组织竣工验收。

二、安全技术劳动保护措施计划管理工具

1. 年度安全技术劳动保护措施计划表（表7-1）

表7-1 ××年安全技术劳动保护措施计划表

项目	内容要求	完成时间	责任单位
身体状况检查			
劳动保护用品			
《安全规程》考试			
防触电			
防误闭锁			
防止高空坠落			
防火防爆			
工器具试验及计划报告			
安全设施规范化工作			
其他			

2. 年度安全技术措施资金使用计划表（表7-2）

表7-2 ××年安全技术措施资金使用计划表

措施名称	项目	数量	单位	资金/元	完成时间	实施单位
日常安全管理	书籍购置					
	资料印刷					
	安全知识竞赛、调考					
	安全宣传					
	安全培训					
设备规范	安全标志制作					
	设备标志制作					
	装置整改					
安全防护	SF6报警装置安装、维护					
	SF6便携式报警仪					
	SF6防护服及面具					
	防毒面具					
	正压式空气呼吸器					
	配置绝缘挡板					

续表

措施名称	项目	数量	单位	资金/元	完成时间	实施单位
安全工器具	安全帽					
	验电器					
	操作杆					
	绝缘手套					
	绝缘靴					
	护目眼镜					
	接地线					
	个人保安线					
	快装脚手架					
	绝缘梯					
	安全带					
	脚扣					
	围栏网					
	围栏绳					

3. 安全技术措施计划完成情况统计表（表7-3）

表7-3 安全技术措施计划完成情况统计表

措施名称	内容	计划完成日期	实施单位	实际完成日期及完成情况

编制： 审批： 时间：

第二节 防误装置管理

一、防误装置管理概述

（一）基本概念

防止电气误操作装置（以下简称防误装置），是防止工作人员发生电气误操作事故的技术措施。防误装置的管理包括防误装置的选型、安装、验收、运行、维护和检修等工作。防误装置包括：微机防误、电气闭锁、电磁闭锁、机械联锁、机械程序锁、机械锁、带电显示闭锁等装置。

（二）变电站防止电气误操作装置的管理

防止电气误操作装置是预防发生电气误操作的技术措施，必须严格管理，应达到以下要求。

(1) 凡有可能引起误操作的高压电气设备，均应装设防误装置，装置的性能和质量应符合产品标准和有关文件的规定。

(2) 防误装置应与主设备同时投运，防误装置应有专用工具（钥匙）进行解锁。

(3) 防误装置应满足所配设备的操作要求，并与所配设备的操作位置相对应。

(4) 防误装置所用的电源应与继电保护、自动装置、控制回路的电源分开。

(5) 防误装置的停用应有申报手续，不得随意退出。

(6) 防误装置的解锁工具或备用工具应有保管制度。确因故障处理和检修工作需要，必须使用解锁工具时，需经有关负责人许可并记录，同时加强监护并做好相应的安全措施。

(7) 所有运行人员应熟悉防误装置的管理办法和实施细则，做到“四懂三会”（懂防误装置的原理、性能、结构和操作程序，会操作、安装、维护）。新上岗的运行人员应进行使用防误装置的培训。

（三）防误装置管理注意事项

目前防误装置实行统一管理、分级负责的原则，设置公司、车间、班组三级防误装置技术网络，配备防误装置专责人员，负责日常管理和运行维护工作。防误装置管理作为设备管理内容的一部分，在安全管理上应对其侧重，在供电企业内归口生产技术部或安监部。对新建或更新改造的电气设备，防误装置必须同步设计、同步施工、同步投运。供电企业各车间、班组按照设备管辖范围及工作分工，定期对防误装置进行试验、维护、检查、检修，以确保装置的正常运行。目前新建的变电站、发电厂（110kV 及以上电气设备）防误装置，优先采用单元电气闭锁回路加微机“五防”的方案，并以机械锁具相辅助；GIS 电气设备只采用电气闭锁方案；中置式开关柜采用机械闭锁与电气闭锁相结合方案。随着设备的不断更新换代，防误装置将最终向电气闭锁加机械闭锁方向发展，即以设备的本质安全确保误操作事故的发生。经过多年的发展和管理、经验积累，各供电企业内防误装置的管理手段已较为完善，管理水平也不断提高，防误装置使用的重要性已为广大职工所接受、认可。目前防误装置管理存在的问题重点在于日常维护上。立足于目前的管理基础，防误装置的技术水平、管理手段将不断完善，并将有效地为电力企业的安全生产服务。

根据多年的管理经验，防误装置的管理应重点做好如下工作。

(1) 有效发挥三级防误装置管理网的作用。公司级防误装置专责人应做好规程制度的建设，并监督执行及协调解决生产车间防误装置管理存在的问题；车间级防误专责人应督促相关班组做好运行维护工作，统计防误装置存在的问题，及时安排完善；班组级防误专责人应及时落实防误装置的运行维护工作，发现问题及时上报。

（2）把好防误装置的验收关口。防误装置的不完善之处大多是基建、技改等工程遗留问题，验收时把关不严，则以后很难发现，给运行操作带来很大风险。目前工程验收时都将防误装置的验收作为专项，在设备安装调试完成后即先行验收，及时发现存在问题。

（3）做好防误装置的维护工作。防误装置的解锁需求，除特殊运行方式外，都是由于日常维护不良引起，因此除日常维护外，防误装置应随设备检修进行全面检查、维护，并将防误装置缺陷与设备缺陷同等管理。

（4）严格控制解锁操作。倒闸操作时防误装置的解锁，目前在各供电企业仍普遍存在，设备解除防误装置后的操作，比无防误装置时的操作风险还要大。为此，电力集团公司目前建立了防误闭锁装置使用管理的新机制，规定：使用解锁钥匙（工具），必须经防误闭锁专责人到现场确认、批准，并监护完成全部操作（事故处理除外）；非防误闭锁专责人无权批准解锁；严禁采用电话等不到现场核实的方式批准解锁。目前此规定已得到有效实施。对防误装置的解锁，设置严格限制条件的目的是最终消除此现象。

（四）防误装置管理程序

（1）购置。新上防误装置应根据设备型式、使用经验进行选型，然后招标确定设备厂家，并签订技术协议。电气闭锁、电磁闭锁应列入设备设计。

（2）安装、验收。防误装置到货后，应组织相关人员进行开箱检查，安装完毕后组织验收，必要时由运行人员提前介入安装过程，参与班组级验收。

（3）运行维护。防误装置维护工作由设备检查班组进行，维护费用列入安措费，也可列入设备维护费用。防误装置的缺陷管理与设备同等对待，每年底车间及管理部室应编制防误装置专业总结，总结运行中出现问题及经验，提出升级计划，列入下一年度安措计划。

二、防误装置管理工作实务

（一）防误装置的选用原则

防误装置形式包括：微机防误、电气闭锁、电磁闭锁、机械联锁、机械程序锁、机械锁、带电显示闭锁装置等。其选用原则如下。

（1）防误装置的结构应简单、可靠、操作维护方便，尽可能不增加正常操作和事故处理的复杂性。选用装置前要做市场调研，了解用户使用情况，要有合理的性能价格比等。

（2）电磁闭锁应采用间隙式原理，锁栓能自动复位。

（3）成套高压开关设备，应具有机械联锁或电气闭锁。

（4）防误装置应有专用的解锁工具（钥匙）。

（5）防误装置应满足所配设备的操作要求，并与所配用设备的操作位置相对应。

(6) 防误装置应不影响断路器、隔离开关等设备的主要技术性能（如合闸时间、分闸时间、速度、操作传动方向及角度等）。

(7) 防误装置所用的直流电源应与继电保护、控制回路的电源分开，使用的交流电源应是不间断供电系统。

(8) 防误装置应做到防尘、防蚀、不卡涩、防干扰、防异物开启。户外的防误装置还应防水、耐低温。

(9) “五防”功能中除防止误分、误合开关可采用提示性方式，其余“四防”必须采用强制性方式。

(10) 变、配电装置改造加装防误装置时，应优先采用电气闭锁方式或微机“五防”。

(11) 对使用常规闭锁技术无法满足防误要求的设备（或场合），宜加带电显示装置达到防误要求。

(12) 采用计算机监控系统时，远方、就地操作均应具备电气“五防”闭锁功能。若具有前置机操作功能的，也应具备上述闭锁功能。

(13) 开关和隔离刀闸电气闭锁回路严禁用重动继电器，应直接用开关和隔离刀闸的辅助接点。

(14) 防误装置应选用符合产品标准，并经国家电网公司或区域、省电网公司鉴定的产品。已通过鉴定的防误装置，必须经运行考核，取得运行经验后方可推广使用。

（二）设备购买

1. 设备购买必须实行招标

招标单位在实施招标时，应当组织评标委员会（或评标小组），负责评标定标工作。评标委员会名单（表 7-4），应当由专家、设备需方、招标单位，以及有关部门的代表组成，与投标单位有直接经济关系（财务隶属关系或股份关系）的单位人员不参加评标委员会。

表 7-4 评标委员会名单

序号	姓名	隶属单位	岗位	职称	特长

2. 设备必须从合格供应商处购买

平时应该建立合格供应商名单档案（表 7-5），并由专业人员确定。

表 7-5 合格供应商名单档案

序号	供应商名称	提供产品范围	厂址	联系人	联系电话

编制：　　　　　　　　　　　　　批准：　　　　　　　　年　月　日

（三）开箱检查

设备入库后，需要开箱检查。开箱前填写“主要设备开箱检查申请表”（表 7-6）。

表 7-6 主要设备开箱检查申请表

表号：DJB－A－16（2017 版）

编号：

<table>
<tr><td>工程名称</td><td>变电站防误装置安装工程</td><td>合同编号</td><td></td></tr>
<tr><td colspan="4">致　　部：
现计划于　　年　月　日在　　　　地点对　　　　进行开箱检查，请予安排。
附件：设备开箱检查报告单
施工单位：（章）
负责人：　　　　年　月　日</td></tr>
<tr><td colspan="4">部意见：

________部（章）：
年　月　日</td></tr>
</table>

（四）防误装置验收

防误装置安装完成后，需要进行验收。验收请示报告范例如下：

关于进行×××防误装置验收的请示

公司××部：

×××变电站防误装置施工已完成，我单位于××××年××月××日组织完成了车间级验收，验收发现问题已处理完毕，达到了公司级验收条件，特申请组织进行公司级验收。

请批示

××××

××××年××月××日

（五）防误装置日常检查要点

（1）连杆拐臂有无弯曲、变形脱落现象，传动部位零件有无断脱、卡涩现象。

（2）各部位螺钉有无松动，轴销、销钉有无松动脱落、变形。

（3）程序锁栓有无变形、弯曲或折裂，锁的位置是否与一次设备实际运行状态相符。

（4）状态识别器、锁具是否进水、老化。

（5）防误软件系统运行是否良好。

（6）模拟盘是否与现场设备位置对应。

如果发现设备缺陷，需要予以记录。设备缺陷记录表格见表 7-7，并且需要将运行情况进行登记，登记项目见表 7-8“防误装置运行情况总结”，同时，应拟定防误装置升级改造计划（表 7-9）。

表 7-7　设备缺陷记录

记录项目	记录内容	备注
发现日期		
设备名称		
设备编号		
缺陷内容		
缺陷类别		
发现人		
缺陷编号		
消除时间		
验收人		

表 7-8　防误装置运行情况总结

项目	内容	备注
防误装置运行情况		
目前存在的问题		
下一步工作措施		

表 7-9　防误装置升级改造计划

设备名称	型号	改造内容	预算资金	负责单位

编制：　　　　　　　　　　审核：　　　　　　　　　　批准：

第三节　生产安全防护用具管理

一、劳动防护用品的种类

防护用品主要有以下种类。

（1）防尘用具：防尘口罩、防尘面罩。

（2）防毒用具：防毒口罩、过滤式防毒面具、氧气呼吸器、长管面具。

（3）防噪声用具：硅橡胶耳塞、防噪声耳塞、防噪声耳罩、防噪声面罩。

（4）防电击用具：绝缘手套、绝缘胶靴、绝缘棒、绝缘垫、绝缘台。

（5）防坠落用具：安全带、安全网。

（6）头部保护用具：安全帽、头盔。

（7）面部保护用具；电焊用面罩。

（8）眼部保护用具：防酸碱用面罩、眼镜。

（9）其他专用防护用具：特种手套、橡胶工作服、潜水衣、帽、靴。

（10）防护用具：工作服、工作帽、工作鞋，雨衣、雨鞋、防寒衣、防寒帽、手套、口罩等。

二、劳动防护用品的选用与发放

（一）发放管理

1. 安全部门负责

（1）向使用部门提供防护用品用具的使用标准。

（2）监督检查防护用品用具使用标准的执行情况。

（3）监督防护用品用具的质量、使用和保管情况。

（4）对防护用具（如氧气呼吸器、过滤式防毒面具等）的使用人员组织培训与考试。

2. 采购部门负责

（1）对已发布国家标准的用品用具，按国家标准采购、验收、发放、保管。

（2）对无国家标准的防护用品用具，应根据适用的原则进行采购、验收、发放、保管。

3. 使用部门负责

（1）对已发布国家标准的防护用品用具，按国家标准领取、组织使用与保管。

（2）对无国家标准的防护用品用具，按说明书组织使用与保管。

（3）对专用防护用品用具的使用人员组织考试，不合格者应反复训练，直到合格为止。

（二）发放原则

（1）按岗位劳动条件的不同，发给职工相应的防护用品或备用防护用品用具。

（2）对从事多种工种作业的职工，按其基本工种发给防护用品，如果作业时确实需要另供防护用品用具时，可按需要另供。

（3）对易燃易爆岗位不得发给化纤工作服。

（4）员工遗失个人防护用品用具，原则上不予补发；因工作失去或损坏的防护用品用具，由本人申请、单位核实，经安全部门批准，给予补发处理。

（5）企业应有公用的安全帽、工作服等供外来参观、检查工作人员临时用。公用防护用品用具要专人保管，保持清洁。

（三）发放标准的制定与执行

（1）按国家有关规定，结合企业实际情况，制定防护用品的发放标准。

（2）因生产需要或劳动条件改变，需要修订护品的发放标准时，由使用单位提出申请，报安全部门审批后执行。

（3）对过滤式防毒面具不规定使用时间，失效、用坏或不能用时，以旧领新。

（4）新项目、新装置试车前三个月，由使用单位提出申请报安全部门，安全部门制定防护用品用具暂行发放标准，由总经理审批后执行。项目投产六个月后，由使用单位提出使用报告意见，报安全部门修订标准。

（5）其他防护用品用具，由安全部门提出发放标准，总经理审批后执行。

三、劳动防护用品的使用方法

（1）各单位根据岗位作业性质、条件、劳动强度和防护器材性能与使用范围，正确选用防护用具种类、型号，经安全部门同意后执行。

（2）严禁超出防护用品用具的防护范围代替使用。

① 凡空气中氧含量低于18%（体积），有害气体含量高于2%的作业场所，严禁使用过滤式面具，应使用氧气呼吸器或长管式面具。

② 严禁使用防尘口罩代替过滤式防毒面具。

③ 严禁使用失效或损坏的防护用品用具。

（3）氧气呼吸器（氧气瓶）

① 使用范围

a. 使用前氧气瓶压力不得小于6.86MPa（$70kg/cm^2$）；

b. 戴好面具，先呼出气体，再深呼吸几次，检查内部部件是否灵敏好用，胶管、面罩是否漏气，按手动补给排除气管原有气体，发现有问题时，不得使用；

c. 确认各部件正常后，方可佩戴面具进入毒区；

d. 当氧气瓶压力降到3.43MPa（$36kg/cm^2$）以下时，应退出毒区，如需继续工作，应更换新瓶；

e. 氧气瓶累计使用时间不得超过2小时。当氧气瓶重量发生明显变化时，应及时更换吸收剂；

f. 气瓶使用完毕后，立即检查清洗，更换吸收剂，打好铅封后，放入专用事故柜内；

g. 瓶内气体不准用尽，要留有0.05MPa（0.5kg/cm²）的余压；

h. 严禁气瓶接触油脂或接近火源和高温取暖设备；

i. 火灾现场不准使用。

② 保管

a. 应放在取用方便的事故柜内，平时铅封，事故柜要避免阳光曝晒，距离设备和火源不小于10m，温度5～30℃，相对湿度40%～80%，周围空气中应不含有腐蚀性介质；

b. 非因工作或检查时，任何人不得动用；

c. 氧气瓶定期进行水压试验；

d. 企业氧气呼吸器的检查维修工作，由安全部防护站负责；

e. 氧气瓶应定期进行水压试验。

（4）长管面具

① 长管面具用于有毒区检修作业；

② 应将长管呼吸口置于空气新鲜的地方，有专人监护；

③ 长管长度不得超过20m，否则应强制通风；

④ 安全部门应定期进行气密性检查；

⑤ 长管面具应放在专用柜内保管。

（5）过滤式防毒用具

① 在有毒区生产操作时应备用防护用具；

② 严禁使用失效的滤毒罐；

③ 防护站负责滤毒罐的称重检查、再生。

（6）安全带、安全网

① 由车间保管；

② 使用前要仔细检查，发现有异常现象，应停止使用；

③ 每年由安全部门统一组织一次强度试验。

（7）防电击用具

① 在使用和保管过程中要保证绝缘良好；

② 严禁使用绝缘不合格的防电击用具作业；

③ 对防电击用具应进行耐压试验。

参 考 文 献

[1] 苗培仁，周则青．电力安全管理．北京：中国电力出版社，2007.
[2] 田雨平．电力企业安全风险管理．北京：中国电力出版社，2008.
[3] 孙明信．供电企业安全管理工作指南．济南：济南出版社，2010.
[4] 宋守信，武淑平．电力安全．北京：中国电力出版社，2008.
[5] 本书编委会．最新电力企业安全生产技术．北京：中国电力出版社，2011.
[6] 余卫国．电网安全管理与安全风险管理．北京：中国电力出版社，2013.
[7] 大亚湾核电运营管理有限责任公司．核电厂运行安全管理．北京：原子能出版社，2008.
[8] 杨作梁．火电厂安全经济运行与管理．北京：化学工业出版社，2013.
[9] 黄华英．电力工程施工安全管理．北京：水利水电出版社，2011.
[10] 国家能源局电力安全监管司．电力安全监督管理工作手册．北京：中国电力出版社，2013.
[11] 拜克明．电力企业安全生产管理．北京：水利水电出版社，2014.